COMER ANIMAIS

CB063883

Jonathan Safran Foer

COMER ANIMAIS

Tradução de Adriana Lisboa

Rocco

Título original
EATING ANIMALS

Copyright © 2009 *by* Jonathan Safran Foer

Todos os direitos reservados. Nenhuma parte desta obra pode ser reproduzida ou transmitida por qualquer forma ou meio eletrônico ou mecânico, inclusive fotocópias, gravação ou sistema de armazenagem e recuperação de informação, sem a parmissão escrita do autor.

Direitos para a língua portuguesa reservados com exclusividade para o Brasil à
EDITORA ROCCO LTDA.
Rua Evaristo da Veiga, 65 – 11º andar
Passeio Corporate – Torre 1
20031-040 – Rio de Janeiro, RJ
Tel.: (21) 3525-2000 – Fax: (21) 3525-2001
rocco@rocco.com.br
www.rocco.com.br

Printed in Brazil/Impresso no Brasil

preparação de originais
VILMA HOMERO

revisão técnica
RICARDO DONINELLI MENDES

CIP-Brasil. Catalogação na fonte.
Sindicato Nacional dos Editores de Livros, RJ.

F68c Foer, Jonathan Safran, 1977-
Comer animais/Jonathan Safran Foer; tradução de Adriana Lisboa. – Rio de Janeiro: Rocco, 2011.

Tradução de: Eating animals
ISBN 978-85-325-2605-2

1. Vegetarianismo – Filosofia. 2. Vegetarianismo. I. Título.

10-4592 CDD-641.303
CDU-641.3:613.261

O texto deste livro obedece às normas do Acordo Ortográfico da Língua Portuguesa.

Para Sam e Eleanor, bússolas em que posso confiar

Sumário

Contando histórias

I

Os americanos optam por consumir menos de 0,25% dos alimentos comestíveis conhecidos no planeta.

Os frutos das árvores genealógicas

QUANDO EU ERA PEQUENO, passava com frequência o fim de semana na casa da minha avó. Quando chegava, na noite de sexta-feira, ela me levantava do chão com um de seus abraços asfixiantes. E quando ia embora, na tarde de domingo, era outra vez erguido nos ares. Só anos mais tarde, me dei conta de que ela estava me pesando.

Minha avó sobreviveu à guerra descalça, recolhendo o que as outras pessoas não comiam: batatas podres, sobras refugadas de carne, pele, os pedaços que ficavam grudados aos ossos e os caroços. Por isso, ela nunca se preocupava se eu coloria fora das linhas, contanto que cortasse os cupons de desconto nas linhas pontilhadas. E bufês de hotel: enquanto o restante de nós construía bezerros de ouro com o café da manhã, ela fazia sanduíches e mais sanduíches que embrulhava em guardanapos e guardava na bolsa para a hora do almoço. Foi minha avó quem me ensinou que um saquinho de chá dá para tantas xícaras quantas você estiver servindo e que todas as partes da maçã são comestíveis.

A questão não era o dinheiro. (Muitos daqueles cupons de desconto que eu recortava eram de comidas que ela nunca viria a comprar.) A questão não era a saúde. (Ela implorava que eu bebesse Coca-Cola.)

Minha avó nunca colocava um lugar para si mesma à mesa nos jantares em família. Mesmo quando não havia mais nada a fazer – nenhum prato de sopa para encher, nenhuma panela para mexer ou forno para verificar – ela ficava na cozinha, como um guarda vigilante (ou um prisioneiro) numa torre. Até onde eu sabia, o sustento que ela obtinha da comida que preparava não requeria que a comesse.

Nas florestas da Europa, ela comia para continuar viva até a próxima oportunidade de comer para continuar viva. Nos Estados Unidos, cinquenta anos mais tarde, nós comíamos o que nos agradava. Nossos armários estavam cheios de comida comprada por pura extravagância, comida de *gourmet*, mais cara do que o que valia de fato, comida de que não precisávamos. E, quando o prazo de validade vencia, jogávamos fora sem cheirar. Comer era um ato despreocupado. Minha avó tornou essa vida possível para nós. Mas ela própria era incapaz de se livrar do desespero.

Enquanto crescíamos, meus irmãos e eu achávamos que nossa avó era a melhor *chef* que jamais existira. Recitávamos, literalmente, essas palavras quando a comida vinha para a mesa, e as repetíamos depois da primeira mordida, e, de novo, ao fim da refeição: "A senhora é a melhor *chef* que já existiu." No entanto, éramos crianças com conhecimento suficiente do mundo para saber que era provável que a Melhor *Chef* que Já Existiu tivesse mais de uma receita (galinha com cenoura), e que a maioria das Melhores Receitas envolvesse mais do que dois ingredientes.

E por que não a questionávamos quando ela nos dizia que comidas escuras são, de modo inerente, mais saudáveis do que as claras, ou que a maioria dos nutrientes é encontrada nas cascas? (Os sanduíches daquelas estadas de fim de semana eram feitos com as pontas de pães de centeio que ela guardava.) Ela nos ensinou que animais maiores do que você são excelentes para a saúde, animais menores do que você são bons para a saúde, os peixes (que não são animais) também têm seu mérito, e em seguida vem o atum (que não é um peixe) e depois vegetais, frutas, bolos, biscoitos e refrigerantes. Não há comida que lhe faça mal. As gorduras são saudáveis – todas as gorduras, em qualquer quantidade. Os açúcares são muito saudáveis. Quanto mais gorda a criança for, mais saudável – sobretudo se for um menino. O almoço não é uma refeição, mas três, a serem feitas às onze, ao meio-dia e meia e às três da tarde. Você sempre estava morto de fome.

Na verdade, é provável que a galinha com cenoura que ela preparava *fosse* a coisa mais deliciosa que eu já havia comido. Mas isso tinha pouco a ver com o modo como era preparado, ou mesmo com o gosto que tinha. Sua comida era deliciosa porque nós achávamos que era deliciosa. Acreditávamos nos dotes culinários de nossa avó com maior fervor do que acreditávamos em Deus. Sua destreza culinária era uma das histórias básicas de nossa família, como a astúcia do avô que nunca conheci, ou a única briga no casamento dos meus pais. Nós nos agarrávamos a essas histórias e dependíamos delas para nos definir. Éramos a família que escolhia suas batalhas com sabedoria, que usava o bom humor para sair de situações difíceis e adorava a comida da nossa matriarca.

Era uma vez uma pessoa cuja vida era tão boa que não havia histórias a contar a respeito. Mais histórias podiam ser contadas sobre minha avó do que sobre qualquer outra pessoa que eu jamais tenha conhecido – sua infância, que era como algo acontecido em outro mundo, a margem estreitíssima de sua sobrevivência, a integralidade de suas perdas, sua imigração e mais perdas, o triunfo e a tragédia de sua assimilação –, e, embora um dia eu vá tentar contá-las a meus filhos, quase nunca as contávamos uns aos outros. Também não a chamávamos por nenhum dos títulos óbvios e merecidos. Nós a chamávamos de a Melhor *Chef*.

Talvez suas outras histórias fossem difíceis demais para contar. Ou talvez ela escolhesse por conta própria sua história, querendo ser mais identificada por seu lado provedor do que por seu lado sobrevivente. Ou talvez sua sobrevivência esteja contida em seu lado provedor: a história de seu relacionamento com a comida inclui todas as outras histórias que poderiam ser contadas sobre ela. Comida, para ela, não é *comida*. É terror, dignidade, gratidão, vingança, alegria, humilhação, religião, história e, claro, amor. Como se os frutos que ela sempre nos ofereceu fossem colhidos dos galhos destruídos de nossa árvore genealógica.

Possível mais uma vez

IMPULSOS INESPERADOS ME SURPREENDERAM quando descobri que seria pai. Comecei a arrumar a casa, a substituir lâmpadas queimadas havia muito, a limpar janelas e arquivar papéis. Mandei ajustar meus óculos, comprei uma dúzia de pares de meias brancas, instalei um novo *rack* no teto do carro e um "divisor de cães/bagagem" na mala, fiz o meu primeiro *check-up* em meia década... e decidi escrever um livro sobre comer animais.

A paternidade foi o ímpeto inicial para a viagem que se transformaria neste livro e para a qual estive fazendo as malas durante a maior parte da minha vida. Quando tinha dois anos, os heróis de todas as histórias contadas antes de dormir eram animais. Quando tinha quatro, cuidamos do cachorro de um vizinho durante o verão. Eu o chutei. Meu pai me disse que não chutamos os animais. Quando tinha sete, chorei a morte do meu peixinho dourado. Fiquei sabendo que meu pai o havia jogado no vaso e dado descarga. Disse a meu pai – com outras palavras, menos gentis – que não jogamos animais no vaso e damos descarga. Aos nove, tive uma babá que não queria machucar nada. Colocou as coisas nesses exatos termos, quando lhe perguntei por que ela não comia galinha com meu irmão mais velho e comigo:

– Não quero machucar nada.

– *Machucar* nada? – perguntei.

– Você sabe que galinha é galinha, não sabe?

Frank olhou para mim: *A mamãe e o papai confiaram os seus preciosos bebês a esta mulher estúpida?*

Suas intenções podem ou não ter sido converter-nos ao vegetarianismo – só porque conversas sobre carne tendem a fazer as pessoas se sentirem encurraladas, nem todos os vegetarianos são proselitistas –, mas, sendo uma adolescente, ela não tinha as restrições, sejam elas quais forem, que com tanta frequência impedem o relato completo dessa história em particular. Sem drama nem retórica, ela compartilhou o que sabia.

Meu irmão e eu nos entreolhamos, nossas bocas cheias de galinhas machucadas, e tivemos momentos simultâneos de *como-diabos-é-possível-que-eu-nunca-tenha-pensado-nisso-antes-e-por-que-motivo-ninguém-me-disse-nada?* Larguei o garfo. Frank terminou a refeição e provavelmente está comendo uma galinha enquanto eu digito estas palavras.

O que a nossa babá disse fez sentido para mim, não apenas porque parecia ser verdade, mas porque era a extensão à comida de tudo o que meus pais me haviam ensinado. Não machucamos membros da família. Não machucamos amigos nem estranhos.

Não machucamos nem sequer o estofamento da mobília. O fato de eu não ter pensado em incluir animais na lista não fazia deles uma exceção. Apenas fazia de mim uma criança, sem conhecimento do funcionamento do mundo. Até eu não ser mais. E, nesse ponto, tinha que mudar minha vida.

Até não mudar. Meu vegetarianismo, tão bombástico e rigoroso no começo, durou uns poucos anos, engasgou e depois morreu sem fazer alarde. Nunca pensei numa resposta ao código da nossa babá, mas encontrei maneiras de maculá-lo, diminuí-lo e esquecê-lo. De um modo geral, eu não machucava nada. De um modo geral, eu lutava para fazer a coisa certa. De um modo geral, minha consciência estava bastante limpa. Passe a galinha, estou *morrendo* de fome.

Mark Twain disse que parar de fumar era uma das coisas mais fáceis de se fazer; ele fazia isso o tempo todo. Eu acrescentaria o vegetarianismo à lista das coisas fáceis. Na escola, durante o ensino médio, me tornei vegetariano mais vezes do que consigo me lembrar agora; em geral, para reivindicar alguma identidade num mundo de pessoas cuja identidade parecia vir sem esforços. Queria um slogan para individualizar o para-choque do Volvo da minha mãe, uma causa pela qual eu pudesse vender uns bolos e preencher a inibida meia hora do intervalo na escola, uma oportunidade de chegar mais perto dos peitos das ativistas. (E continuava achando que era errado machucar os animais.) O que não significava que eu deixava de comer carne. Só deixava em público. Na esfera privada, o pêndulo oscilava. Muitos jantares, naqueles anos, começavam com a pergunta de meu pai:

– Alguma restrição alimentar de que eu precise estar a par esta noite?

Quando fui para a faculdade, comecei a comer carne de modo mais honesto. Sem "acreditar nisso" – o que quer que isso significasse –, mas empurrando resoluto as questões para fora da minha mente. Não sentia vontade de ter uma "identidade" naquele momento. E não estava perto de ninguém que me conhecesse como vegetariano, então não havia hipocrisia pública envolvida, nem mesmo a necessidade de explicar uma mudança. Talvez tenha sido a prevalência do vegetarianismo no campus o que desencorajou o meu próprio – você se sente menos inclinado a dar um trocado a um músico que toca na rua quando o estojo do instrumento dele está transbordando de dinheiro.

Mas quando, no fim do meu segundo ano, comecei a me especializar em filosofia e passei a me dedicar a meu primeiro e pretensioso ato de *pensar,* tornei-me vegetariano outra vez. O tipo de esquecimento intencional que eu tinha certeza de que o ato de comer carne requeria parecia paradoxal demais face à vida intelectual que eu estava tentando moldar. Achava que a vida podia, precisava e devia se conformar ao molde da razão. Dá para imaginar como isso me transformou numa pessoa chata.

Quando me graduei, voltei a comer carne – muita carne, e de todos os tipos – durante dois anos. Por quê? Porque era gostoso. E porque, mais importantes do que a razão para moldar hábitos, são as histórias que contamos a nós mesmos e uns aos outros. E eu contava uma história de perdão para mim mesmo.

Então, me arranjaram um encontro com a mulher que iria se tornar minha esposa. E umas poucas semanas mais tarde nos vimos falando sobre dois tópicos surpreendentes: casamento e vegetarianismo.

A história dela com a carne era parecida com a minha: havia coisas em que ela acreditava quando estava deitada na cama, à noite, e havia escolhas que ela fazia à mesa do café, na manhã seguinte. Havia um medo torturante (mesmo que ocasional e de curta duração) de estar participando de alguma coisa muito errada, e havia a aceitação tanto da complexidade atordoante da questão quanto da perdoável falibilidade do ser humano. Como as minhas, as intuições dela eram muito fortes, mas pelo visto não fortes o suficiente.

As pessoas se casam por diferentes motivos, mas um que animava a nossa decisão em dar esse passo era a perspectiva de marcar de modo explícito um novo começo. Os rituais e a simbologia judaicos encorajam bastante essa noção, marcando uma divisão nítida do que veio antes – o exemplo mais conhecido sendo a quebra do copo ao fim da cerimônia de casamento. As coisas eram como antes, mas serão diferentes a partir de agora. Serão melhores. Nós seremos melhores.

A ideia é ótima e a sensação também, mas melhores como? Eu conseguia pensar em inúmeras maneiras de me tornar uma pessoa melhor (podia aprender línguas estrangeiras, ser mais paciente, dar mais duro no trabalho), mas já tinha feito votos semelhantes por vezes demais para acreditar neles de novo. Também conseguia pensar em inúmeras maneiras de "nos" tornarmos pessoas melhores, mas as coisas significativas nas quais podemos concordar e que podemos mudar num relacionamento são poucas. Na verdade, até mesmo nesses momentos em que tanta coisa parece possível, muito poucas são.

Comer animais, uma preocupação que ambos havíamos tido e esquecido, parecia um bom ponto de partida. Tantas coisas se cruzam aí, e outras tantas podem advir daí. Na mesma semana, ficamos noivos e nos tornamos vegetarianos.

Claro que nossa festa de casamento não foi vegetariana, porque nos persuadimos de que era justo oferecer proteína animal aos nossos convidados, alguns dos quais tinham viajado grandes distâncias para compartilhar nossa alegria. (Acha essa lógica difícil de acompanhar?) E comemos peixe na nossa lua de mel, mas estávamos no Japão, e quando no Japão... De volta, em nossa nova casa, de vez em quando comíamos hambúrgueres, sopa de galinha, salmão defumado e filés de atum. Mas só de vez em quando. Só quando sentíamos vontade.

E isso, pensei, era tudo. Achei que estava tudo bem. Supus que manteríamos uma dieta de consciente inconsistência. Por que a alimentação deveria ser diferente de qualquer outro âmbito ético em nossas vidas? Éramos pessoas honestas que, de vez em quando, contavam mentiras, amigos atenciosos que, de vez em quando, agiam de um modo meio desajeitado. Éramos vegetarianos que, de vez em quando, comiam carne.

Eu não conseguia nem mesmo acreditar com segurança que minhas emoções fossem algo mais do que vestígios sentimentais da minha infância – que, se eu tivesse que investigar com profundidade, não encontraria indiferença. Não sabia o que os animais *eram*, nem remotamente como eram criados ou mortos. A situação toda me deixava desconfortável, o que não significava que mais alguém devesse se sentir do mesmo modo, ou sequer que eu deveria. E eu não sentia pressa nem necessidade alguma de esclarecer nada daquilo.

Mas então decidimos ter um filho, e essa era uma história diferente que precisaria de uma história diferente.

Cerca de meia hora depois que o meu filho nasceu, fui até a sala de espera dar as boas novas à família reunida.

– Você disse "ele"! Então, é um menino?

– Qual o nome dele?

– Com quem se parece?

– Conte tudo!

Respondi às perguntas o mais rápido que pude, depois fui para um canto e liguei o celular.

– Vó – disse. – Nasceu nosso bebê.

O único telefone dela fica na cozinha. Ela atendeu depois do primeiro toque, o que significava que estava sentada diante da mesa, esperando a ligação. Passava um pouco da meia-noite. Será que ela estava recortando cupons de desconto? Preparando frango com cenoura para congelar e outra pessoa comer numa refeição futura? Eu nunca a tinha visto chorar, mas as lágrimas estavam aparentes em sua voz quando ela perguntou:

– Quanto ele pesa?

Poucos dias depois de voltarmos do hospital para casa, mandei uma carta a um amigo, incluindo uma foto de meu filho e algumas primeiras impressões da paternidade. Ele respondeu apenas o seguinte: "Tudo é possível outra vez." Eram as palavras perfeitas para se escrever, porque era exatamente essa a sensação. Podíamos recontar nossas histórias e transformá-las em algo melhor, mais representativas ou inspiradoras. Podíamos optar por contar histórias diferentes. O próprio mundo tinha outra oportunidade.

Comer animais

TALVEZ O PRIMEIRO DESEJO que meu filho tenha tido, sem palavras e antes da razão, tenha sido o desejo de comer. Segundos depois de nascer, ele estava mamando. Eu o observava com uma estupefação que não tinha precedentes em minha vida. Sem explicação ou experiência, ele sabia o que fazer. Milhões de anos de evolução lhe haviam imprimido sabedoria; da mesma forma, tinham codificado as batidas de seu pequenino coração, e a expansão e contração de seus pulmões agora secos.

A estupefação não tinha precedentes em minha vida, mas me unia, através de gerações, a tantos outros. Vi os anéis da minha árvore: meus pais me observando comer, minha avó observando minha mãe comer, meus bisavós observando minha avó... Ele comia do mesmo modo como as crianças dos pintores das cavernas.

Enquanto meu filho começava a sua vida e eu começava este livro, parecia que tudo girava em torno da alimentação. Ele estava mamando, ou dormindo depois de mamar, ou ficando chateado antes de mamar, ou se livrando do leite que havia mamado. Quando termino este livro, ele já consegue participar de conversas mais sofisticadas, e cada vez mais a comida que ingere é digerida com as histórias que contamos. Alimentar meu filho não é como me alimentar: tem mais importância. Tem importância porque a comida tem importância (sua saúde física tem importância, o prazer de comer tem importância) e porque as histórias servidas com a comida têm importância. Essas histórias unem nossa família e unem nossa família a outras. Histórias sobre comida são histórias sobre nós mesmos – nossa história de vida e nossos valores. Na tradição judaica da minha família, aprendi que a comida serve a dois propósitos paralelos: alimenta e o ajuda a lembrar. Comer e contar histórias são duas coisas inseparáveis – a água salgada também são lágrimas; o mel não apenas tem sabor doce mas faz com que pensemos em doçura; o *matzo* é o pão da nossa aflição.

Há milhares de alimentos no planeta, mas são necessárias algumas palavras para explicar por que comemos uma seleção relativamente pequena. Precisamos explicar que a salsa no prato é para decoração, que massas não são "comida de café da manhã", por que comemos asas mas não olhos, vacas mas não cachorros. Histórias estabelecem narrativas e regras.

Em muitos momentos na minha vida, esqueci-me de que tenho histórias a contar sobre comida. Só comia o que estava disponível ou o que era saboroso, o que parecia natural, sensato ou saudável – o que havia para explicar? Mas o tipo de paternidade que eu sempre imaginei praticar abomina tamanha negligência.

Esta história não começou como um livro. Eu apenas queria saber – por mim mesmo e pela minha família – o que *é* a carne. Queria saber do modo mais concreto possível. De onde ela vem? Como é produzida? Como os animais são tratados e até que ponto isso importa? Quais são os efeitos econômicos, sociais e ambientais de se comer animais? Minha busca pessoal não continuou desse jeito por muito tempo. Por meus esforços de pai, me vi cara a cara com realidades que, como cidadão, não podia ignorar, e que, como escritor, não podia guardar só para mim. Mas encarar essas realidades e escrever de modo responsável sobre elas não são a mesma coisa.

Queria abordar essas questões de modo amplo. Então, apesar de 99 % dos animais comidos neste país virem de "propriedades rurais de criação industrial" – e vou passar boa parte do resto do livro explicando o que isso significa e por que importa –, o 1% restante da pecuária também é parte importante desta história. O trecho desproporcional ocupado no livro pela discussão das melhores pequenas propriedades familiares de criação de animais reflete o quanto eu acho que elas são significativas, mas, ao mesmo tempo, o quanto são insignificantes: elas comprovam a regra.

Para ser cem por cento honesto (e me arriscar a perder credibilidade na página seguinte), parti do pressuposto, quando comecei minha pesquisa, de que sabia o que iria encontrar – não os detalhes, mas o quadro geral. Outros fizeram a mesma suposição. Quase sempre, quando eu dizia a alguém que estava escrevendo um livro sobre "comer animais", todos presumiam, mesmo sem saber coisa alguma sobre minhas opiniões, que eu defendia o vegetarianismo. É uma suposição reveladora, uma suposição que implica não apenas que uma pesquisa extensa sobre a pecuária afastaria o pesquisador do consumo de carne, mas que a maioria das pessoas já sabe que é esse o caso. (Que suposições você fez ao ler o título deste livro?)

Também supus que meu livro sobre comer animais se tornaria uma defesa direta do vegetarianismo. Não se tornou. Uma defesa direta do vegetarianismo é algo que vale a pena ser escrito, mas não foi o que escrevi aqui.

A criação animal é um tópico muito complicado. Não há dois animais, raças de animais, propriedades rurais, proprietários ou consumidores iguais. Olhando para a montanha de pesquisa – leituras, entrevistas, procura das fontes originais – necessária para começar a pensar a sério em tudo isso, tive que me perguntar se seria possível dizer algo coerente e significativo sobre uma prática tão diversificada. Talvez não haja "carne". Em vez disso, há *este* animal, criado *nesta* propriedade, abatido *neste* matadouro, vendido *desta* maneira, comido por *esta* pessoa – mas cada um deles distinto de um modo que impede que os coloquemos juntos, como um mosaico.

Comer animais é um desses tópicos, como o aborto, dos quais é impossível saber, em caráter definitivo, alguns dos detalhes mais importantes (Quando um feto se torna uma pessoa, em oposição a uma pessoa em potencial? Como é, na realidade, a experiência animal?) e que penetra em nossos mais profundos desconfortos, provocando com frequência uma atitude defensiva ou agressiva. É um tema escorregadio, frustrante e persistente. Cada pergunta incita a outra, e é fácil você se ver defendendo uma posição bem mais extrema do que achava que poderia seguir. Ou, pior do que isso, sem encontrar uma posição que valha a pena defender ou de acordo com a qual valha a pena viver.

Então, há a dificuldade de discernir entre a sensação causada por algo e como esse algo é de fato. Com demasiada frequência, os argumentos para comer animais não são argumentos, mas declarações de gosto. E onde há informações – esta é a quantidade de porco que comemos; este é o número de manguezais que destruímos com a aquacultura; esta é a forma como se mata uma vaca – há a questão de o que podemos de fato fazer com elas. Deveriam ser constrangedoras num sentido ético? Legal? Comunitário? Ou apenas mais informações para cada um digerir como bem entender?

Se por um lado este livro é o produto de um imenso volume de pesquisa, e é objetivo como qualquer obra jornalística pode ser – usei as mais conservadoras estatísticas disponíveis (quase sempre do governo, e fontes acadêmicas e industriais com revisão científica) e contratei dois verificadores externos de informações para corroborá-las –, penso nele como uma história. Há dados suficientes em suas páginas, mas, em geral, eles são ralos e maleáveis. As informações são importantes, mas não fornecem, por si sós, significado – sobretudo quando estão tão atreladas a escolhas linguísticas. O que significa a dor medida com precisão nas galinhas? Significa dor? O que a dor significa? Não importa o quanto aprendamos sobre a fisiologia da dor – por quanto tempo ela persiste, os sintomas que produz e assim por diante – nada disso vai nos dizer algo definitivo. Mas coloque as informações numa história, uma história de compaixão ou dominação, ou talvez as duas coisas – coloque-as numa história sobre o mundo em que vivemos, quem somos e quem queremos ser – e você começa a falar de modo significativo sobre comer animais.

Somos feitos de histórias. Penso naquelas tardes de sábado à mesa da cozinha de minha avó, só nós dois – pão preto na torradeira reluzente, uma geladeira zumbindo baixinho e invisível por baixo de seu véu de fotos da família. Com pontas de pão de centeio e Coca-Cola, ela me contava de sua fuga da Europa, das comidas que teve que comer e das que não comeria. Era a história de sua vida. "Escute o que eu vou dizer", ela conclamava, e eu sabia que uma lição vital estava sendo transmitida, mesmo que eu não soubesse, quando criança, que lição era essa.

Agora, sei qual era. E embora as particularidades não pudessem ser mais diferentes, estou tentando, e vou tentar, transmitir essa lição a meu filho. Este livro é minha tentativa mais honesta de fazê-lo. Sinto uma imensa apreensão ao começar, porque há tanta repercussão. Deixando de lado, por um momento, os mais de dez bilhões de animais de criação abatidos para a alimentação todos os anos nos Estados Unidos, e deixando de lado o meio ambiente, os trabalhadores e questões diretamente relacionadas, como a fome no mundo, as epidemias de gripe e a biodiversidade, há ainda a questão de como pensamos em nós mesmos e uns nos outros. Não somos apenas aqueles que contam nossas histórias, somos as histórias em si. Se minha esposa e eu criarmos nosso filho como vegetariano, ele não vai comer o prato singular da avó, nunca vai receber aquela única e mais direta expressão de seu amor, talvez nunca venha a pensar nela como a Melhor *Chef* que Já Existiu.

As primeiras palavras de minha avó ao ver meu filho pela primeira vez foram "Minha vingança". Do número infinito de palavras que ela poderia ter dito, foram essas as que escolheu, ou que foram escolhidas por ela.

Escute o que eu vou dizer:

– NÃO ÉRAMOS RICOS, MAS SEMPRE tivemos o suficiente. Às quintas-feiras, assávamos pão, *challah* e rosquinhas, que duravam a semana inteira. Às sextas-feiras, fritávamos panquecas. No Shabbat, sempre comíamos frango e sopa com macarrão. Você podia ir até o açougue e pedir um pouquinho mais de gordura. A peça com mais gordura era a melhor peça. Não era como hoje. Não tínhamos geladeira, mas tínhamos leite e queijo. Não tínhamos todos os tipos de vegetais, mas tínhamos o suficiente. As coisas que você tem aqui e considera garantidas... Mas éramos felizes. Não conhecíamos nada melhor. E também considerávamos garantido aquilo que tínhamos.

"Então, tudo mudou. Durante a guerra, foi o inferno na Terra; eu não tinha nada. Deixei minha família, sabe. Estava sempre correndo, dia e noite, porque os alemães estavam sempre atrás de mim. Se você parasse, morria. Nunca havia comida suficiente. Eu ficava cada vez mais doente por falta de comida, e não me refiro só a ficar pele e osso. Tinha feridas pelo corpo todo. Ficou difícil me mexer. Não era muito bom comer restos das latas de lixo. Eu comia as partes que os outros não comiam. Se fizesse isso, podia sobreviver. Eu pegava tudo o que encontrasse. Comi coisas que não contaria a você.

"Até mesmo nos piores momentos, também havia pessoas boas. Alguém me ensinou a amarrar as bocas da calça para encher as pernas com todas as batatas que conseguisse roubar. Caminhava quilômetros e quilômetros assim, porque você nunca sabia quando voltaria a ter sorte. Alguém me deu um pouco de arroz uma vez, e viajei durante dois dias até um mercado e troquei por um pouco de sabão, depois caminhei até outro mercado e troquei o sabão por um pouco de feijão. Você precisava ter sorte e intuição.

"A pior parte foi perto do fim. Um monte de gente morreu bem no fim, e eu não sabia se ia conseguir sobreviver por mais um dia. Um fazendeiro, um russo, que Deus o abençoe, viu meu estado, correu até sua casa e voltou com um pedaço de carne para mim."

– Ele salvou sua vida.

– Eu não comi.

– Não comeu?

– Era porco. Eu não ia comer porco.

– Por quê?

– Como assim, por quê?

– Porque não era kosher, é isso?

– Claro.

– Mas nem mesmo para salvar a sua vida?

– Se nada importa, não há nada a salvar.

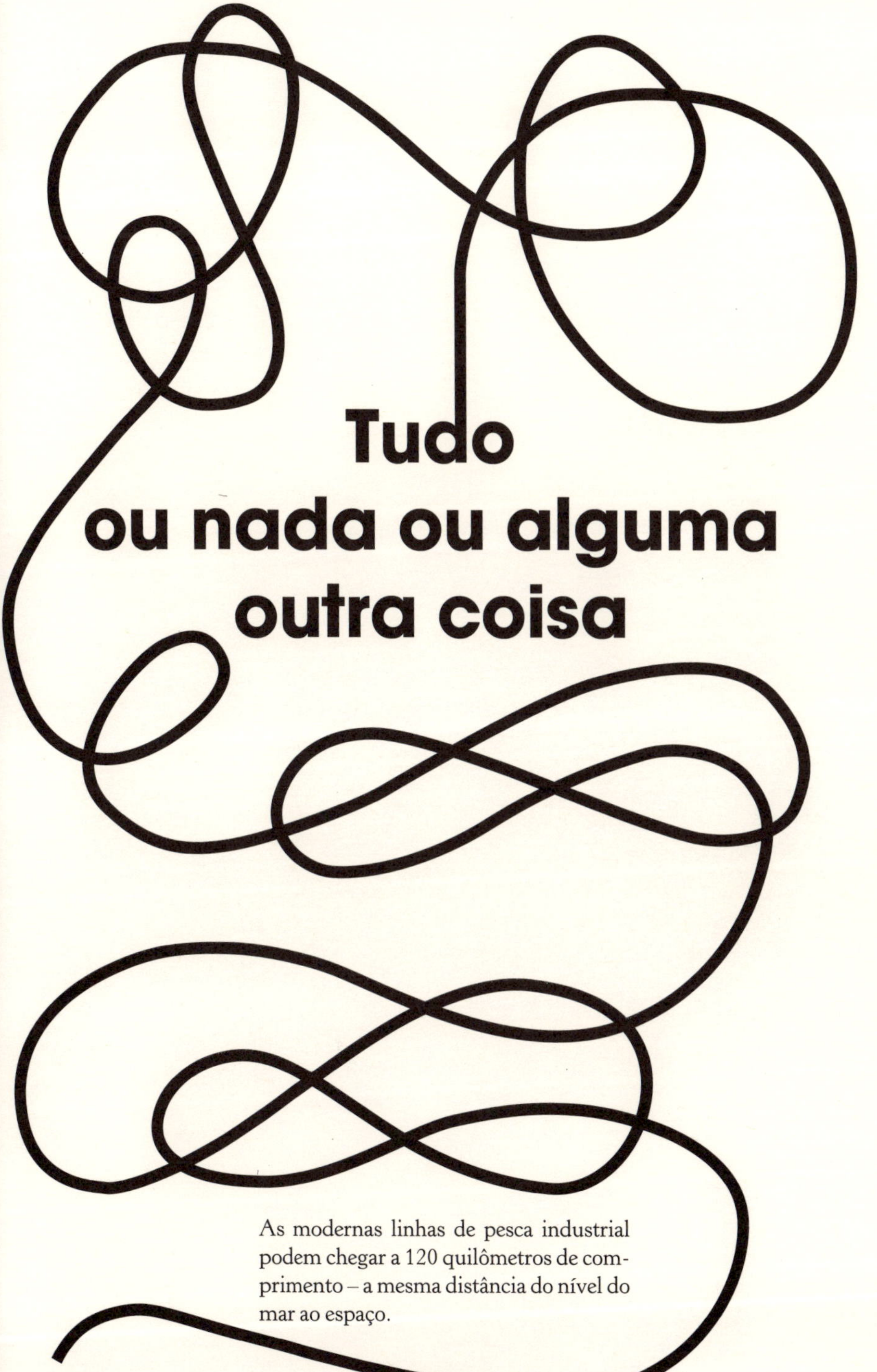

Tudo ou nada ou alguma outra coisa

As modernas linhas de pesca industrial podem chegar a 120 quilômetros de comprimento – a mesma distância do nível do mar ao espaço.

1.

George

PASSEI OS PRIMEIROS 26 ANOS da minha vida não gostando de animais. Considerava-os inoportunos, sujos, inacessivelmente estranhos, imprevisíveis e amedrontadores e, para dizer a verdade, desnecessários. Tinha uma particular falta de interesse por cachorros – inspirado, em grande parte, por um medo que herdei de minha avó. Quando criança, eu só aceitava ir à casa de amigos se eles confinassem seus cachorros em algum outro cômodo. No parque, se um cachorro se aproximasse, eu ficava histérico até meu pai me colocar em seus ombros. Não gostava de ver programas de televisão estrelados por cachorros. Não entendia as pessoas que ficavam empolgadas com cachorros – *não gostava* delas. É possível até mesmo que eu tenha desenvolvido um preconceito contra os cegos.

E, então, um dia, me transformei numa pessoa que amava os cachorros. Tornei-me um fã. George veio muito inesperadamente. Minha esposa e eu não havíamos ventilado a hipótese de adquirir um cachorro, muito menos de procurar por um. (Por que iríamos? Eu não gostava de cachorros.) Nesse caso, o primeiro dia do resto da minha vida foi um sábado. Descendo a Sétima Avenida, no Brooklyn, onde moramos, nos deparamos com um filhote preto, adormecido no meio-fio, enroscado num colete ADOTE-ME, como um ponto de interrogação. Não acredito em amor à primeira vista ou em destino, mas me apaixonei pelo desgraçado daquele cachorro e era assim que devia ser. Mesmo que eu não o tocasse.

A sugestão de adotar o filhote talvez tenha sido a coisa mais imprevisível que já fiz, mas ali estava um lindo animal, do tipo que até o mais frio dos céticos acharia irresistível. Claro, as pessoas também encontram beleza em coisas sem focinhos molhados. Mas existe algo de único na forma com que nós nos apaixonamos pelos animais. Cachorros grandalhões, cachorros pequeninos, cachorros de pelos longos, cachorros macios, são-bernardos que roncam o tempo todo, pugs asmáticos, shar peis cheios de dobras e bassês de aspecto deprimido – cada um com seus devotos admiradores. Em manhãs geladas, observadores de pássaros ficam varrendo os céus e os arbustos à procura dos objetos de pena que os fascinam. Amantes de gatos apresentam uma falta de intensidade – graças a Deus – na maioria dos relacionamentos humanos. Os livros infantis estão repletos de lebres e camundongos e ursos e lagartos, sem mencionar aranhas, grilos e jacarés. Ninguém jamais teve brinquedo de pelúcia em formato de pedra, e, quando o mais entusiasmado colecionador de selos refere-se à sua paixão, é um tipo de afeto completamente diferente.

Levamos o filhote para casa. Eu o – a – abraçava do outro lado da sala. Então, por ela ter me dado motivos para acreditar que não perderia dedos no processo, especializei-me em alimentá-la na palma da mão. Comecei a deixar que lambesse a minha mão. E depois comecei a deixar que lambesse meu rosto. E também comecei a lamber seu focinho. Agora amo todos os cachorros e vou viver feliz para sempre.

Sessenta e três por cento das casas americanas têm pelo menos um animal de estimação. Esse número elevado se torna ainda impressionante por ser novidade. Ter animais de companhia só se tornou comum com o crescimento da classe média e da urbanização, talvez pela privação de outros contatos com animais, ou pelo simples fato de que os de estimação custam dinheiro e são, portanto, um sinal de extravagância (os americanos gastam 34 bilhões de dólares com seus animais de estimação a cada ano). O historiador de Oxford Sir Keith Thomas, cuja enciclopédica obra *O homem e o mundo natural* é hoje considerada um clássico, argumenta que

> a propagação da manutenção de animais de estimação entre as classes médias urbanas no início da era moderna é ... desenvolvimento de genuína importância social, psicológica e até mesmo comercial... Teve também implicações intelectuais. Encorajou as classes médias a tirarem conclusões otimistas sobre a inteligência

> animal; gerou inúmeras anedotas sobre a sagacidade dos bichos; estimulou a noção de que eles poderiam ter caráter e personalidade individuais; e criou a base psicológica da visão de que ao menos alguns animais eram dignos de consideração moral.

Não seria correto dizer que meu relacionamento com George tenha me revelado a "sagacidade" dos animais. Além de seus desejos mais básicos, não tenho a menor ideia do que se passa em sua cabeça. (Embora eu esteja convencido de que se passa muita coisa, além dos desejos básicos.) Sua falta de inteligência me surpreende com tanta frequência quanto sua inteligência. As diferenças entre nós estão sempre mais presentes do que as semelhanças.

E George não é do tipo simpático que só quer dar e receber afeto. Na realidade, é uma grande encheção de saco na maior parte do tempo. Ela se entrega com compulsividade ao prazer solitário na frente das visitas, come minhas meias e os brinquedos do meu filho, tem uma obsessão monomaníaca pelo genocídio de esquilos, tem habilidade de perito para achar seu caminho entre a lente da câmera e o objeto de cada foto tirada em sua proximidade, avança em skatistas e judeus ortodoxos, humilha mulheres menstruadas (é o pior pesadelo das judias ortodoxas menstruadas), dá seu traseiro flatulento para a pessoa menos interessada da sala, arranca tudo o que foi recém-plantado, arranha tudo o que foi recém-comprado, lambe o que está para ser servido e às vezes se vinga (de *quê*?) fazendo cocô dentro de casa.

Nossos vários esforços – para comunicar, reconhecer e atender os desejos um do outro, simplesmente para coexistir – me forçam a encontrar e interagir com algo, ou melhor, com alguém totalmente diferente. George consegue responder a um punhado de palavras (e escolhe ignorar um punhado ligeiramente maior), mas nosso relacionamento acontece quase por completo fora do âmbito da língua. Parece ter pensamentos e emoções. Por vezes, acho que os entendo, mas com frequência não consigo. Como uma fotografia, ela não consegue dizer o que me deixa ver. É um segredo personificado. E eu devo ser uma fotografia para ela.

Ontem à noite, olhei por cima do livro que estava lendo e vi George olhando para mim do outro lado do cômodo.

– Quando foi que você entrou aqui? – perguntei.

Ela baixou os olhos e se afastou devagar, seguindo pelo corredor – nem tanto uma silhueta, mais uma espécie de espaço negativo, uma forma talhada na domesticidade. A despeito de nossos padrões, mais regulares do que qualquer coisa que eu compartilhe com qualquer outra pessoa, ela ainda é imprevisível para mim. E, a despeito de nossa proximidade, fico por vezes impressionado, e mesmo amedrontado, diante do quão estranha ela é. Ter uma criança exacerba isso muito, por não haver garantia alguma – além da que eu sentia – de que ela não maltrataria o bebê.

A lista de nossas diferenças poderia preencher um livro, mas, assim como eu, George tem medo de dor, busca prazer e implora não só por comida e brincadeiras, mas por companheirismo. Não preciso saber dos detalhes de seu humor e quais suas preferências para saber que ela os tem. Nossas psicologias não são as mesmas nem se assemelham, mas cada um de nós tem suas perspectivas, uma forma de processar e sentir o mundo que é intrínseca e única.

Eu não comeria George, porque ela é minha. Mas por que não comeria um cachorro que nunca tivesse visto antes? Ou, para entrar mais no âmago da questão, que justificativa poderia ter para poupar os cachorros, mas comer outros animais?

Uma justificativa para se comer cachorro

A DESPEITO DO FATO DE SER perfeitamente legal em 44 estados, comer "o melhor amigo do homem" é um tabu; é como se o homem estivesse comendo seu melhor amigo. Mesmo os mais entusiasmados carnívoros não comem cachorros. Gordon Ramsay, um sujeito da tevê e às vezes cozinheiro, pode se tornar bem machão com filhotes de animais quando faz publicidade para alguma coisa que esteja vendendo, mas você nunca verá um filhote espiando de dentro de uma de suas panelas. E embora uma vez ele tenha dito que eletrocutaria seus filhos se eles virassem vegetarianos, fico imaginando qual seria sua reação se eles cozinhassem o cachorro da família.

Cachorros são maravilhosos e únicos de várias maneiras. Mas são notavelmente não notáveis em sua capacidade intelectual e de experiências. Porcos são inteligentes e sensíveis em todos os aspectos, em todas as acepções sensatas dessas palavras. Eles não conseguem subir na traseira de um Volvo, mas conseguem ir buscar objetos, correr e brincar, ser travessos e retribuir carinho. Então, por que eles não têm o direito de se enroscar junto à lareira? Por que não podem ao menos ser poupados de ser lançados ao fogo?

Nosso tabu em comer cachorros revela algumas coisas sobre cachorros e um bocado de coisas sobre nós.

Os franceses, que adoram seus cachorros, às vezes comem seus cavalos.

Os espanhóis, que adoram seus cavalos, às vezes comem suas vacas.

Os indianos, que adoram suas vacas, às vezes comem seus cachorros.

Mesmo escritas num contexto bem diferente, as palavras de George Orwell (de *A revolução dos bichos*) se aplicam aqui: "Todos os animais são iguais, mas alguns são mais iguais do que os outros." A ênfase protetora não é uma lei da natureza; ela surge das histórias que contamos sobre a natureza.

Então, quem está certo? Quais seriam as razões para excluir os caninos do cardápio? O carnívoro seletivo sugere: *Não coma animais de companhia*. Mas os cachorros não são mantidos como companhia em todos os lugares onde são comidos. E os nossos vizinhos que não têm cachorros? Teríamos algum direito a objetar, caso eles tivessem cachorro para o jantar?

Tudo bem, então: *Não coma animais com capacidade mental significativa*. Se por "capacidade mental significativa" queremos dizer o que os cachorros têm, então, ótimo para os cachorros. Mas uma definição como esta incluiria também o porco, a vaca, a galinha e muitas espécies de animais marinhos. E excluiria humanos muito incapacitados.

Então:

É por uma boa razão que os eternos tabus – não brinque com seu cocô, não beije sua irmã nem coma seus companheiros – são tabus. Falando em termos evolucionários, tais coisas são ruins para nós. Mas comer cachorros não foi e não é tabu em muitos lugares, e de forma alguma é ruim para nós. Cozida de forma apropriada, a carne de cachorro não oferece risco maior para a saúde do que qualquer outra carne, nem uma refeição tão nutritiva encontra tanta objeção pelos componentes físicos de nossos genes egoístas.

E o ato de comer cachorros tem um pedigree e tanto. Tumbas do século IV contêm representações de cachorros sendo abatidos junto com outros animais para alimentação. Era um hábito fundamental o bastante a ponto de formar a própria linguagem: o caractere sino-coreano para "justo e apropriado" (*yeon*) traduz-se de forma literal por "como carne de cachorro cozida é deliciosa". Hipócrates prezava a carne de cachorro como fonte de força. Os romanos comiam "filhotes em fase de amamentação", os índios dakota gostavam de fígado de cachorro, e não faz muito tempo que os havaianos comiam cérebro e sangue caninos. O pelado mexicano era a *principal espécie de comida* dos astecas. O capitão Cook comeu cachorro. Roald Amundsen ficou famoso por comer os cachorros de seu trenó. (É preciso levar em conta que ele estava *muito* faminto.) E cachorros ainda são comidos para vencer a má sorte nas Filipinas; como fonte medicinal na China e na Coreia; para aumentar a libido na Nigéria; e em inúmeros lugares, em todos os continentes, porque são gostosos. Durante séculos, os chineses criaram uma raça especial de cachorros, como o chow de língua preta, para fazer chow, e muitos países europeus ainda têm leis a respeito do exame *post mortem* de cachorros destinados a consumo humano.

Claro, o fato de algo ter sido feito em quase todos os lugares e quase sempre não é justificativa para fazê-lo agora. Mas, ao contrário de todas as carnes oriundas de fazendas ou granjas, que requerem criação e manutenção de animais, os cachorrros praticamente imploram para ser comidos. Três a quatro milhões de cachorros e gatos sofrem eutanásia todos os anos. Isso representa milhões de quilos de carne jogados fora por ano. A simples tarefa de dispor desses animais submetidos a eutanásia é um enorme problema ecológico e econômico. Seria estúpido arrancar os animais de estimação das casas. Mas comer cachorros vagabundos, aqueles que fugiram, aqueles não tão bonitos para levar para casa e não tão bem-comportados para ficar seria também como matar um bando de pássaros com uma pedra só e também comê-los.

Num certo sentido, é o que já estamos fazendo. A conversão – a transformação de proteína animal inadequada para consumo humano em comida para gado e animais de estimação – permite que as instalações de processamento transformem inúteis cachorros mortos em membros produtivos da cadeia alimentícia. Nos Estados Unidos, milhões de cachorros e gatos vítimas de eutanásia em abrigos de animais todos os anos tornam-se alimento para o nosso alimento. (Quase o dobro do número de cachorros e gatos adotados é submetido a eutanásia.) Então, vamos eliminar esta etapa intermediária ineficiente e bizarra.

Isso não precisa desafiar nossa civilidade. Não vamos fazê-los sofrer mais do que o necessário. Ao mesmo tempo que é largamente aceito que a adrenalina faz com que a carne de cachorro tenha um sabor melhor – daí os métodos tradicionais de abate: eles são enforcados, fervidos vivos, espancados até a morte –, todos podemos concordar que, se vamos comê-los, deveríamos matá-los de modo rápido e indolor, certo? Por exemplo, o método tradicional havaiano de tapar o nariz do cachorro – de forma a conservar o sangue – tem que ser proibido (socialmente, se não legalmente). Quem sabe poderíamos incluir os cachorros na Lei dos Métodos Humanitários de Abate (Humane Methods of Slaughter Act). Isso não diz nada sobre como eles são tratados durante a vida, e a lei não está sujeita a supervisão ou imposição de cumprimento significativas, mas decerto podemos confiar na indústria para "se autorregular", como fazemos com relação a outros animais que viram comida.

Poucas pessoas avaliam suficientemente a tarefa colossal que é alimentar um mundo de bilhões de onívoros, exigindo carne com suas batatas. O uso ineficiente dos cachorros – que já se encontram convenientemente em áreas de população densa (tomem nota, defensores do uso de produtos locais na alimentação) – devia fazer qualquer bom ecologista corar. Alguém poderia argumentar que vários grupos "humanitários" são os piores hipócritas, gastando quantias enormes de dinheiro e energia numa tentativa fútil de *reduzir* o número de cachorros indesejáveis enquanto propagam o tabu irresponsável de nada-de-cachorros-para-o-jantar. Se deixássemos os cachorros serem cachorros e os criássemos sem interferência, desenvolveríamos uma fonte local e sustentável de carne, com baixo consumo de energia e capaz de envergonhar até mesmo a mais eficiente propriedade baseada na criação de animais no pasto. Para os que se preocupam com ecologia, está na hora de admitir que os cachorros são alimentos sensatos para ambientalistas sensatos.

Será que podemos superar nosso sentimentalismo? Cachorros são nutritivos, fazem bem à saúde, são fáceis de cozinhar e saborosos. Comê-los é muito mais razoável do que processá-los para que virem proteína e comida para as outras espécies que são nossa comida.

Para aqueles que já se convenceram, aqui vai uma receita clássica filipina. Não tentei prepará-la, mas às vezes podemos ler uma receita e simplesmente saber o que é.

CACHORRO ENSOPADO, ESTILO CASAMENTO

Primeiro, mate um cachorro de tamanho médio; remova o pelo no fogo. Tire a pele cuidadosamente enquanto ainda estiver quente e separe para usar mais tarde (pode ser usada em outras receitas). Corte a carne em cubos de 3 cm. Marine-a numa mistura de vinagre, pimenta-do-reino, sal e alho por duas horas. Frite em óleo, usando uma frigideira larga em fogo alto, adicione cebolas e abacaxi picado e doure até ficar macia. Despeje molho de tomate e água fervente, adicione pimenta verde, folha de louro e pimenta Tabasco. Cubra e mantenha a fervura sobre carvão quente até que a carne fique macia. Misture com purê de fígado de cachorro e cozinhe por mais cinco a sete minutos.

Um truque simples de um astrônomo de fundo de quintal: se estiver tendo dificuldades em ver algo, olhe ligeiramente para longe dele. As partes mais sensíveis dos nossos olhos (aquelas de que precisamos para ver objetos obscuros) estão na beira da região que normalmente usamos para focalizar objetos.

Comer animais tem uma virtude invisível. Pensar em cachorros, e em sua relação com os animais que comemos, é uma forma de olhar de soslaio e tornar visível algo invisível.

2.

Amigos e inimigos

CACHORROS E PEIXES NÃO se dão. Cachorros têm afinidades com gatos, crianças e bombeiros. Nós compartilhamos nossas camas com eles, os levamos em aviões e ao médico, obtemos prazer com seu prazer e lamentamos sua morte. Peixes combinam com aquários, com molho tártaro, com pauzinhos orientais e estão entre os menos considerados pelos humanos. Estão separados de nós por superfícies e pelo silêncio.

As diferenças entre cachorros e peixes não poderiam ser mais profundas. *Peixes* é um termo que significa uma pluralidade inimaginável de tipos, um oceano de mais de 31 mil espécies diferentes, liberadas pela linguagem a cada vez que usamos a palavra. *Cachorros*, ao contrário, são definitivamente singulares: como espécie e, em geral, conhecidos por nomes individuais; por exemplo, George. Estou entre os 95% dos donos, de sexo masculino, que falam com eles – se não entre os 87% que acreditam que seus cachorros respondem.

É difícil imaginar como será a experiência interna da percepção dos peixes e mais ainda tentar participar dela. Peixes são adaptados com precisão às mudanças na pressão da água, podem conviver com uma diversidade de variações na química desprendida pelos corpos de outros animais marinhos e respondem ao som em distâncias de até trinta quilômetros. Cachorros estão *aqui*, trotando com patas enlameadas por nossas salas de estar, fungando debaixo de nossas mesas. Peixes estão sempre em outro elemento, silenciosos e sérios, sem pernas e com olhar morto. Eles foram criados, na Bíblia, num outro dia e são considerados uma etapa inferior na marcha evolucionária que leva até o homem.

Historicamente, o atum – vou usar o atum como um embaixador do mundo dos peixes, pois é o peixe mais comido nos Estados Unidos – era pescado com anzóis individuais e linhas, controlados, em última análise, pelo pescador. Um peixe preso ao anzol pode sangrar até a morte ou se afogar (peixes se afogam quando não podem se mover) e então é puxado para dentro do barco. Peixes maiores (incluindo não somente o atum, mas também o peixe-espada e o marlim) em geral são apenas machucados pelos anzóis, mas seus corpos feridos ainda são capazes de resistir aos puxões da linha por horas ou dias. A enorme força desses peixes maiores significa que dois ou, às vezes, três homens são necessários para puxar um único animal. Picaretas especiais, chamadas bicheiros, foram (e ainda são) usadas para puxar peixes maiores quando eles ficam ao alcance do pescador. Enfiar o bicheiro no lado do corpo, na barbatana, ou mesmo nos olhos de um peixe cria um puxador ensanguentado mas eficiente para ajudar a puxá-lo para o convés. Alguns defendem que é mais efetivo posicionar o bicheiro por baixo da espinha dorsal. Outros – como os autores de um manual de pesca da ONU – argumentam que, "se possível, enfie o bicheiro na cabeça".

Antigamente, os pescadores localizavam cardumes de atum e então os puxavam no braço, um após o outro, com vara, linha e gancho. O atum que consumimos hoje, entretanto, quase nunca é pescado com equipamento simples de "vara e linha", mas com um dos dois métodos modernos: pesca de arrastão e com espinhel. Como queria aprender sobre a técnica mais comum de trazer para o mercado os animais marinhos mais comumente usados como alimento, minha pesquisa se voltou em última análise para os métodos dominantes de pesca de atum – que vou descrever mais adiante. Mas antes tenho muitas considerações a fazer.

A internet está abarrotada de vídeos de pesca. Rock de segunda como trilha sonora para homens se comportando como se acabassem de salvar a vida de alguém após terem trazido a bordo um exausto marlim ou um atum-azul. E ainda existem os subtipos: mulheres de biquíni com bicheiros, crianças pequenas com bicheiros, usuários de primeira viagem. Olhando para além do ritualismo bizarro, minha mente se volta a toda hora para os peixes nesses vídeos, para o momento em que o bicheiro está entre a mão do pescador e os olhos da criatura...

Nenhum leitor deste livro toleraria alguém balançando uma picareta na cara de um cachorro. Nada seria tão óbvio ou menos carente de explicação. Seria essa preocupação moralmente inaplicável aos peixes, ou nós é que somos tolos por ter essa preocupação inquestionável com os cachorros? Será que o sofrimento de uma morte prolongada é cruel o suficiente para ser infligido a qualquer animal capaz de experienciá-lo ou apenas a alguns animais?

Será que a familiaridade com os animais que passamos a conhecer como companheiros poderia nos servir de guia enquanto pensamos naqueles que comemos? Quão distantes são os peixes (ou vacas, porcos e galinhas) de nós no esquema da vida? Será um abismo ou uma árvore aquilo que define a distância? Será que a proximidade e a distância chegam a ser relevantes? Se algum dia encontrássemos uma forma de vida mais forte e inteligente do que a nossa, e ela nos considerasse como nós consideramos os peixes, qual seria nosso argumento contra virar comida?

A cada ano, a vida de bilhões de animais e a saúde dos maiores ecossistemas do planeta estão entre as tênues razões que damos como resposta a estas questões. Estes tipos de preocupações globais podem, porém, parecer distantes. Nós nos importamos mais com o que está próximo a nós e esquecemos com uma facilidade incrível tudo o mais. Temos também um forte impulso a fazer o mesmo que os outros a nosso redor estão fazendo, em especial quando se trata de comida. A ética alimentar é tão complexa devido ao alimento estar atrelado tanto às papilas e ao paladar quanto a biografias individuais e histórias sociais. É mais provável que o

Ocidente moderno, obcecado por escolhas, esteja mais bem adaptado do que qualquer outra cultura jamais esteve para os indivíduos que optam por comer de forma distinta. Mas, ironicamente, o completo e não seletivo onívoro – "Eu sou fácil; como de tudo" – pode parecer socialmente mais sensível do que o indivíduo que tenta comer de uma forma que seja boa para a sociedade. As escolhas na alimentação são determinadas por muitos fatores, mas a razão (ou mesmo a consciência) não está, em geral, no topo da lista.

Existe algo sobre comer animais que tende a se polarizar: nunca os coma ou nunca questione com sinceridade o hábito de comê-los; torne-se um ativista ou despreze os ativistas. Estas posições opostas – e a intimamente relacionada falta de disposição em tomar uma posição – convergem para a sugestão de que comer animais importa. Se e como os comemos leva a algo mais profundo. A carne está ligada à história de quem somos e de quem queremos ser, do livro do Gênesis até a mais recente "Lei do Campo".* Ela levanta questões filosóficas significativas e é uma indústria de mais de 140 bilhões de dólares anuais, que ocupa perto de um terço de todo o território do planeta, molda os ecossistemas dos oceanos e pode determinar o futuro do clima da Terra. Mas ainda parecemos pensar apenas sobre as partes menos significativas dos argumentos – os extremos lógicos em vez das realidades práticas. Minha avó disse que não comeria porco para salvar sua vida, e, embora o contexto de sua história seja tão extremo, muita gente parece se render a esse modelo de tudo ou nada quando discute as escolhas diárias de alimentação. É uma forma de pensar que nunca aplicaríamos a outros domínios da ética. (Imagine mentir sempre ou nunca.) Perdi a conta do número de vezes que, após contar a alguém que sou vegetariano, ela ou ele responderam apontando alguma inconsistência em meu estilo de vida ou tentando encontrar uma falha em algum argumento que nunca usei. (Sinto com frequência que meu vegetarianismo é mais importante para essas pessoas do que para mim mesmo.)

---

* "Farm Bill." Nos EUA, espécie de lei de diretrizes orçamentárias que consolida políticas para o campo. É renovada a cada quatro anos. (N. do R. T.)

Precisamos de uma maneira melhor para falar sobre comer animais. Precisamos trazer a carne para o centro das discussões públicas do mesmo modo como, com frequência, ela está no centro do nosso prato. Isso não requer que façamos de conta que teremos uma concordância coletiva. Por mais fortes que sejam nossas intuições sobre o que é certo para nós, e mesmo sobre o que é certo para os outros, todos sabemos de antemão que nossas posições vão entrar em choque com as de nossos vizinhos. O que fazemos com essa realidade inevitável? Interrompemos a conversa ou encontramos uma maneira de reformular as questões?

Guerra

Para cada dez atuns, tubarões e outros grandes peixes predadores que estavam nos oceanos de cinquenta a cem anos atrás, sobrou apenas um. Muitos cientistas preveem o colapso de todas as espécies alvo de pesca em menos de cinquenta anos – e esforços intensos estão sendo feitos para capturar, matar e comer ainda mais animais marinhos. Nossa situação é tão extrema, que pesquisadores do Centro de Atividades de Pesca, da Universidade da Colúmbia Britânica, argumentam que "nossa interação com os recursos da pesca (também conhecidos como *peixes*) passaram a lembrar... as guerras de extermínio".

Como acabei por me dar conta, *guerra* é a palavra certa para descrever nosso relacionamento com os peixes – ela representa as tecnologias e técnicas criadas para ser usadas contra eles, e o espírito de dominação. Conforme minha experiência com o mundo da criação animal se aprofundava, vi que as transformações radicais pelas quais a pesca passou nos últimos cinquenta anos são representativas de algo muito maior. Temos travado uma guerra, ou melhor, deixado uma guerra ser travada contra todos os animais que comemos. Essa guerra é nova e tem nome: criação industrial.

Como a pornografia, a criação industrial é difícil de definir, mas fácil de identificar. Num sentido estrito, é um sistema de cultura intensificada e intensiva, no qual os animais – com frequência abrigados às dezenas ou mesmo às centenas de milhares – são geneticamente preparados, têm mobilidade restringida e recebem como alimentação uma dieta não natural (que inclui quase sempre várias drogas, como antimicrobianos). Em termos globais, aproximadamente 450 bilhões de animais terrestres são criados em escala industrial todos os anos. (Não existem números para os peixes.) Noventa e nove por cento de todos os animais terrestres comidos ou usados para produzir leite e ovos nos Estados Unidos advêm de criação em escala industrial. Então, embora existam exceções relevantes, falar sobre comer animais hoje é falar sobre criação em escala industrial.

Mais do que qualquer conjunto de práticas, a criação em escala industrial é um modelo mental: reduzir os custos de produção a um mínimo absoluto e ignorar sistematicamente ou "externalizar" outros custos, como degradação ambiental, doenças humanas e sofrimento animal. Por milhares de anos, proprietários rurais ganharam sua sobrevivência usando processos naturais. A criação em escala industrial considera a natureza um obstáculo a ser vencido.

A pesca industrial não é exatamente como a criação industrial em *fazendas e granjas*, mas pertence à mesma categoria e precisa ser parte da mesma discussão – ela é parte do mesmo ardil. Isso fica mais evidente na aquicultura (criações onde os peixes são confinados em cercados e "colhidos"), mas todos os menores detalhes também são válidos para a pesca livre, que compartilha o mesmo espírito e uso intensivo de tecnologias modernas.

Capitães de navios de pesca estão hoje mais para Kirk do que para Ahab. Eles observam os peixes de salas repletas de instrumentos eletrônicos e planejam o melhor momento para pegar cardumes inteiros de uma só vez. Se não conseguem capturá-los, os capitães sabem e fazem uma segunda tentativa. Esses pescadores não são apenas capazes de perceber cardumes a uma certa distância de seus barcos. Monitores tipo GPS são lançados junto com "*fish-attracting devices*" (FADs, "dispositivos de atração de peixes") pelos oceanos. Os monitores transmitem informação para as salas de controle dos barcos de pesca sobre onde grandes concentrações de peixes estão presentes e a exata localização dos FADs flutuantes.

Quando analisamos o quadro completo da pesca industrial – os 1,4 *bilhão* de anzóis lançados a cada ano na pesca com espinhel (em cada qual está um pedaço de carne de peixe, lula ou golfinho usado como isca); as 1.200 redes, cada uma com 48 quilômetros de comprimento, usadas por apenas uma frota para pegar apenas uma espécie; a capacidade de um único barco de carregar em poucos minutos cinquenta *toneladas* de animais marinhos –, fica mais fácil pensar nos pescadores contemporâneos como criadores em escala industrial do que como pescadores.

As tecnologias de guerra têm sido sistematicamente aplicadas à pesca. Radares, sonares (no passado, usados para localizar submarinos inimigos), sistemas de navegação desenvolvidos para a marinha de guerra e, na última década do século vinte, GPS baseados em satélite dão aos pescadores habilidades sem precedentes para identificar os locais de maior concentração e retornar a eles. Imagens das temperaturas dos oceanos, geradas por satélite, são usadas para identificar os cardumes.

O sucesso da criação em escala industrial depende da visão nostálgica dos consumidores sobre a produção de alimentos – o pescador enrolando o carretel com o peixe na linha, o criador de porcos conhecendo cada um de seus animais individualmente, o criador de perus observando os bicos quebrando os ovos por dentro – porque essas imagens correspondem a algo que respeitamos e em que acreditamos. Mas essas imagens persistentes são também os piores pesadelos dos criadores em escala industrial: elas têm o poder de lembrar ao mundo que o que agora representa 99% da criação costumava representar não faz muito tempo menos do que 1%. A tomada de controle pelas criações industriais poderia, por sua vez, ser sobrepujada.

O que poderia inspirar essa mudança? Poucos conhecem os detalhes sobre as indústrias contemporâneas de carne e frutos do mar, mas a maioria sabe o principal – sabe pelo menos que alguma coisa ali não está correta. Os detalhes são importantes, mas é improvável que eles, por si sós, venham a persuadir a maioria das pessoas a mudar. Algo mais é necessário.

3.

Vergonha

ENTRE AS MUITAS OUTRAS COISAS que poderíamos dizer sobre sua vasta exploração pela literatura, Walter Benjamin foi quem interpretou de modo mais perspicaz os contos sobre animais de Franz Kafka.

A vergonha é crucial na leitura de Kafka por Benjamin e é imaginada como de uma singular sensibilidade moral. A vergonha é ao mesmo tempo íntima – sentida nas profundezas da nossa vida interior – e social – algo que sentimos com intensidade diante dos outros. Para Kafka, a vergonha é uma resposta e uma responsabilidade diante de um outro invisível – diante da "família desconhecida", para usar uma frase de *O processo*. É a principal experiência da ética.

Benjamin enfatiza que os ancestrais de Kafka – sua *família desconhecida* – incluem animais. Eles são parte da comunidade diante da qual Kafka talvez venha a ruborizar, uma forma de dizer que eles estão dentro de sua esfera de preocupação moral. Benjamin também nos diz que os animais de Kafka são "receptáculos de esquecimento", uma observação que é, a princípio, difícil de entender.

Menciono esses detalhes para emoldurar um pequena história sobre um olhar de relance de Kafka sobre peixes num aquário em Berlim. Como foi contado por Max Brod, amigo íntimo de Kafka:

> De repente, ele começou a falar com os peixes em seus tanques iluminados. "Agora, pelo menos, posso olhar em paz para vocês, eu não os como mais." Foi na época em que se tornou vegetariano rígido. Se você nunca es-

> cutou Kafka dizendo coisas desse tipo, com sua própria boca, é difícil imaginar quão simples e fácil, sem qualquer afetação, sem o menor sentimentalismo – algo quase inteiramente estranho a ele – elas foram ditas.

O que havia levado Kafka a se tornar vegetariano? E por que é um comentário sobre peixes que Brod registra para apresentar os hábitos alimentares de Kafka? Com certeza, em sua trajetória para se tornar vegetariano, Kafka também fez comentários sobre animais terrestres.

Uma resposta possível reside na conexão que Benjamin faz, por um lado, entre os animais e a vergonha, e, por outro, entre os animais e o esquecimento. A vergonha é o trabalho da memória contra o esquecimento. Vergonha é o que sentimos quando esquecemos quase por inteiro – e, no entanto, não por inteiro – as expectativas sociais e nossas obrigações para com os outros em nome de nossos prazeres imediatos. Os peixes, para Kafka, devem ter representado a essência do esquecimento: suas vidas são esquecidas de uma maneira muito mais radical do que é comum em nossos pensamentos sobre os animais terrestres, criados no campo.

Além desse esquecimento literal a que os relegamos pelo ato de comê-los, os corpos dos animais eram, para Kafka, carregados com o esquecimento de todas aquelas partes de nós mesmos que desejamos esquecer. Se queremos repudiar uma parte de nossa natureza, a chamamos de "natureza animal" e, então, a reprimimos ou a ocultamos. No entanto, como Kafka sabia melhor que a maioria, às vezes acordamos e percebemos que somos, ainda, apenas animais. E isso parece correto. Não ruborizamos de vergonha diante dos peixes, por assim dizer. Podemos reconhecer parte de nós nos peixes – espinhas, nociceptores (receptores de dor), endorfinas (que aliviam a dor), todas as respostas familiares à dor –, mas então negamos que essas similaridades tenham importância e, em decorrência, negamos igualmente partes relevantes de nossa humanidade. Aquilo que esquecemos sobre os animais começamos a esquecer sobre nós mesmos.

Hoje em dia, o que está em jogo na questão de comer animais não é somente nossa habilidade básica em responder à vida senciente, mas nossa habilidade em responder a partes do nosso próprio ser (animal). Existe uma guerra não somente entre nós e eles, mas entre nós e nós mesmos. É uma guerra tão antiga quanto a história e mais desequilibrada do que nunca no decorrer da história. Como o filósofo e crítico social Jacques Derrida reflete, trata-se de

> uma luta desigual, uma guerra (cuja desigualdade poderia um dia ser revertida) sendo travada entre aqueles que violam não somente a vida animal, mas até, e também, esse sentimento de compaixão, de um lado, e, de outro, aqueles que apelam por um testemunho irrefutável dessa piedade.
>
> Guerras são travadas sobre a questão da piedade. Esta guerra provavelmente existe desde sempre, mas... está passando por uma fase crítica. Estamos passando por essa fase, e ela está passando por nós. Pensar sobre a guerra que nos vemos travando não é apenas um dever, uma responsabildade, uma obrigação; é também uma necessidade, um constrangimento de que, gostando ou não, direta ou indiretamente, ninguém escapa... O animal olha para nós, e estamos despidos diante dele.

Em silêncio, o animal captura o nosso olhar. Ele nos olha e quer desviemos o olhar (do animal, do nosso prato, da nossa preocupação, de nós mesmos) ou não, estamos expostos. Quer mudemos nossas vidas ou não façamos nada, teremos reagido. Não fazer nada é fazer alguma coisa.

Talvez a inocência das crianças pequenas e sua dispensa de certas responsabilidades permita que elas absorvam o silêncio de um animal e olhem com atenção mais facilmente do que os adultos. Talvez nossas crianças, pelo menos, não tenham tomado partido em nossa guerra, só recebam o espólio.

Minha família morava em Berlim na primavera de 2007, e passamos várias tardes no aquário. Observávamos os tanques – ou tanques exatamente iguais aos que Kafka observara. Eu ficava particularmente comovido pela visão dos cavalos-marinhos – essas estranhas criaturas, parecidas com peças de xadrez, que estão entre os favoritos no imaginário animal popular. Cavalos-marinhos não vêm somente em formato de peças de xadrez, mas também em formato de canudo de refrigerante e plantas, e variam em tamanho de dois a 28 centímetros. Não sou, claro, o único fascinado pela aparência sempre surpreendente desses peixes. (Queremos tanto olhar para eles, que milhões morrem em aquários ou comercializados como souvenir.) E é exatamente esta estranha tendência estética que me faz gastar tempo com eles aqui, enquanto ignoro tantos outros animais – animais mais próximos do nosso domínio de preocupação. Cavalos-marinhos são o extremo do extremo.

Cavalos-marinhos, mais do que a maioria dos animais, inspiram estupefação – eles chamam nossa atenção para as assombrosas semelhanças e as diferenças entre cada tipo de criatura e todas as outras. Podem mudar de cor para se mesclar com o ambiente e bater suas nadadeiras dorsais quase tão rapidamente quanto um beija-flor bate suas asas. Devido ao fato de não terem dente ou estômago, a comida passa através deles quase num só instante, o que requer que eles comam o tempo todo. (Daí as adaptações, como olhos que se movem com independência e lhes permitem procurar presas sem mexer a cabeça.) Não são exímios nadadores; podem morrer de exaustão quando pegos mesmo por pequenas correntes, então preferem ancorar-se em algas marinhas ou corais, ou uns aos outros – eles gostam de nadar aos pares, ligados por seus rabos preênseis. Cavalos-marinhos têm rotinas complicadas para fazer a corte e tendem a se acasalar em noites de lua cheia, fazendo sons musicais enquanto isso. Vivem relações monogâmicas duradouras. O que talvez seja mais incomum, contudo, é o fato de ser o macho que carrega os filhotes por seis semanas. Os machos ficam "grávidos", não somente carregando, mas também fertilizando e nutrindo com secreções líquidas os ovos em desenvolvimento. A imagem dos machos dando à luz é sempre assombrosa: um líquido turvo irrompe da bolsa de gestação, e, como num passe de mágica, cavalos-marinhos minúsculos mas formados por completo aparecem de dentro dessa nuvem.

Meu filho não ficou impressionado. Ele devia ter adorado o aquário, mas ficou aterrorizado e, durante todo o tempo que passamos lá, implorou para ir embora. Talvez ele tenha encontrado algo no que eram, para mim, as faces mudas dos animais marinhos. Era mais provável que estivesse com medo da penumbra aquática, ou do pigarrear das bombas, ou da multidão. Imaginei que se fôssemos lá vezes suficientes e ficássemos por tempo suficiente ele ia se dar conta – eureka! – de que, na verdade, gostava de estar ali. Nunca aconteceu.

Como um escritor consciente dessa história de Kafka, comecei a sentir um certo tipo de vergonha no aquário. O reflexo nos tanques não era do rosto de Kafka. Pertencia a um escritor que, quando comparado a seu herói, era de uma grosseira e vergonhosa inadequação. Sendo judeu em Berlim, senti outros tipos de vergonha. Havia a vergonha por ser turista e por ser americano, enquanto as fotos de Abu Ghraib proliferavam. E havia vergonha por ser humano: a vergonha em saber que vinte entre o número aproximado de 35 espécies de cavalos-marinhos classificadas no mundo estão ameaçadas de extinção porque são mortas "sem querer" na produção de frutos do mar. A vergonha pela matança indiscriminada, sem nenhuma necessidade nutricional, causa política, ódio irracional ou conflito humano insolúvel. Sentia-me culpado pelas mortes que minha cultura justificava com uma preocupação tão tênue quanto o sabor do atum em lata (os cavalos-marinhos estão entre as mais de cem espécies mortas como "captura acidental" na indústria moderna de atum) ou pelo fato de os camarões constituírem convenientes *hors d'oeuvres* (a pesca de arrastão do camarão devasta as populações de cavalos-marinhos mais do que qualquer outra atividade). Sentia vergonha por viver numa nação de prosperidade sem precedentes – uma nação que gasta em alimentação o menor percentual de sua renda do que qualquer outra civilização na história da humanidade –, mas que, em nome do baixo preço, trata os animais com uma crueldade tão extrema, que seria ilegal se infligida a um cachorro.

E nada inspira mais vergonha do que ser pai ou mãe. As crianças nos confrontam com nossos paradoxos e hipocrisias, e ficamos expostos. Precisamos encontrar uma resposta para cada por quê – *Por que fazemos isso? Por que não fazemos aquilo?* – e com frequência não há uma boa resposta. Então, você diz apenas *porque sim*. Ou conta uma história que sabe não ser verdadeira. E, quer seu rosto fique vermelho ou não, você ruboriza. A vergonha da paternidade ou maternidade – que é uma *boa* vergonha – é que queremos que nossos filhos sejam mais saudáveis do que nós, que tenham respostas satisfatórias. Meu filho não apenas me inspirou a reconsiderar que tipo de animal consumidor de alimentos eu seria, mas me deixou envergonhado a ponto de eu ter que reconsiderar.

E tem também George, adormecida a meus pés enquanto digito estas palavras, seu corpo contorcido para caber no retângulo de sol sobre o chão. Suas patas estão se agitando no ar, então, ela deve estar sonhando que corre: estará perseguindo um esquilo? Brincando com outro cachorro no parque? Talvez sonhe que está nadando. Eu adoraria estar dentro daquele seu crânio oblongo e ver que conteúdo mental ela estará tentando classificar ou processar. Por vezes, quando sonha, ela deixa escapar um pequeno latido – às vezes, alto o suficiente para acordar a si mesma, às vezes, alto o suficiente para acordar meu filho. (Ela sempre volta a dormir; ele, nunca.) Às vezes, ela acorda ofegante de um sonho, fica de pé num salto, se posiciona bem perto de mim – sua respiração quente contra meu rosto – e olha bem dentro dos meus olhos. Entre nós há... *o quê?*

o significado das palavras

A pecuária faz uma contribuição, para o aquecimento global, 40% superior a todos os meios de transporte do mundo somados; é a causa número um das mudanças climáticas.

AMBIENTALISMO

Preocupação com a preservação e a restauração de recursos naturais e dos sistemas ecológicos que sustentam a vida humana. Há definições mais grandiosas com as quais eu poderia ficar mais animado, mas isso é, na verdade, o que o termo quer dizer de modo geral, pelo menos no momento. Alguns ambientalistas incluem os animais entre os recursos. A palavra *animais,* nesse caso, se refere, em geral, a espécies ameaçadas ou caçadas, mais do que às mais populosas na Terra, que estão mais necessitadas de preservação e recuperação.

Um estudo da Universidade de Chicago descobriu recentemente que nossas escolhas alimentares contribuem para o aquecimento global no mínimo tanto quanto nossas escolhas de meios de transporte. Estudos mais recentes e acurados da ONU e da Pew Commission mostram de modo conclusivo que, numa escala global, os animais criados no campo contribuem *mais* para a mudança climática do que o transporte. De acordo com a ONU, o setor pecuarista é responsável por 18% das emissões de gás estufa, cerca de 40% a mais do que todo o setor de transportes – carros, caminhões, aviões, trens e navios juntos. A pecuária é responsável por 37% do metano antropogênico, que oferece 23 vezes o potencial de aquecimento global (PAG) do CO_2, bem como 65% de óxido nitroso antropogênico, que oferece assombrosas 296 vezes o PAG do CO_2. Dados mais atualizados chegam a quantificar o papel da dieta: os onívoros contribuem com um volume de gases de efeito estufa sete vezes maior do que os veganos.

A ONU resumiu desta maneira os efeitos ambientais da indústria de carne: criar animais para a alimentação (seja de forma industrial ou em propriedades familiares) "é um dos dois ou três que mais contribuem para problemas ambientais mais sérios, em todas as escalas, do local ao global... [A pecuária] deveria ser um dos principais focos dos planos de ação quando se lida com problemas de degradação da terra, mudanças climáticas e poluição do ar, contaminação e diminuição das reservas de água e perda da biodiversidade. A contribuição dos animais de corte para os problemas ambientais ocorre numa escala muito grande". Em outras palavras, se alguém se preocupa com o meio ambiente e aceita os resultados científicos de fontes como a ONU (ou o Painel Intergovernamental de Mudanças Climáticas, ou o Center for Science in the Public Interest, ou a Pew Commission, ou a Union of Concerned Scientists ou o Worldwatch Institute...), *deve* se preocupar com o uso de animais na alimentação.

Dito de forma mais simples, alguém que come regularmente produtos animais de fazendas e granjas industriais não pode se autointitular ambientalista sem separar a palavra de seu significado.

ANIMAIS CRIADOS SOLTOS

Aplicado a carne, ovos, laticínios e depois até mesmo a peixes (pasto para atum?), o rótulo de animais criados soltos é embromação. Não deveria trazer nem um pouco mais de paz de espírito do que "natural", "fresco" ou "mágico".

Para ser consideradas "criadas soltas", as galinhas na produção de carne devem ter "acesso ao ar livre", o que, se você levar as palavras ao pé da letra, não significa nada. (Imagine um galpão com trinta mil galinhas e uma portinha numa extremidade que se abre para uma faixa de terra de um metro e meio por um metro e meio – e a porta só se abre de vez em quando.)

O USDA sequer tem uma definição para galinhas poedeiras criadas soltas e se baseia, em vez disso, nos testemunhos dos produtores para apoiar a acuidade dessas alegações. Com muita frequência, galinhas criadas em granjas industriais – galinhas comprimidas umas contra as outras em amplos e áridos galpões – são rotuladas como "criadas soltas". ("*Cage-free*", ou "fora de gaiolas", é um termo regulamentado, mas não significa nem mais nem menos do que diz – elas literalmente não estão em gaiolas.) Pode-se supor, com segurança, que a maior parte das galinhas poedeiras "criadas soltas" (ou "criadas fora de gaiolas") têm os bicos decepados, são drogadas e abatidas com crueldade ao se tornar "gastas". Eu poderia manter um bando de galinhas debaixo da minha pia e dizer que são criadas soltas.

ANIMAL

Antes de visitar qualquer fazenda ou granja, passei mais de um ano avançando com dificuldade pela literatura sobre o uso dos animais como comida: histórias sobre a criação e indústria animal, materiais do Departamento de Agropecuária dos Estados Unidos (United States Department of Agriculture, USDA), panfletos de ativistas, obras filosóficas relevantes e os vários livros existentes sobre comida que tocam no assunto da carne. Com frequência, me vi confuso. Às vezes, minha desorientação era resultado do caráter escorregadio de termos como *sofrimento, alegria* e *crueldade.* Às vezes, isso parecia ser um efeito deliberado. A linguagem nunca é cem por cento digna de confiança, mas, quando se trata de comer animais, as palavras são usadas para desorientar e camuflar com a mesma frequência com que são usadas para comunicar. Algumas palavras como *vitela* ajudam-nos a esquecer o que estamos falando de fato. Algumas expressões como *criados soltos* podem orientar mal aqueles cujas consciências buscam esclarecimento. Algumas como *feliz* significam o contrário do que poderia parecer. E algumas como *natural* não significam praticamente coisa alguma.

Nada poderia parecer mais "natural" do que as fronteiras entre os homens e os animais (*ver:* BARREIRA ENTRE AS ESPÉCIES). Acontece, porém, que nem todas as culturas têm a categoria *animal,* ou algum equivalente, em seu vocabulário. À Bíblia, por exemplo, falta um termo que sirva como paralelo à palavra inglesa *animal.* Até mesmo pela definição do dicionário, os humanos ao mesmo tempo são e não são animais. No primeiro sentido, os humanos são membros do reino animal. Mas, com maior frequência, usamos de modo informal a palavra *animal* para indicar todas as criaturas – do orangotango ao cachorro e ao camarão – com exceção dos humanos. No âmbito de uma cultura, até mesmo no âmbito de uma família, as pessoas têm sua própria compreensão do que venha a ser um animal. Dentro de cada um de nós, é provável que haja várias compreensões diferentes.

O que é um animal? O antropólogo Tim Ingold fez a pergunta a um grupo variado de acadêmicos de antropologia social e cultura, arqueologia, biologia, psicologia, filosofia e semiótica. Mostrou-se impossível para eles chegar a um consenso acerca do significado da palavra. Revelador, porém, era o fato de haver dois pontos de concordância: "Primeiro, há uma forte subcorrente emocional em nossas ideias sobre animalidade; e, segundo, submeter essas ideias a um escrutínio crítico é expor aspectos muito sensíveis e amplamente inexplorados da compreensão de nossa própria humanidade." Perguntar "O que é um animal?" – ou, eu acrescentaria, ler para uma criança uma história sobre cachorro ou apoiar os direitos dos animais – é tocar de forma inevitável no modo como compreendemos o que significa ser nós e não eles. É perguntar "O que é um humano?"

ANTROPOCENTRISMO

A convicção de que os humanos são o pináculo da evolução, a régua graduada apropriada para medir a vida dos outros animais e proprietários de direito de tudo o que vive.

ANTROPOMORFISMO

A exortação a projetar a experiência humana em outros animais, como quando meu filho me pergunta se George vai ficar solitária.

A filósofa italiana Emanuela Cenami Spada escreveu:

> O antropomorfismo é um risco que precisamos correr, pois precisamos aludir à nossa própria experiência humana para formular perguntas sobre a experiência animal... A única "cura" disponível [para o antropomorfismo] é a crítica contínua de nossas definições correntes, de modo a fornecer respostas mais adequadas às nossas perguntas e ao problema constrangedor que os animais representam para nós.

Qual é esse problema constrangedor? O fato de que não projetamos simplesmente a experiência humana nos animais; nós somos (e não somos) animais.

ANTROPONEGAÇÃO

A recusa em reconhecer semelhanças significativas de experiência entre humanos e outros animais, como quando meu filho me pergunta se George vai ficar solitária ao sairmos de casa sem ela, e eu digo: "George não fica solitária."

BARREIRA ENTRE AS ESPÉCIES

O zoológico de Berlim (Zoologischer Garten Berlin) abriga o maior número de espécies de todos os zoológicos no mundo, cerca de 1.400. Aberto em 1844, foi o primeiro zoológico na Alemanha – os primeiros animais foram presente da coleção de animais raros de Friedrich Wilhelm IV – e com 2,6 milhões de visitantes por ano, é o zoológico mais movimentado da Europa. Bombardeios aéreos dos Aliados em 1942 destruíram quase toda a sua infraestrutura, e só 91 animais sobreviveram. (É incrível que numa cidade onde as pessoas estavam derrubando parques públicos para pegar lenha algum animal tenha chegado a sobreviver.) Hoje, há cerca de quinze mil animais. Mas a maioria das pessoas só presta atenção num deles.

Knut, o primeiro urso polar a nascer no zoológico em trinta anos, veio ao mundo no dia 5 de dezembro de 2006. Foi rejeitado pela mãe, Tosca, de vinte anos, uma ursa de circo alemã aposentada, e seu irmão gêmeo morreu quatro dias depois. É um começo promissor para um filme ruim de tevê, mas não para uma vida. O pequeno Knut passou seus primeiros 44 dias numa incubadora. O responsável pelos cuidados com ele, Thomas Dörflein, dormia no zoológico a fim de lhe garantir 24 horas por dia de atenção. Dörflein alimentava Knut com mamadeira a cada duas horas, dedilhava *Devil in Disguise*, de Elvis, em seu violão, na hora de Knut dormir, e ficou coberto de cortes e contusões devido a todo aquele contato às vezes pouco delicado. Knut pesava oitocentos gramas ao nascer, mas, quando o vi, cerca de três meses mais tarde, tinha mais do que dobrado de peso. Se tudo correr bem, um dia, ele vai ter cerca de duzentas vezes esse tamanho.

Dizer que Berlim amava Knut seria dizer pouco. O prefeito Klaus Wowereit via os jornais todos os dias em busca de novas fotos. O time de hóquei da cidade, o Eisbären, pediu ao zooógico para adotar Knut como mascote. Vários blogs – incluindo um do *Tagesspiel,* o jornal mais lido de Berlim – dedicavam-se às atividades de Knut, hora a hora. Ele tinha seu próprio *podcast* e sua própria webcam. Chegou a substituir uma modelo de topless em vários jornais.

Quatrocentos jornalistas compareceram à primeira aparição pública de Knut, que despertou de longe mais interesse do que a reunião de cúpula da União Europeia, que acontecia no mesmo momento. Havia gravatas de Knut, *rucksacks* (...) de Knut (essa é a palavra inglesa de origem germânica para mochila), placas comemorativas de Knut, pijamas de Knut, estatuetas de Knut e provavelmente, embora eu não tenha verificado, calcinhas de Knut. Knut tinha um padrinho, Sigmar Gabriel, ministro do Meio Ambiente da Alemanha. A panda Yan Yan, outro animal do zoológico, foi literalmente *morta* pela popularidade de Knut. Os funcionários do zoológico especulam que as trinta mil pessoas abarrotando o lugar para ver Knut tiveram efeito esmagador sobre Yan Yan – ou a excitaram em demasia ou a deprimiram até a morte (não ficou claro para mim). E, falando de morte, quando um grupo de defesa dos direitos animais levantou o argumento – de forma apenas hipotética, como alegaram mais tarde – que seria melhor submeter o animal à eutanásia do que criá-lo naquelas condições, as crianças saíram às ruas entoando "Knut tem que viver". Fãs de futebol bradavam por Knut em vez de bradar por seus times.

Se você for ver Knut e ficar com fome, a poucos metros de seu cercado há um quiosque vendendo salsichas "Wurst de Knut", feitas com a carne de porcos de criações industriais, que são pelo menos tão inteligentes e dignos da nossa atenção quanto Knut. Isso é barreira entre as espécies.

BULLSHIT

1) Em inglês, a palavra *bullshit* significa "merda de touro" (*ver também:* AMBIENTALISMO)

2) E significa disparate, mentira ou embromação, como em captura acidental.

CAFO

Concentrated Animal Feeding Operation (Estabelecimento de Confinamento de Animais), ou seja, uma criação industrial. É significativo que essa designação formal tenha sido criada não pela indústria da carne, mas pela Environmental Protection Agency (Agência de Proteção Ambiental) (*ver também:* AMBIENTALISMO). Todos os CAFOs ferem os animais de uma maneira que seria ilegal até mesmo de acordo com uma legislação de bem-estar animal relativamente fraca. *Ver* CFE:

CAÍDO

1) Algo ou alguém desinteressante.

2) Um animal que cai devido à saúde fraca e não consegue mais ficar de pé. Isso não significa que tenha uma doença grave, não mais do que significaria caso se tratasse de alguém que caiu. Alguns animais caídos estão gravemente doentes ou feridos, mas com frequência eles não precisam de mais do que um pouco d'água e de descanso para ser poupados de uma morte lenta e dolorosa. Não há estatísticas confiáveis disponíveis sobre animais caídos (quem relataria a existência deles?), mas estimativas colocam nessa situação um número em torno de duzentas mil vacas por ano – cerca de duas vacas para cada palavra deste livro. Quando se trata de bem-estar animal, o mínimo absoluto, o menor gesto que poderíamos fazer seria, talvez, sacrificar os animais caídos. Mas isso custa dinheiro, e esses animais não têm utilidade, portanto, não merecem atenção nem piedade. Na maioria dos cinquenta estados americanos, é cem por cento legal (e muito comum) simplesmente deixar os animais caídos morrerem ao relento ao longo dos dias ou jogá-los, vivos, em caçambas de lixo.

Minha primeira visita de pesquisa para escrever este livro foi à Farm Sanctuary, um santuário para animais de criação em Watkins Glen, Nova York. A Farm Sanctuary não é uma fazenda. Não se cria nada ali. Fundada em 1986 por Gene Baur e sua então esposa, Lorri Houston, foi criada como um local onde animais resgatados de fazendas pudessem acabar de viver suas vidas não naturais. (*Vidas naturais* seria uma expressão esquisita para nos referirmos a animais projetados para serem abatidos na adolescência. Porcos de granja, por exemplo, normalmente são abatidos quando chegam a cerca de cem quilos. Se você deixar esses mutantes genéticos continuarem vivendo, como se faz na Farm Sanctuary, eles podem passar de 350 quilos.)

A Farm Sanctuary se tornou uma das organizações mais importantes de proteção animal, educação e lobby nos Estados Unidos. Outrora custeada pela venda de cachorros-quentes vegetarianos na mala de uma kombi em shows do Grateful Dead – não precisamos fazer nenhuma piada com isso* –, a Farm Sanctuary se expandiu até ocupar setenta hectares no norte do estado de Nova York e outro santuário de 120 hectares no norte da Califórnia. Tem mais de duzentos mil membros, um orçamento anual de cerca de seis milhões de dólares e capacidade para ajudar a formular a legislação local e nacional. Mas não foi por nada disso que escolhi começar por lá. Eu só queria interagir com animais de criação. Durante os meus trinta anos de vida, os únicos porcos, vacas e galinhas nos quais tinha tocado estavam mortos e fatiados.

Enquanto caminhávamos pelo pasto, Baur explicou que a Farm Sanctuary era menos seu sonho ou grande ideia e mais o produto de um esforço fortuito.

– Eu estava passando de carro pelos currais de Lancaster e vi, lá atrás, uma pilha de animais caídos. Cheguei perto, e uma das ovelhas mexeu a cabeça. Eu me dei conta de que ela ainda estava viva, e tinha sido deixada ali para sofrer. Então, coloquei-a na traseira da minha van. Nunca tinha feito nada desse tipo antes, mas não podia deixá-la daquele jeito. Levei-a ao veterinário, imaginando que fosse ser sacrificada. Mas, depois de alguns estímulos, ela simplesmente se levantou. Nós a levamos para nossa casa em Wilmington e, mais tarde, quando compramos a fazenda, a levamos para lá. Ela viveu dez anos. *Dez*. Bons anos.

Menciono essa história não para promover mais santuários para animais de criação. Eles fazem um bem enorme, mas é um

* Grateful Dead significa, literalmente, "morto agradecido". (N. da T.)

bem educativo (oferecendo o desmascaramento a pessoas como eu) e não prático, no sentido de realmente resgatar um número significativo de animais e cuidar deles. Baur seria o primeiro a reconhecer isso. Menciono a história para ilustrar o quão próximos da saúde os animais caídos podem estar. Qualquer indivíduo tão próximo assim precisa ser salvo ou morto de uma forma piedosa.

CAPTURA ACIDENTAL

Talvez o exemplo perfeito da embromação, *captura acidental* se refere às criaturas marinhas pescadas por acidente – embora não seja de fato "por acidente", já que a captura acidental foi inserida de modo consciente nos métodos contemporâneos de pesca. A pesca moderna tende a envolver muita tecnologia e poucos pescadores. Essa combinação leva a pescas maciças com quantidades maciças de captura acidental. Considere o camarão, por exemplo. Em média, a operação de pesca do camarão com rede de arrastão joga por cima da amurada de 80 a 90% dos animais marinhos que captura, mortos ou morrendo, como acidental. (Espécies ameaçadas de extinção somam grande parte dessa captura acidental.) O camarão constitui apenas 2% dos frutos do mar do mundo, por peso, mas sua pesca, com redes de arrastão, responde por 33% da captura acidental do mundo. Tendemos a não pensar nisso porque tendemos a não saber disso. E se em nossa comida houvesse rótulos, informando-nos de quantos animais foram mortos para trazer o animal desejado ao nosso prato? Então, com o camarão pescado em redes de arrastão na Indonésia, por exemplo, o rótulo poderia dizer: PARA CADA QUILO DESTE CAMARÃO, 26 QUILOS DE OUTROS ANIMAIS MARINHOS FORAM MORTOS E JOGADOS DE VOLTA AO OCEANO.

Ou então considere o atum. Entre outras 145 espécies mortas regularmente – sem justificativas –, quando se mata o atum, estão: arraia-jamanta, arraia-diabo, arraia-pintada, cação-narigudo, cação-baleeiro, tubarão-de-galápagos, tubarão-galhudo (grande), tubarão-branco, tubarão-martelo, cação-espinho, galhudo-cubano, tubarão-raposa-de-olho-grande, tubarão-anequim, tubarão-azul, cavala-aipim, agulhão-vela, bonito, cavala-verdadeira, cavala-pintada, agulhão-verde, marlim-branco, peixe-espada, lanceta, cangulo-branco, peixe-agulha, freira-do-alto, cara-pau, peixe-negro, dourado-do-mar, peixe-porco-espinho, peixe-rei, anchova, garoupa, peixe-voador, cavalo-marinho, piranjica, peixe-papagaio, escolar, palombeta, peixe-folha, peixe-pescador, peixe-diabo negro, peixe-lua, moreia, peixe-piloto, anchova-preta, cherne-polveiro, corvineta ocelada, olho-de-boi, guaiuba, sargo comum, barracuda, baiacu, tartaruga cabeçuda, tartaruga-verde, tartaruga-de-couro, tartaruga-de-pente, tartaruga de kemp, albatroz de nariz amarelo, gaivota-de-audouin, pardela-balear, albatroz-de-sobrancelha, gaivota-grande, pardela-de-bico-preto, aligrande, petrel cinzento, gaivota-prateada, gaivota-alegre, albatroz-real-do-norte, albatroz-de-barrete-branco, pardela-preta, pardelão-prateado, pardela mediterrânea, gaivota-de-patas-amarelas, baleia-mink, baleia-sei, baleia comum, golfinho comum, baleia-franca-do-atlântico-norte, baleia-piloto, baleia-jubarte, baleia-bicuda, orca, toninha, cachalote, golfinho-listrado, golfinho-pintado-do-atlântico, golfinho-rotador, golfinho-nariz-de-garrafa e baleia-bicuda-de-cuvier.

Imagine que lhe servem um prato de sushi. E que esse prato também contém todos os animais que foram mortos para a sua porção de sushi. O prato precisaria ter um metro e meio de diâmetro.

CFE

Common Farming Exemptions (CFE) são exclusões que tornam legais todos os métodos de criação de animais, contanto que sejam praticados no âmbito da indústria. Em outras palavras, os criadores – *corporações* é a palavra correta – têm o poder de definir crueldade. Se a indústria adota uma prática – a de cortar fora apêndices desnecessários sem anestésicos, por exemplo, mas você pode dar asas à sua imaginação –, ela automaticamente se torna legal.

As CFEs são promulgadas estado por estado e vão do perturbador ao absurdo. De acordo com as CFEs de Nevada, por exemplo, as leis de bem-estar do estado não podem ser impostas para "proibir ou interferir em métodos estabelecidos de procriação animal, incluindo a criação, o manejo, a alimentação, o alojamento e o transporte de gado ou animais de granja". O que acontece em Las Vegas fica em Las Vegas.

Os advogados David Wolfson e Mariann Sullivan, especialistas no assunto, explicam:

> Certos estados excluem práticas específicas, em lugar de todas as práticas habituais de criação de animais... o estado de Ohio exclui os animais de criação da necessidade de "exercício físico saudável e ar fresco", e o estado de Vermont exclui os animais de criação de seu estatuto criminal anticrueldade, que decreta ilegal "amarrar, acorrentar e encarcerar" um animal de modo "desumano ou que signifique detrimento de seu bem-estar". Só o que resta é presumir que em Ohio negam exercício e ar fresco aos animais e que em Vermont eles são amarrados, acorrentados e encarcerados de modo desumano.

COMIDA E LUZ

Criações industriais em geral manipulam a comida e a luz a fim de aumentar a produtividade, com frequência em detrimento do bem-estar dos animais. Produtores de ovos fazem isso para reprogramar o relógio biológico das aves, que assim começam a pôr os valiosos ovos mais rápido e, detalhe crucial, ao mesmo tempo. Foi assim que o dono de uma granja me descreveu a situação:

> Assim que as fêmeas atingem a maturidade – na criação de perus, entre 23 e 26 semanas, e, com as galinhas, de 16 a 20 –, são colocadas em galpões e as luzes são diminuídas; às vezes a escuridão é completa, 24 horas por dia, 7 dias por semana. Elas são colocadas num regime bastante baixo em proteína, quase passando fome. Isso dura de duas a três semanas. Depois, as luzes são acesas durante dezesseis horas por dia, ou vinte, então, as galinhas pensam que é primavera e passam a receber alimentos ricos em proteína. Começam imediatamente a pôr ovos. Tudo se transformou em ciência, de tal modo que podem parar tudo, recomeçar, e assim por

> diante. Veja, na natureza, quando a primavera chega, os insetos aparecem, a grama cresce e os dias ficam mais longos. Isso é um código para dizer às aves "Bem, é melhor começar a pôr ovos. A primavera está chegando". Então, o homem tira vantagem de algo que já estava ali. Ao controlar a luz, a alimentação e quando elas podem comer, a indústria força essas aves a pôr ovos o ano inteiro. Então, é o que fazem. As peruas hoje põem 120 ovos por ano, e as galinhas, mais de trezentos. Isso é duas ou até mesmo três vezes mais do que na natureza. Depois desse primeiro ano, elas são abatidas porque já não põem tantos ovos no segundo ano e a indústria percebeu que é mais barato matá-las e começar de novo do que alimentar e alojar aves que põem menos ovos. Essas práticas são grande parte dos motivos para a carne de frango ser tão barata hoje, mas as aves sofrem por isso.

Enquanto a maioria das pessoas conhece as linhas gerais da crueldade nas criações industriais – as gaiolas são pequenas, o abate é violento –, certas técnicas praticadas de modo extenso conseguiram evitar chegar à consciência pública. Eu nunca tinha ouvido falar em privação de comida e de luz. Depois de ouvir a respeito, nunca mais quis comer um ovo convencional. Ainda bem que existem as aves criadas soltas. Certo?

COMIDA QUE DESCONFORTA

Compartilhar comida gera bons sentimentos e cria laços sociais. Michael Pollan, que escreveu de modo mais extenso do que qualquer outra pessoa sobre comida, chama isso de "fraternidade à mesa" e argumenta que sua importância, que concordo ser significativa, é um voto contra o vegetarianismo. Num certo nível, ele tem razão.

Vamos pressupor que você seja como Pollan e se oponha à carne oriunda da criação intensiva. Se você for o convidado, é péssimo não comer a comida que foi preparada para você, sobretudo (embora ele não entre nesse mérito) quando os motivos para a recusa são éticos. Mas o quão péssimo é? Esse é um dilema clássico: qual o mérito do que faço, criando uma situação socialmente confortável, e qual o mérito do que faço, agindo com responsabilidade social? A importância relativa da alimentação ética e a da fraternidade à mesa são diferentes em situações diferentes (recusar o frango com cenoura da minha avó é diferente de não querer asas de frango preparadas no micro-ondas).

Mais importante do que isso, porém, e algo que Pollan curiosamente não enfatiza, é que tentar ser um onívoro seletivo causa um impacto muito maior à fraternidade à mesa do que o vegetarianismo. Imagine que um conhecido o convide para jantar. Você poderia dizer: "Adoraria ir. E, só para você ficar sabendo, sou vegetariano." Também poderia dizer: "Adoraria ir. Mas só como carne produzida por pequenos criadores." O que você faria, então? Provavelmente teria que mandar ao anfitrião um link da internet, uma lista de lojas locais ou talvez até mesmo tornar o pedido inteligível, para não dizer executável. Esse esforço talvez seja válido, mas com certeza é mais invasivo do que pedir comida vegetariana (o que, nos dias de hoje, não requer explicação). Toda a indústria da alimentação (restaurantes, serviços nas empresas aéreas e em universidades, comida para casamentos) nos EUA está adaptada para atender vegetarianos. Não há infraestrutura para o onívoro seletivo.

E quanto a ser o anfitrião num encontro? Onívoros seletivos também comem alimentos vegetarianos, mas o inverso obviamente não é verdadeiro. Que escolha promove maior fraternidade à mesa?

E não é apenas o que colocamos em nossa boca que cria fraternidade à mesa, mas o que sai dela. Há também a possibilidade de que uma conversa sobre as coisas em que acreditamos gere mais fraternidade – mesmo se acreditarmos em coisas diferentes – do que qualquer comida que esteja sendo servida.

COMIDA QUE RECONFORTA

Certa noite, quando nosso filho tinha quatro semanas de idade, começou a ter febre baixa. Na manhã seguinte, estava tendo dificuldade para respirar. Seguindo a recomendação de nosso pediatra, nós o levamos ao pronto-socorro, onde diagnosticaram

VRS (vírus respiratório sincicial), que com frequência se manifesta nos adultos como resfriado comum, mas, nos bebês, pode ser extremamente perigoso, até mesmo mortal. Acabamos passando uma semana na UTI pediátrica, minha esposa e eu nos revezando para dormir na poltrona do quarto de nosso filho e na poltrona reclinável da sala de espera.

No segundo, terceiro, quarto e quinto dias, nossos amigos Sam e Eleanor nos levaram comida. Muita comida, bem mais do que poderíamos comer: salada de lentilhas, trufas de chocolate, legumes grelhados, nozes e frutas silvestres, risoto de cogumelos, panquecas de batata, vagem, nachos, arroz selvagem, aveia, manga desidratada, pasta primavera, chili – tudo comida que reconforta. Podíamos ter comido na lanchonete ou ter pedido comida. E eles podiam ter demonstrado seu amor com visitas e palavras gentis. Mas levaram toda aquela comida, e era uma coisinha à toa e boa de que precisávamos. Por isso, mais do que qualquer outra razão – e há muitas outras razões –, este livro é dedicado a eles.

COMIDA QUE RECONFORTA, CONTINUAÇÃO

No sexto dia, minha esposa e eu pudemos, pela primeira vez desde que tínhamos chegado ali, sair juntos do hospital. O pior para o nosso filho já visivelmente havia passado, e os médicos achavam que poderíamos levá-lo para casa na manhã seguinte. Pudemos ouvir a bala da qual tínhamos nos desviado passar assoviando. Então, assim que ele dormiu (com meus cunhados junto à sua cama), pegamos o elevador, descemos e emergimos outra vez no mundo.

Estava nevando. Os flocos de neve tinham um tamanho surreal, eram distintos e duráveis: como os flocos que as crianças recortam em papel branco. Seguíamos como sonâmbulos pela Segunda Avenida, sem um destino em mente, e acabamos num restaurante polonês. Grandes janelas de vidro davam para a rua, e os flocos de neve ficavam presos por vários segundos antes de escorrer. Não me lembro o que pedi. Não me lembro se a comida prestava. Foi a melhor refeição da minha vida.

CONVERSÃO ALIMENTAR

Tanto as criações industriais quanto as familiares se preocupam, necessariamente, com a relação entre a carne animal comestível, os ovos ou o leite produzidos por unidade de comida consumida por animal. É a disparidade dessa preocupação – e as distâncias bem diferentes a que são capazes de chegar para aumentar os lucros – que distingue os dois tipos de criações. Por exemplo, *ver*: COMIDA E LUZ.

CRIAÇÕES FAMILIARES DE ANIMAIS

Uma criação familiar em geral é definida como aquela em que uma família é proprietária dos animais, cuida das instalações e contribui com trabalho numa rotina diária. Há duas gerações, praticamente todas as criações de animais eram familiares.

CRIAÇÕES INDUSTRIAIS DE ANIMAIS

A expressão com certeza sairá de uso na próxima geração, ou coisa assim, porque não haverá mais criações industriais ou porque não existirão mais criações familiares para se comparar a elas.

CRUELDADE

Não apenas causar de modo intencional sofrimento desnecessário, mas a indiferença a ele. É muito mais fácil ser cruel do que se pensa.

Diz-se com frequência que a natureza, "rubra nos dentes e nas garras", é cruel. Ouvi isso repetidas vezes de criadores que tentavam me persuadir de que estavam protegendo seus animais daquilo que havia do lado de fora de suas cercas. Verdade, a natureza não é brincadeira de criança. (*Brincadeiras de criança* muitas vezes não são brincadeira de criança.) Também é verdade que os animais, nas melhores criações, levam vida melhor do que levariam soltos. Mas a natureza não é cruel. Tampouco os animais na natureza matam e ocasionalmente torturam uns aos outros. A crueldade depende da compreensão da crueldade e da capacidade de escolher agir contra. Ou escolher ignorá-la.

DESESPERO

Há mais de 25 quilos de farinha no porão da minha avó. Numa recente visita de fim de semana, me mandaram lá para baixo pegar uma garrafa de Coca-Cola, e eu descobri os sacos empilhados junto à parede, como sacos de areia nas margens de um rio com risco de enchente. Por que uma mulher de noventa anos haveria de precisar de tanta farinha? E por que as várias dúzias de garrafas de dois litros de Coca-Cola, ou a pirâmide de arroz Uncle Ben's, ou a parede de pães de centeio no freezer?

– Notei que a senhora tem um bocado de farinha no porão – disse, ao voltar à cozinha.

– Vinte e cinco quilos.

Não consegui decifrar seu tom de voz. Era orgulho aquilo que eu havia escutado? Um certo ar de desafio? Vergonha?

– Posso perguntar por quê?

Ela abriu um armário e pegou uma pequena pilha de cupons de desconto, cada um dos quais oferecia um saco de farinha para cada sacola comprada.

– Como a senhora conseguiu tantos? – perguntei.

– Não foi difícil.

– O que vai fazer com toda essa farinha?

– Vou fazer uns biscoitos.

Tentei imaginar como minha avó, que nunca dirigira um carro na vida, conseguira arrastar todos aqueles sacos do supermercado até sua casa. Alguém lhe tinha dado carona, como sempre, mas será que ela havia colocado todos os 25 quilos num único carro ou tinha feito múltiplas viagens? Conhecendo minha avó, era provável que ela tivesse calculado quantos sacos poderia colocar num único carro sem causar um transtorno muito grande ao motorista. E, então, entrou em contato com o número necessário de amigos e fez as viagens ao supermercado, provavelmente num único dia. Seria a isso que ela se referia quando falava em ingenuidade, todas as vezes que me contou terem sido sorte e ingenuidade que a fizeram sobreviver ao Holocausto?

Fui cúmplice em várias das missões de compra de comida de minha avó. Lembro-me de uma liquidação de algum cereal em que o cupom limitava a compra a três caixas por freguês. Depois de comprar ela própria três caixas, minha avó mandou meu irmão e eu comprarmos três caixas enquanto ela esperava na porta. O que eu devo ter parecido à pessoa no caixa? Um garoto de cinco anos usando um cupom para comprar várias caixas de uma gororoba que nem mesmo alguém passando fome comeria de boa vontade? Voltamos uma hora mais tarde e repetimos a façanha.

A farinha exigia respostas. Para que população ela estava planejando fazer aqueles biscoitos? Onde estava escondendo as 1.400 caixas de ovos? E a pergunta mais óbvia: como tinha levado todos aqueles sacos para o porão? Eu já vira seus motoristas decrépitos vezes suficientes para saber que eles não fariam isso.

– Um saco de cada vez – disse ela, limpando a mesa com a mão.

Um saco de cada vez. Minha avó tem dificuldade em caminhar do carro até a porta da frente dando um passo de cada vez. Sua respiração é lenta e difícil e, numa recente visita ao médico, ela descobriu que os batimentos de seu coração têm o mesmo ritmo dos da grande baleia-azul.

Seu desejo perpétuo é viver até o próximo bar mitzvah, mas imagino que ela vá viver pelo menos mais uma década. Ela não é o tipo de pessoa que morre. Poderia viver até os 120 anos e não haveria como usar nem metade de toda aquela farinha. E ela sabe disso.

ESTRESSE

Uma palavra usada pela indústria animal para eludir o assunto em questão, que é SOFRIMENTO.

FRANGOS DE CORTE

Nem todas as galinhas têm que suportar as gaiolas criadas para as poedeiras. Nesse sentido, poderia ser dito que os frangos de corte – aquelas que se tornam carne (em oposição às *poedeiras*, as galinhas que põem ovos) – têm sorte: tendem a contar com espaço de cerca de 930 centímetros quadrados.

Se você não é granjeiro, o que acabei de escrever provavelmente o deixou confuso. Você provavelmente pensava que galinhas eram galinhas. Mas faz meio século que têm existido, na verdade, dois tipos de galinha – de corte e poedeiras –, cada uma com uma genética distinta. Chamamos ambas de galinhas, mas elas têm corpos e metabolismos bastante distintos, projetados para diferentes "funções". As poedeiras produzem ovos. (Sua produção de ovos mais do que dobrou desde a década de 1930.) Os frangos de corte produzem carne. (No mesmo período, a engenharia genética projetou-as para crescer mais do que o dobro do tamanho em menos do que a metade de tempo. As galinhas de outrora tinham uma expectativa de vida de quinze a vinte anos, mas o moderno frango de corte em geral é abatido em torno de seis semanas. Sua taxa diária de crescimento aumentou cerca de 400%.)

Isso levanta todo tipo de perguntas bizarras – perguntas que, antes de eu ficar sabendo sobre nossos dois tipos de galinha, nunca tinha tido motivos para fazer –, como *O que acontece com todos os filhotes machos das poedeiras?* Se o homem não os projetou para carne, e a natureza visivelmente não os projetou para pôr ovos, qual a sua função?

Eles não têm função. E é por isso que todos os machos que nascem das poedeiras – metade de todos os filhotes de poedeiras nascidos nos Estados Unidos, mais de 250 milhões de pintos por ano – são destruídos.

Destruídos? Parece uma palavra que vale a pena investigar um pouco melhor.

A maioria dos filhotes machos é destruída sendo sugada por uma série de canos até uma placa eletrificada. Outros são destruídos de outras formas, e é impossível considerar esses animais mais ou menos afortunados. Alguns são jogados em grandes contêineres de plástico. Os mais fracos são pisoteados até o fundo, onde sufocam devagar. Os mais fortes sufocam devagar por cima. Outros são enviados com consciência para maceradores (imagine um triturador de madeira cheio de pintinhos). Cruel? Depende da sua definição de crueldade (*ver:* CRUELDADE).

FRESCA

Mais embromação. De acordo com o USDA, aves "frescas" nunca tiveram temperatura corporal abaixo de 3 graus negativos ou acima de 4 graus Celsius. Galinhas frescas podem ser congeladas (donde o oximoro "congelada fresca"), e não há um componente temporal para se avaliar o frescor do alimento. Galinhas infestadas de agentes patogênicos e sujas de fezes podem ser, em termos técnicos, consideradas frescas, criadas fora de gaiolas e soltas e vendidas legalmente no supermercado (é preciso limpar a merda primeiro, claro).

GAIOLAS PARA GALINHAS POEDEIRAS

Será antropomorfismo a tentativa de se imaginar dentro da gaiola de um animal numa granja? Será antroponegação a tentativa de não o fazer?

A gaiola típica onde ficam as galinhas poedeiras concede a cada uma delas um espaço de 432 centímetros quadrados de chão – algo entre o tamanho desta página e uma folha de papel A4 para impressora. Essas gaiolas ficam enfileiradas e são empilhadas em grupos de três a nove – o Japão tem a maior granja industrial do mundo, com gaiolas empilhadas em dezoito andares – em galpões sem janela.

Entre mentalmente num elevador lotado, um elevador tão lotado que você não consegue se virar sem esbarrar em seu vizinho (e irritá-lo). O elevador está tão lotado que você muitas vezes é erguido do chão. É uma espécie de bênção, já que o chão inclinado é feito de fios de arame que penetram na carne de seus pés.

Depois de algum tempo, os que estão dentro do elevador perdem a capacidade de agir em nome do interesse do grupo. Alguns se tornam violentos; outros enlouquecem. Uns poucos, sem comida e sem esperança, vão se tornar canibais.

Não há pausa, não há alívio. Nenhum técnico virá consertar o elevador. As portas vão se abrir apenas uma vez, no fim de sua vida, para a viagem ao único lugar pior do que aquele (*ver:* PROCESSAMENTO).

HÁBITO, A FORÇA DO

Meu pai, que era quase sempre o cozinheiro em nossa casa, nos criou fazendo pratos exóticos. Comíamos tofu antes que tofu fosse o tofu. Não que ele gostasse do sabor, ou até mesmo que os benefícios para a saúde fossem divulgados, como são hoje em dia. Ele apenas gostava de comer coisas que ninguém mais comia. E não era suficiente usar alimentos pouco familiares de acordo com seu preparo típico. Não, ele fazia "iscas" de portobello, ragu de falafel e mexido de seitan.

Grande parte dos pratos dignos de aparecer entre aspas e preparados por meu pai envolviam substituições, às vezes com o intuito de aplacar minha mãe ao trocar um alimento gratuitamente não kosher por outro mais sutilmente não kosher (bacon → bacon de peru), um alimento pouco saudável por outro mais sutilmente pouco saudável (bacon de peru → bacon falso), e às vezes apenas para provar que podia ser feito (farinha → trigo-sarraceno). Algumas de suas substituições não pareciam ser mais do que dedos médios mostrados à própria natureza.

Numa viagem recente para casa, descobri os seguintes alimentos na geladeira de meus pais: hambúrgueres de frango vegetal, nuggets vegetais, tiras de carne de frango vegetal, salsichas vegetais, substitutos de manteiga e ovos, hambúrgueres vegetarianos e linguiças kielbasa vegetarianas. Você poderia supor que alguém com uma dúzia de itens que imitam produtos animais fosse vegetariano, mas isso não apenas seria incorreto – meu pai come carne o tempo todo –, como seria um desvio completo da essência da questão. Meu pai sempre cozinhou contra a corrente. Sua cozinha é tão existencial quanto gastronômica.

Nunca a questionamos, e talvez até gostássemos dela – mesmo que nunca quiséssemos chamar os amigos para jantar. Talvez até pensássemos nele como um grande *chef*. Mas, assim como acontecia com a cozinha da minha avó, comida não era comida. Era história: a nossa era o pai que gostava de arriscar com segurança, que nos encorajava a experimentar algo novo porque era novo, que gostava quando as pessoas riam de sua cozinha de cientista maluco porque o riso era mais valioso do que o gosto da comida jamais seria.

Uma coisa que nunca se seguia ao jantar era sobremesa. Vivi com meus pais durante 18 anos e não consigo me lembrar de uma única refeição em família que incluísse um doce. Meu pai não estava tentando proteger nossos dentes. (Não me lembro de me pedirem muito para escová-los naqueles anos.) Ele apenas não achava que sobremesa fosse necessária. Comidas saborosas eram nitidamente superiores, então por que desperdiçar propriedade estomacal? O mais incrível é que acreditávamos nele. Meu gosto – não apenas minhas ideias sobre comida, mas meus desejos pré-conscientes – foi formado em torno das lições que ele deu. Até o dia de hoje, fico menos animado diante da sobremesa do que qualquer outra pessoa que conheço e sempre prefiro uma fatia de pão preto a uma de bolo amarelo.

Em torno de que lições os desejos de meu filho vão se formar? Embora meu paladar para a carne tenha desaparecido quase por completo – com frequência acho a visão da carne vermelha repulsiva –, o cheiro de um churrasco no verão ainda me dá água na boca. O que isso causará a meu filho? Será que ele vai ser o primeiro de uma geração que não tem vontade de comer carne porque nunca sentiu o gosto? Ou será que vai ter ainda mais vontade?

HUMANOS

Os humanos são os únicos animais que têm filhos de propósito, mantêm contato (ou não mantêm), se preocupam com aniversários, perdem tempo, escovam os dentes, sentem-se nostálgicos, esfregam manchas, têm religiões, partidos políticos e leis, usam coisas de valor afetivo, pedem desculpas anos depois de uma ofensa, sussurram, têm medo de si mesmos, interpretam sonhos, escondem sua genitália, se barbeiam e depilam, enterram cápsulas temporais e optam por não comer alguma coisa por questões de consciência. As justificativas para comer animais e para não os comer são, com frequência, idênticas: nós não somos eles.

INSTINTO

A maioria de nós já ouviu falar das notáveis habilidades de navegação das aves migratórias, que conseguem encontrar seu caminho até locais específicos onde fazer o ninho através dos continentes. Quando ouvi falar nisso, me disseram que era "instinto".

("Instinto" continua a ser a explicação todas as vezes que o comportamento animal implica inteligência demais [*ver:* INTELIGÊNCIA].) O instinto, porém, não iria muito longe para explicar como os pombos usam rotas humanas de transporte para navegar. Os pombos seguem as autoestradas e usam saídas específicas, provavelmente seguindo os mesmos pontos de referência dos humanos que dirigem lá embaixo.

A inteligência costumava ser definida, de modo bem limitado, como habilidades intelectuais (CDFs); hoje consideramos múltiplas formas de inteligência, como a visual-espacial, a interpessoal, a emocional e a musical. O guepardo não é inteligente porque corre depressa. Mas sua fantástica habilidade de mapear o espaço – encontrar a hipotenusa, prever o movimento de sua vítima e agir em função dele – é uma espécie de trabalho mental significativo. Decretar que é instinto faz tanto sentido quanto achar que o chute resultante do martelinho do médico no seu joelho equivale à sua capacidade de bater com sucesso um pênalti num jogo de futebol.

INTELIGÊNCIA

Gerações de criadores sabem que os porcos aprendem a abrir os trincos de seus cercados. Gilbert White, o naturalista britânico, escreveu em 1789 sobre um porco desses, uma fêmea, que, depois de abrir seu próprio trinco, tinha o hábito de "abrir todos os trincos no caminho e ir, sozinha, até uma fazenda distante onde havia um macho; e quando seu objetivo havia sido alcançado" – uma ótima maneira de colocar as coisas – "voltava para casa do mesmo jeito".

Os cientistas documentaram uma espécie de linguagem dos porcos, que com frequência atendem quando são chamados (pelos humanos ou por outros porcos), gostam de brinquedos (e têm seus favoritos) e foram observados indo em ajuda de outros porcos necessitados. O dr. Stanley Curtis, cientista animal simpático à indústria, avaliou empiricamente as habilidades cognitivas dos porcos treinando-os a jogar um *videogame* com controle adaptado para seus focinhos. Eles não apenas aprenderam os jogos, mas fizeram-no com a mesma rapidez dos chimpanzés, demonstrando uma capacidade surpreendente de representação abstrata. E a lenda dos porcos abrindo trincos continua. O dr. Ken Kephart, colega de Curtis, não apenas confirma a habilidade que os porcos têm de fazer isso como acrescenta que, com frequência, eles agem aos pares, são em geral reincidentes nos crimes e em alguns casos abrem os trincos de outros porcos. Se a inteligência desses animais tem sido parte do folclore rural dos Estados Unidos, a mesma sabedoria popular imagina os peixes e as galinhas seres particularmente burros. São mesmo?

INTELIGÊNCIA?

Em 1992, apenas setenta artigos científicos, revisados por pares, falavam do aprendizado dos peixes; uma década mais tarde, havia quinhentos trabalhos semelhantes (hoje, o número chega a 640). Nosso conhecimento dos animais não mudou de forma tão rápida e drástica como nenhum outro. Se você fosse o especialista em capacidade mental dos peixes na década de 1990, hoje seria, na melhor das hipóteses, um principiante.

Os peixes constroem ninhos complexos, formam relações monogâmicas, caçam de modo cooperativo com outras espécies e usam ferramentas. Reconhecem-se uns aos outros como indivíduos (e mantêm um registro de quem merece confiança e quem não merece). Tomam decisões individualmente, monitoram o prestígio social e competem por melhores posições (citando a revista científica revisada por pares *Fish and Fisheries:* eles usam "estratégias maquiavélicas de manipulação, punição e reconciliação"). Têm significativa memória de longo prazo, habilidade para transmitir conhecimento uns aos outros através de redes sociais e também podem passar informações de geração a geração. Têm até mesmo o que a literatura científica chama de "'tradições culturais' duradouras para caminhos específicos até locais de alimentação, instrução, descanso ou acasalamento".

E as galinhas? Houve uma revolução na compreensão científica aqui também. A dra. Lesley Rogers, uma proeminente estudiosa da fisiologia animal, descobriu a lateralização do cérebro das aves – a separação do cérebro em hemisférios esquerdo e direito, com diferentes especializações – numa época em que se acreditava que isso era uma propriedade específica do cérebro humano. (Os cientistas agora concordam que a lateralização está presente em todo o reino animal.) Baseada em quarenta anos de pesquisas, Rogers argumenta que o nosso atual conhecimento do cérebro das aves deixou "claro que os pássaros têm capacidades cognitivas equivalentes às dos mamíferos, até mesmo às dos primatas". Argumenta ainda que eles têm memórias sofisticadas, que são "registradas de acordo com alguma sequência cronológica que se torna uma autobiografia única". Assim como os peixes, as galinhas podem passar informações de geração a geração. Também enganam umas às outras e podem adiar a satisfação em nome de recompensas maiores.

Essas pesquisas alteraram tanto nossa compreensão do cérebro dos pássaros, que, em 2005, especialistas de todo o mundo se reuniram para começar o processo de renomear as partes do cérebro das aves. Seu objetivo era substituir termos antigos que indicavam funções "primitivas" por uma nova percepção de que as aves processam a informação de um modo análogo ao (mas diferente) do córtex cerebral humano.

A imagem de fisiologistas sisudos se debruçando sobre diagramas de cérebros de aves e discutindo como renomear suas partes tem muitos significados. Pense no começo da história do começo de tudo: Adão (sem Eva e sem orientação divina) nomeou os animais. Continuando seu trabalho, chamamos às pessoas idiotas de burras ou de antas; às pessoas sem asseio, de porcos, às pessoas agressivas, de cachorros. São esses os melhores nomes que temos a oferecer? Se somos capazes de rever a noção de que a mulher veio de uma costela, não seríamos capazes de rever nossas categorizações dos animais que, vestidos com molho de churrasco, terminam como costeletas em nossos pratos – ou, aliás, como um KFC em nossas mãos?

KFC

Com o antigo significado de Kentucky Fried Chicken (Frango Frito do Kentucky) e agora sem significado algum, a KFC é possivelmente a companhia que aumentou a soma total de sofrimento no mundo mais do que qualquer outra na história. A KFC compra perto de um bilhão de frangos por ano – se você os colocasse bem juntos uns dos outros, eles cobririam Manhattan de um rio a outro e se derramariam das janelas dos andares mais altos dos prédios comerciais –, de modo que suas práticas funcionam como um efeito dominó em todos os segmentos da indústria aviária.

A KFC insiste que está "comprometida com o bem-estar e o tratamento humano das galinhas". O quão confiáveis são essas palavras? Num abatedouro da West Virginia que fornece à KFC, foram documentados funcionários arrancando a cabeça de aves vivas, cuspindo tabaco em seus olhos, pintando seus rostos com spray e pisando com violência sobre elas. Esses atos foram testemunhados dezenas de vezes. Esse matadouro não era a "maçã podre", mas um "Fornecedor do Ano". Imagine o que acontece com as maçãs podres quando ninguém está olhando.

No website da KFC, a companhia alega que "monitoramos nossos fornecedores sem cessar, a fim de verificar se eles estão recorrendo a procedimentos humanos para manejar e tratar os animais que nos fornecem. Em consequência, é nosso objetivo só negociar com fornecedores que prometam manter nossos altos padrões e compartilhem nosso compromisso com o bem-estar animal". Isso é verdade. A KFC de fato só faz negócios com fornecedores que *prometem* garantir o bem-estar. O que a KFC não diz é que todas as práticas de seus fornecedores são consideradas de bem-estar (*ver:* CFE).

Uma meia verdade semelhante é a alegação de que a KFC realiza auditorias de bem-estar nas instalações de abate de seus fornecedores (o "monitoramento" ao qual aludem no trecho citado acima). O que não nos dizem é que essas auditorias são em geral *anunciadas*. A KFC anuncia uma inspeção que pretende (pelo menos na teoria) documentar comportamento ilícito, de modo que dá tempo suficiente aos futuros inspecionados para jogar um oleado por cima do que quer que seja que eles não queiram mostrar. Não apenas isso, mas os padrões que os auditores são solicitados a relatar não incluem uma única das recomendações feitas pelos próprios (agora ex) conselheiros da KFC para o bem-estar animal, cinco dos quais pediram demissão, frustrados. Adele Douglass, que integrava esse grupo, disse ao *Chicago Tribune* que a KFC "nunca fazia reuniões. Eles nunca pediam a opinião de ninguém, depois divulgavam à imprensa que tinham esse comitê consultivo para o bem-estar animal. Eu me sentia usada". Ian Duncan, titular emérito de Bem-Estar Animal na Universidade de Guelph, outro ex-membro do conselho e um dos principais especialistas da América do Norte no bem-estar das aves, disse que "o progresso era muito lento, e foi por isso que pedi demissão. As coisas sempre estavam para acontecer mais tarde. Eles simplesmente adiavam a necessidade de criar padrões reais... Suspeito de que a direção não achava, na verdade, que o bem-estar animal era importante".

Como esses cinco membros do conselho foram substituídos? O Conselho para o Bem-Estar Animal da KFC agora inclui o vice-presidente da Pilgrim's Pride, a companhia que operava as instalações do "Fornecedor do Ano" em que alguns funcionários foram mostrados maltratando de forma sádica as aves; um diretor da Tyson Foods, que abate 2,2 bilhões de galinhas por ano, onde alguns funcionários também foram surpreendidos mutilando aves vivas durante várias investigações (numa delas, os funcionários também urinavam diretamente na linha de abate); e a participação regular de seus próprios "executivos e outros funcionários". Em essência, a KFC alega que conselheiros desenvolveram programas para seus fornecedores, muito embora seus conselheiros sejam seus fornecedores.

Assim como seu nome, o comprometimento da KFC com o bem-estar animal não significa nada.

KOSHER?

De acordo com o que me ensinaram na escola israelita e em casa, as leis alimentares judaicas foram criadas como um compromisso: se os humanos precisam mesmo comer animais, devíamos fazê-lo de forma humanitária, com respeito pelas outras criaturas do mundo e com humildade. Não sujeite os animais que come a sofrimentos desnecessários, seja em vida ou no abate. É um modo de pensar que me deixava orgulhoso de ser judeu quando criança, e ainda me deixa.

Foi por isso que, quando no (então) maior abatedouro kosher do mundo, Agriprocessors, em Pottsville, Iowa, o gado cem por cento consciente foi gravado em vídeo tendo traqueia e esôfago sistematicamente arrancados de suas gargantas cortadas, esvaindo-se durante até três minutos, como resultado de um abate desleixado, e levando choques elétricos no rosto, isso me incomodou até mais do que as vezes inumeráveis que eu tinha ouvido dizer que essas coisas aconteciam em abatedouros convencionais.

Para meu alívio, grande parte da comunidade judaica se manifestou contra o abatedouro em Iowa. O presidente da Rabbinical Assembly of the Conservative Movement (Assembleia de Rabinos do Movimento Conservador), numa mensagem enviada a cada um de seus rabinos, declarou que, "quando uma companhia, que dá a entender que é kosher viola a proibição de *tza'ar ba'alei hayyim*, causando sofrimento a uma das criaturas vivas de Deus, essa companhia tem de prestar contas à comunidade judaica e, em última instância, a Deus". O titular ortodoxo do Departamento do Talmud na Universidade de Bar Ilan, em Israel, também protestou e o fez de modo eloquente: "É bastante possível que qualquer instalação, executando tais tipos de [abate kosher], seja culpada de *hillul hashem* – a profanação do nome de Deus – pois instistir em que Deus só se preocupa com sua lei ritual e não com sua lei moral é profanar Seu Nome." Numa declaração conjunta, mais de cinquenta rabinos influentes, incluindo o presidente da Reform Central Conference of American Rabbis e o decano da Ziegler School of Rabbinic Studies, do movimento conservador, argumentaram que "a forte tradição judaica de ensinar a compaixão pelos animais foi violada por esses sistemáticos abusos e precisa ser reafirmada".

Não temos motivos para acreditar que esse tipo de crueldade documentada na Agriprocessors tenha sido eliminada da indústria kosher. Não tem como ser, enquanto a criação industrial dominar.

Isso levanta uma questão difícil, que faço não como um exercício de pensamento mas de modo direto: em *nosso* mundo – não no mundo bíblico de pastor-e-rebanho, mas em nosso mundo superpovoado, em que os animais são legal e socialmente tratados como mercadorias – será possível comer carne sem "causar sofrimento a uma das criaturas vivas de Deus", evitar (mesmo depois de fazer grandes e sinceros esforços) "a profanação do nome de Deus"? Será que o próprio conceito de kosher se tornou uma contradição de termos?

ORGÂNICO

O que significa orgânico? Não é que não signifique nada, mas significa bem menos do que lhe creditamos. Para a carne, o leite e os ovos rotulados como orgânicos, o USDA exige que os animais sejam: (1) criados com alimentos orgânicos (isto é, pastos sem pesticidas sintéticos e fertilizantes); (2) ter seu ciclo de vida registrado (isto é, ter documentos); (3) não receber antibióticos ou hormônios de crescimento e (4) ter "acesso ao ar livre". O último critério, lamentavelmente, se tornou quase desprovido de significado – em alguns casos, "acesso ao ar livre" não significa mais do que a oportunidade de olhar para o exterior através de uma janela coberta com tela.

Os alimentos orgânicos em geral são, com certeza, mais seguros, com frequência deixam uma pegada ecológica menor e são mais benéficos à saúde. Não são, porém, necessariamente mais humanitários. "Orgânico" de fato significa um maior bem-estar se estamos falando de galinhas poedeiras ou gado. Também *pode* significar um pouco mais de bem-estar para porcos, embora isso não seja uma certeza. Para perus e galinhas criados para abate, no entanto, "orgânico" não significa necessariamente nada em termos de bem-estar. Você pode chamar o peru de orgânico e torturá-lo todos os dias.

PETA

Pronunciado, em inglês, como o nome do pão do Oriente Médio (*pita*) é, entre os criadores que encontrei, bem mais conhecido. A maior organização de defesa dos direitos animais do mundo, People for the Ethical Treatment of Animals (Pessoas pelo Tratamento Ético dos Animais) tem mais de dois milhões de membros.

O pessoal da PETA faz praticamente qualquer coisa considerada legal para levar adiante suas campanhas, não importa que elas pareçam bem feias (o que é impressionante) e não importa quem seja insultado (o que não é tão impressionante). Distribuem às crianças "McLanches Infelizes" com Ronald McDonalds sanguinolentos, brandindo cutelos de açougueiro. Publicam adesivos com a forma conveniente dos que em geral encontramos nos tomates, com as palavras: "Atire-me em alguém com um casaco de peles." Jogaram um quati morto no almoço de Anna Wintour, editora da *Vogue,* no restaurante Four Seasons (e mandaram entranhas infestadas de larvas para seu escritório), despiram presidentes e membros da realeza, distribuíram panfletos dizendo "Seu pai mata animais!" a crianças nas escolas e pediram à banda Pet Shop Boys que mudasse de nome para Rescue Shelter Boys – "garotos do abrigo de resgate" (a banda não mudou, mas reconheceu que havia questões merecendo ser discutidas). É difícil não ridicularizar e admirar a energia focalizada deles, e é fácil ver por que jamais gostaria que se voltasse contra você.

O que quer que se pense deles, nenhuma organização causa mais medo na indústria animal e seus aliados do que a PETA. Eles são eficientes. Quando a PETA alvejou as companhias de fast-food, a mais famosa e poderosa cientista do bem-estar nos Estados Unidos, Temple Grandin (que projetou mais da metade das instalações de abate de gado no país), disse ter visto em um ano uma melhoria mais significativa no bem-estar dos animais do que tinha visto em seus 33 anos de carreira prévia. Talvez o indivíduo que mais odeia a PETA no planeta, Steve Kopperud (um consultor da indústria da carne que vem dando seminários anti-PETA por uma década), coloque a questão desta forma: "Existe compreensão suficiente na indústria animal, hoje em dia, do que a PETA é capaz de fazer para deixar muitos executivos tremendo de medo." Não me surpreendeu descobrir que empresas de todos os tipos negociam em caráter regular com a PETA e fazem discretamente mudanças em suas políticas de bem-estar animal a fim de evitar virar alvo público do grupo.

A PETA é às vezes acusada de usar estratégias cínicas para obter atenção, o que é em parte verdadeiro. Também é acusada de argumentar que os humanos e os animais deveriam ser tratados da mesma forma, o que não acontece. (E o que isso significaria? Vacas votando?) Eles não são pessoas particularmente emocionais; ao contrário, são hiper-racionais, focalizados em tornar seu austero ideal – "Não podemos dispor dos animais para comer, vestir, para experimentação científica ou diversão" – tão famoso quanto Pamela Anderson de maiô. A PETA é pró-eutanásia, o que é uma surpresa para muitos: se a escolha, por exemplo, for entre um cachorro viver sua vida num canil ou ser submetido à eutanásia, a PETA não só opta pela segunda, como advoga em favor dela. Opõem-se à morte, mas se opõem mais ao sofrimento. Os membros da PETA adoram seus cachorros e gatos – muitos animais de companhia se juntam a eles nos escritórios da entidade –, mas não são particularmente motivados por uma ética estilo seja-gentil-com-cães-e-gatos. Querem uma revolução.

Chamam sua revolução de "direitos animais", mas as mudanças que conseguiram para os animais de criação (sua maior preocupação), ainda que numerosas, são menos vitórias para esses direitos do que para o bem-estar animal: menos animais por gaiola, abate mais bem regulado, transporte menos abarrotado e assim por diante. As técnicas da PETA são, com frequência, teatrais (ou de mau gosto), mas essa abordagem extravagante conseguiu modestas melhorias que a maioria das pessoas não diria ser suficientes. (Alguém se opõe ao abate mais bem regulado e a melhores condições de vida e transporte?) Por fim, a controvérsia em torno da PETA talvez tenha menos a ver com a organização do que com aqueles que a julgam – ou seja, com a desagradável constatação de que "aquela gente da PETA" fincou pé em nome de valores que nós fomos covardes ou negligentes demais para defender.

PROCESSAMENTO

Abate e carnificina. Até mesmo aqueles que acham que não devemos muita coisa aos animais de granjas e fazendas enquanto eles vivem sustentam que eles merecem uma "boa" morte. Até mesmo o fazendeiro mais machão, defensor dos caixotes para vitela e que adora marcar o gado, há de concordar com os ativistas veganos quando se trata de matar de forma humanitária. Será que é só com isso que se pode concordar?

RADICAL

Todo mundo praticamente concorda que os animais podem sofrer de forma significativa, mesmo se não concordarmos sobre como é esse sofrimento e qual a sua importância. Quando entrevistados, 96% dos americanos dizem que os animais merecem proteção legal, 76% dizem que o bem-estar animal é mais importante para eles do que os preços baixos da carne e quase dois terços defendem que sejam aprovadas não apenas leis, mas "leis severas" no que diz respeito ao tratamento de animais de criação. Você teria dificuldade em encontrar qualquer outra questão sobre a qual tanta gente concorda.

Outra coisa com a qual a maioria das pessoas concorda é que o meio ambiente é importante. Quer você seja ou não a favor da perfuração de poços de petróleo em alto-mar, quer você "acredite" ou não no aquecimento global, quer você defenda o seu 4x4 ou leve uma vida alternativa e autossuficiente, reconhece que o ar que respira e a água que bebe são importantes. E que continuarão a ser importantes para seus filhos e netos. Até mesmo aqueles que continuam negando que o meio ambiente está em perigo concordariam que seria ruim se estivesse.

Nos Estados Unidos, animais de criação representam mais de 99% de todos os animais com os quais os humanos interagem diretamente. Em termos do nosso efeito sobre o "mundo animal" – seja seu sofrimento ou questões de biodiversidade e interdependência das espécies que a evolução passou milhões de anos trazendo até este equilíbrio tolerável –, nada chega perto de ter o mesmo impacto em nossas escolhas alimentares. Assim como nada do que fizermos tem o potencial direto de causar nem de longe tanto sofrimento animal quanto comer carne, nenhuma escolha diária que fazemos tem impacto maior sobre o meio ambiente.

Nossa situação é estranha. Praticamente todos concordamos que o modo como tratamos os animais e o meio ambiente importa, mas, no entanto, poucos entre nós param para pensar na nossa mais significativa relação com os animais e o meio ambiente. E o que é mais estranho ainda, aqueles que de fato *optam* por agir de acordo com esses valores nada controversos, recusando-se a comer animais (o que todos concordam que pode reduzir tanto o número de animais maltratados quanto a nossa pegada ecológica), com frequência são considerados marginais ou até mesmo radicais.

SENTIMENTALISMO

A valorização das emoções mais do que da realidade. O sentimentalismo é amplamente considerado frágil e fora da realidade. Com frequência, aqueles que demonstram preocupação, ou mesmo interesse, com as condições com que os animais das fazendas e granjas são criados são desconsiderados e rotulados de sentimentalistas. Mas vale a pena recuar um passo e perguntar quem é sentimentalista e quem é realista.

Será a preocupação com o tratamento desses animais uma confrontação entre nós mesmos, as informações sobre os animais ou uma forma de fuga desse confronto? Será que o argumento de que um sentimento de compaixão deveria ter mais valor do que um hambúrguer mais barato (ou qualquer hambúrguer) é uma expressão de emoção, um impulso ou um engajamento na realidade e em nossas intuições morais?

Dois amigos vão pedir o almoço. Um diz: "Estou com vontade de comer um hambúrguer" e pede. O outro diz: "Estou com vontade de comer um hambúrguer", mas se lembra de que há coisas mais importantes para ele do que sua vontade num determinado momento e pede outra coisa. Quem é o sentimental?

SOFRIMENTO

O que é o sofrimento? A pergunta pressupõe um sujeito que sofre. Todas as mudanças sérias relativas à ideia de que os animais sofrem tendem a concordar que eles "sentem dor" em algum nível, mas lhes negam o tipo de existência – o mundo mental-emocional da "subjetividade" – que tornaria esse sofrimento análogo ao nosso. Acho que essa objeção toca num ponto bastante real e vivo para muita gente, ou seja, a ideia de que o sofrimento dos animais é simplesmente de outra ordem e portanto não é de fato importante (ainda que lamentável).

Temos intuições fortes do que significa sofrimento, que podem ser muito difíceis de capturar em palavras. Quando crianças, aprendemos esse significado ao interagir com outros seres no mundo – tanto humanos, sobretudo nossa família, quanto animais. A palavra *sofrimento* sempre implica a intuição de uma experiência compartilhada com outros – um drama compartilhado. Claro, há tipos especiais de sofrimento humano – o sonho não realizado, a experiência do racismo, a vergonha do corpo e assim por diante. Mas será que isso devia levar as pessoas a dizer que o sofrimento animal não é "de verdade"?

A parte mais importante das definições ou de outras reflexões sobre o sofrimento não é o que elas nos dizem a respeito – sobre vias neurológicas, nociceptores, prostaglandinas, receptores opioides –, mas sobre quem sofre e a importância que esse sofrimento deveria ter. Pode muito bem haver formas filosoficamente coerentes de imaginar o mundo e o significado do sofrimento de modo a chegarmos a uma definição que não se aplique aos animais. Claro, isso seria fugir ao senso comum, mas garanto que pode ser feito. Então, se aqueles que argumentam que os animais não sofrem de fato e aqueles que argumentam que podem sofrer oferecem ambos uma compreensão coerente e apresentam provas persuasivas, deveríamos ter uma postura dúbia diante do sofrimento animal? Deveríamos supor que os animais não sofrem *de verdade* – não das formas que mais importam?

Como você pode adivinhar, eu diria que não, mas não vou discutir a questão. Em vez disso, acho que o ponto essencial é simplesmente dar-se conta da magnitude do que está em jogo quando perguntamos: "O que é o sofrimento?"

O que é o sofrimento? Não tenho certeza *do que* é, mas sei que é o nome que damos às origens de todos os suspiros, gritos e gemidos de dor – grandes e pequenos, crus e multifacetados – que nos dizem respeito. A palavre define nosso olhar até mais do que aquilo para onde estamos olhando.

Esconde-esconde

Na gaiola típica para galinhas poedeiras, cada ave tem 432 centímetros quadrados de espaço – o tamanho do retângulo acima. Quase todas as aves criadas soltas têm mais ou menos o mesmo espaço.

1.

Não sou o tipo de pessoa que se vê na propriedade rural de um estranho no meio da noite

ESTOU VESTIDO DE PRETO NO MEIO da noite, no meio de lugar nenhum. Há botinhas cirúrgicas em torno de meus sapatos e luvas de látex em minhas mãos trêmulas. Tateio pelo corpo, checando pela quinta vez se estou levando tudo: lanterna com filtro vermelho, documento de identidade com foto, quarenta dólares em espécie, câmera de vídeo, uma cópia do código penal 597e da Califórnia, garrafa d'água (não para mim), telefone celular no mudo, megafone. Desligamos o motor e deixamos o carro deslizar pelos últimos vinte ou trinta metros até o lugar que espionamos mais cedo, numa das meia dúzia de vezes em que passamos por ali. Essa ainda não é a parte assustadora.

Hoje à noite, estou acompanhado por uma ativista animal, "C". Só quando fui buscá-la, me dei conta de que imaginava alguém que inspirasse confiança. C é baixa e bem magra. Usa óculos de aviador, chinelos e aparelho nos dentes.

– Você tem muitos carros – observei, enquanto nos afastávamos de sua casa.

– Moro com meus pais, no momento.

Enquanto seguíamos pela rodovia conhecida pelos locais como Blood Run (Pista de Sangue) devido tanto à frequência de acidentes quanto ao número de caminhões que usam a estrada transportando animais para o abate, C explicou que às vezes a "invasão" é simplesmente atravessar um portão aberto, embora isso seja cada vez mais raro, dada a preocupação com a biossegurança e os "desordeiros". Com maior frequência hoje em dia, é preciso subir cercas. De vez em quando, luzes se acendem e alarmes disparam. Em algumas ocasiões, eles têm cães, que em algumas ocasiões estão soltos. Certa vez, ela encontrou um touro que deixavam solto entre os galpões, aguardando para empalar vegetarianos enxeridos.

– Touro – meio que ecoei, meio que perguntei, sem qualquer objetivo linguístico óbvio.

– O macho da vaca – ela disse, de forma brusca, enquanto remexia numa sacola do que parecia ser equipamento odontológico.

– E se você e eu encontrássemos um touro hoje à noite?

– Não vamos encontrar.

Um carro colado na traseira do meu me forçou a ficar atrás de um caminhão abarrotado de galinhas a caminho do abate.

– Hipoteticamente.

– Fique imóvel – recomendou C. – Acho que eles não veem objetos parados.

Se a pergunta é *Alguma vez as coisas deram muito errado numa das visitas noturnas de C?*, a resposta é sim. Houve uma vez em que ela caiu num poço de adubo, um coelho moribundo debaixo de cada braço, e se viu até o pescoço (literalmente) na maior (literalmente) merda. E a noite em que foi obrigada a passar numa escuridão de breu junto com vinte mil infelizes animais e seus gases, depois de se trancar por acidente no galpão. E o caso quase fatal de infecção por *campylobacter* que um de seus acompanhantes contraiu ao recolher uma galinha.

Penas se acumulavam no para-brisa. Liguei o limpador e perguntei:

– O que é isso na sua sacola?

– Para o caso de termos que fazer um resgate.

Eu não tinha ideia do que ela queria dizer e não estava gostando.

– Bom, você disse que *acha* que os touros não veem objetos parados. Mas isso não seria uma daquelas coisas que você *precisa* saber com certeza? Não quero insistir nisso, mas...

...*mas no que diabos me meti?* Não sou jornalista, ativista, veterinário, advogado ou filósofo – como, até onde sei, os outros que fizeram uma viagem como essa. Não estou disposto a tudo. E não sou alguém que consiga ficar imóvel diante de um touro de guarda.

Paramos com um ruído áspero no local planejado e esperamos que nossos relógios sincronizados marcassem 3 da manhã, a hora planejada. Não dá para ouvir o cachorro que tínhamos visto mais cedo, embora isso não seja um grande consolo. Tiro o pedaço de papel do bolso e leio uma última vez...

> No caso de qualquer animal doméstico ser, a qualquer momento... encarcerado e continue a sê-lo sem a comida e a água necessárias por mais de doze horas consecutivas, é legal que qualquer pessoa, de tempos em tempos, do modo como for considerado necessário, entre em qualquer depósito onde o animal esteja confinado e lhe forneça a comida e a água necessárias enquanto ele estiver assim confinado. Tal pessoa não está sujeita a ser acusada de invasão...

... o que, apesar de ser lei estadual, é tão reconfortante quanto o silêncio do Cujo. Estou imaginando algum criador armado e recém-desperto de seu sono REM se deparando com a minha pessoa e meu ar de eu-sei-a-diferença-entre-rúcula-e-rugelash examinando as condições de vida de seus perus. Ele empunha a espingarda de cano duplo, meus esfíncteres relaxam e, em seguida, o quê? Eu saco o código penal 597e da Califórnia? Isso vai fazer o dedo dele coçar menos ou mais no gatilho?

Está na hora. Usamos uma série de sinais dramáticos com as mãos para comunicar o que um simples sussurro teria dado conta de transmitir. Mas fizemos voto de silêncio: nenhuma palavra até estarmos a salvo, no caminho de volta para casa. O giro de um dedo indicador coberto de látex significa *Vamos nessa*.

– Você primeiro – deixo escapar.

E agora à parte assustadora.

Sua reiterada consideração

> A quem interessar possa na Tyson Foods:
>
> Estou repetindo o que escrevi em minhas cartas anteriores, datadas de 10 de janeiro, 27 de fevereiro, 15 de março, 20 de abril, 15 de maio e 7 de junho.

Reiterando, faz pouco tempo que me tornei pai, ansioso para saber o máximo possível sobre a indústria da carne, num esforço para tomar decisões bem informadas sobre como alimentar meu filho. Dado que a Tyson Foods é o maior processador e comercializador de galinha, carne bovina e suína do mundo, sua companhia é um ponto óbvio de partida. Gostaria de visitar algumas de suas fazendas e falar com representantes da companhia sobre tudo, desde os detalhes de como suas fazendas operam até o bem-estar animal e questões ambientais. Se possível, gostaria de falar com alguns dos fazendeiros. Estou disponível a qualquer momento e, se me avisarem com uma pequena antecedência, viajarei de bom grado conforme a necessidade.

Dada sua "filosofia voltada à família" e sua recente campanha publicitária "É o que sua família merece", suponho que venham a apreciar meu desejo de ver, por conta própria, de onde vem a comida do meu filho.

Muito obrigado por sua reiterada consideração.

Meus melhores votos,
Jonathan Safran Foer

Todo esse triste negócio

PARAMOS A VÁRIAS CENTENAS DE METROS de distância da fazenda porque C notou, numa foto de satélite, que era possível chegar aos galpões ocultando-se num pequeno bosque de abricós adjacente. Nossos corpos fazem os galhos arquearem enquanto caminhamos em silêncio. São seis da manhã no Brooklyn, o que significa que meu filho logo vai acordar. Vai se mexer dentro do berço por alguns minutos, depois dar um grito – tendo se levantado sem saber como se abaixar de novo – e, em seguida, ser tomado pelos braços de minha esposa e levado até a cadeira de balanço, junto a seu corpo, para ser alimentado. Tudo isso – essa viagem que estou fazendo até a Califórnia, as palavras que estou digitando em Nova York, as propriedades que passei a conhecer em Iowa, Kansas e Puget Sound – me afeta de um modo que poderia ser mais facilmente esquecido ou ignorado se eu não fosse pai, filho ou neto – se, como jamais aconteceu com quem quer que já tenha vivido, eu comesse sozinho.

Depois de cerca de vinte minutos, C para e faz um desvio de noventa graus. Não sou capaz de imaginar como ela sabe que tem que parar bem aqui, numa árvore que é indistinta das centenas pelas quais já passamos. Caminhamos por mais uns dez metros por uma malha idêntica de árvores e chegamos, como duas pessoas num caiaque diante de uma cachoeira. Em meio ao restante da folhagem, posso ver, a apenas uns dez metros dali, uma cerca de arame farpado e, depois dela, o complexo da propriedade.

A propriedade está organizada numa série de sete galpões, cada um com cerca de 15 metros de largura e 150 de comprimento, cada um contendo aproximadamente 25 mil aves – embora eu ainda não esteja a par desses dados.

Adjacente aos galpões, fica um imenso celeiro, que mais parece algo saído de *Blade Runner* do que de *Uma casa na pradaria.* Canos de metal traçam uma teia na parte externa dos prédios, imensos ventiladores se projetam e retinem e holofotes criam focos de luz diurna estranhamente discretos. Todo mundo tem uma imagem mental de uma fazenda, e é bem provável que inclua campos, estábulos, tratores e animais, ou pelo menos uma dessas coisas. Duvido de que haja alguém na Terra não envolvido com o campo, cuja mente fosse conjurar a visão que tenho diante de mim agora. Diante de mim está o tipo de criação que produz cerca de 99% dos animais consumidos nos Estados Unidos.

Com suas luvas de astronauta, C abre, na cerca de arame farpado, espaço suficiente para eu me espremer e passar. Minhas calças ficam presas e rasgam, mas elas são descartáveis e foram compradas para esta ocasião. Ela me passa as luvas, e eu seguro a cerca aberta para ela.

A superfície parece lunar. A cada passo, meus pés afundam num composto de excrementos de animais, sujeira e ainda-não-sei-mais-o-quê derramado em torno dos galpões. Preciso curvar os dedos dos pés para não deixar os sapatos ficarem grudados naquele muco pegajoso. Fico agachado, a fim de diminuir ao máximo a minha altura, e mantenho as mãos sobre os bolsos a fim de impedir que o conteúdo deles sacuda. Passamos rápido e em silêncio pela clareira até a fileira de galpões, que nos dão proteção e permitem que sigamos com um pouco mais de liberdade. Imensos ventiladores – talvez dez, cada um com mais de um metro de diâmetro – ligam e desligam intermitentemente.

Aproximamo-nos do primeiro galpão. A luz vaza por baixo da porta. Isso é bom e é ruim: é bom porque não precisaremos usar nossas lanternas, que, conforme C me disse, assustam os animais e, num caso extremo, poderiam fazer com que todos eles começassem a reclamar e se agitar; ruim porque, se alguém abrir a porta para ver como estão as coisas, será impossível para nós nos escondermos. Eu me pergunto: por que um galpão cheio de animais estaria inteiramente iluminado no meio da noite?

Ouço movimento lá dentro: o zumbido das máquinas se mistura com o que parece um pouco uma plateia sussurrando, ou uma loja de candelabros durante um suave terremoto. C luta com a porta e então me faz um sinal para que sigamos até o galpão seguinte.

Outro por quê: por que um criador haveria de trancar as portas de sua granja de criação de perus? Não pode ser porque tem medo de que alguém roube seu equipamento ou seus animais. Não há equipamento para roubar nos galpões, e os animais não valem o esforço hercúleo que seria transportar de modo ilícito um número significativo. O criador não tranca as portas porque tem medo de que seus animais fujam. (Perus não sabem girar maçanetas.) E, apesar das placas, também não é por causa da biossegurança. (Arame farpado é o bastante para manter afastados os meramente curiosos.) Por quê, então?

Nos três anos em que vou passar imerso na criação animal, nada há de me perturbar mais do que portas trancadas. Nada traduz melhor todo o triste negócio das criações industriais. E nada vai me convencer mais a escrever este livro.

Na verdade, as portas trancadas são apenas um detalhe. Nunca recebi resposta da Tyson ou de qualquer outra companhia para a qual tenha escrito. (Dizer que não é um tipo de mensagem. Não dizer absolutamente nada é outro tipo de mensagem.) Até mesmo organizações de pesquisa com funcionários pagos se veem constantemente frustradas pelo sigilo da indústria animal. Quando a prestigiosa e rica Pew Commission decidiu custear um estudo de dois anos para avaliar o impacto da criação industrial de animais, relatou que

> houve graves obstáculos para que a comissão completasse sua inspeção e aprovasse recomendações consensuais... Na verdade, enquanto alguns representantes da criação industrial recomendavam autores potenciais para os relatórios técnicos destinados ao pessoal da comissão, outros representantes da criação industrial desencorajavam esses mesmos autores a nos ajudar, ameaçando a retirada do custeio de pesquisa em sua universidade. Encontramos a influência significativa da indústria animal em cada esquina: nas pesquisas acadêmicas, no desenvolvimento de políticas para o campo, na regulamentação governamental e na imposição de seu cumprimento.

Os poderosos e influentes do setor da criação industrial de animais sabem que o modelo de seu negócio depende de os consumidores não poderem ver (ou ouvir falar sobre) o que eles fazem.

O resgate

VOZES MASCULINAS VÊM DO CELEIRO. Por que eles estão trabalhando às três da manhã? Máquinas estão funcionando. Que tipo de máquinas? Estamos no meio da noite e coisas acontecem. Que coisas acontecem?

– Encontrei uma – sussurra C. Ela abre a pesada porta de madeira, deixando passar um paralelogramo de luz, e entra. Sigo-a, fechando a porta depois de passar. A primeira coisa que chama minha atenção é a fila de máscaras de gás na parede mais próxima. Por que haveria máscaras de gás no galpão de uma granja?

Nós nos esgueiramos para dentro. Há dezenas de milhares de filhotes de peru. Do tamanho de um punho fechado, com penas da cor de serragem, ficam quase invisíveis sobre o piso de serragem. Os filhotes estão amontoados em grupos, adormecidos sob as lâmpadas de calor, instaladas para substituir o calor que suas mães teriam fornecido. Onde estão as mães?

Há uma orquestração matemática na densidade. Afasto os olhos das aves por um momento e olho para o próprio galpão: luzes, comedouros, ventiladores e lâmpadas de calor colocados em espaços regulares, num dia artificial calibrado com perfeição. Além dos próprios animais, não há um traço de qualquer coisa que pudesse ser considerada "natural" – uma faixa de terra ou uma janela para deixar entrar a luz da lua. Fico surpreso ao ver como é fácil esquecer a vida anônima ao redor e apenas admirar a sinfonia tecnológica que regula com tanta precisão esse mundinho autossuficiente, ver a eficiência e a supremacia da máquina e então entender as aves como extensões ou engrenagens dessa máquina, – não seres, mas partes. Enxergar as coisas de qualquer outro modo requer esforço.

Olho para um filhote específico e observo como ele luta para sair da parte exterior da pilha ao redor da lâmpada de calor e chegar ao centro. E depois para outro, bem debaixo da lâmpada, parecendo tão contente quanto um cachorro numa faixa de sol. Depois para outro, que não se move em absoluto, nem mesmo com as ondulações da respiração.

A princípio, a situação não parece tão ruim. O galpão está repleto, mas as aves parecem bastante felizes. (Bebês humanos ficam em enfermarias fechadas e apinhadas, certo?) E eles são bonitinhos. A imensa alegria de ver o que vim ver e confrontar todos aqueles bebês animais me deixa com uma sensação muito boa.

C está dando água a alguns animais de péssimo aspecto em outra parte do galpão, então ando por ali na ponta dos pés, explorando e deixando vagas pegadas na serragem. Começo a me sentir mais confortável com os perus, aproximo-me mais deles, mas não os toco. (O primeiro mandamento de C foi de nunca tocá-los.) Quanto mais de perto eu olho, mais vejo. A ponta dos bicos dos filhotes está preta, bem como a ponta de suas patas. Alguns têm manchas vermelhas no alto da cabeça.

Pelo fato de serem tantos animais, demoro vários minutos até perceber quantos estão mortos. Alguns estão cobertos de sangue; outros, cobertos de feridas. Alguns parecem ter levado bicadas; outros estão ressecados e reunidos de modo indefinido, como pequenas pilhas de folhas secas. Alguns estão deformados. Os mortos são exceção, mas há poucos lugares para onde eu olhe e não veja pelo menos um.

Vou até onde C está – passaram-se dez minutos completos, e não estou com muita vontade de brincar com a sorte. Ela está ajoelhada diante de alguma coisa. Eu me aproximo e me ajoelho a seu lado. Um filhote está caído de lado, trêmulo, as pernas afastadas, os olhos com crostas. Cascas de feridas cobrem pedaços de pele sem penas. Seu bico está ligeiramente aberto, e ele sacode a cabeça para a frente e para trás. Qual será sua idade? Uma semana? Duas? Terá sido assim durante toda sua vida ou algo aconteceu com ele? O que poderia ter acontecido?

C vai saber o que fazer, penso. E ela sabe. Abre a sacola e pega uma faca. Com uma das mãos sobre a cabeça do filhote – ela o está imobilizando ou cobrindo seus olhos? –, ela corta seu pescoço, resgatando-o.

2.

Sou o tipo de pessoa que se vê na fazenda de um estranho no meio da noite

Aquele filhote em que fiz eutanásia no nosso resgate, aquilo foi difícil. Um de meus empregos, muitos anos atrás, foi numa granja de aves domésticas. Era operadora de sangria manual, o que quer dizer que minha responsabilidade era cortar o pescoço das galinhas que sobreviviam ao cortador automático de pescoços. Matei milhares de aves desse jeito. Talvez dezenas de milhares. Talvez centenas de milhares. Nesse contexto, você perde a noção de tudo: onde está, o que está fazendo, há quanto tempo vem fazendo, o que os animais são, *o que* você *é. Trata-se de um mecanismo de sobrevivência, para impedir que enlouqueça. Mas é, em si, uma loucura.*

Então, por causa de meu trabalho na linha de abate, eu conhecia a anatomia do pescoço e sabia como matar um pinto instantaneamente. Cada parte de mim sabia que libertá-lo de seu sofrimento era a coisa certa a fazer. Mas foi difícil, porque aquele peruzinho não estava numa linha de milhares de aves a caminho de serem abatidas. Era um indivíduo. Tudo, nessas circunstâncias, é difícil.

Não sou radical. Em quase todos os sentidos, sou uma pessoa do meio do caminho. Não tenho piercings. Não uso um corte de cabelo esquisito. Não uso drogas. Em termos políticos, sou liberal em algumas questões e conservadora em outras. Mas sabe, a criação industrial de animais é uma questão do meio do caminho – algo com que a maioria das pessoas razoáveis concordaria se tivesse acesso à verdade.

Cresci nos estados de Wisconsin e do Texas. Minha família era típica: meu pai gostava (e gosta) de caçar; todos os meus tios preparavam armadilhas e pescavam. Minha mãe fazia carne assada toda segunda-feira à noite, galinha toda terça e assim por diante. Meu irmão fazia parte de times estaduais em dois esportes.

A primeira vez que fui apresentada à questão da criação de animais foi quando um amigo me mostrou alguns filmes de vacas sendo abatidas. Éramos adolescentes e aquilo era bem nojento, como aqueles vídeos dos "Rostos da Morte". Ele não era vegetariano – ninguém *era vegetariano – e não estava tentando fazer de mim uma vegetariana. Era só diversão.*

Tivemos coxa de galinha para o jantar naquela noite, mas eu não consegui comer a minha. Quando segurei o osso na mão, não parecia ser galinha, mas uma *galinha. Sempre soube que estava comendo um indivíduo, acho, mas o significado disso nunca tinha me ocorrido. Meu pai me perguntou o que estava errado, e eu falei com ele sobre o vídeo. Naquele momento da minha vida, eu considerava verdade tudo o que ele dizia e tinha certeza de que ele era capaz de explicar tudo. Mas o melhor que ele conseguiu dizer foi algo como "São coisas desagradáveis". Se ele tivesse parado por aí, eu provavelmente não estaria falando com você agora. Mas, então, ele fez uma piada a respeito. A mesma piada que todo mundo faz e que já ouvi um milhão de vezes desde então. Ele fingiu ser um animal chorando. Foi revelador para mim e me deixou enfurecida. Decidi, naquele momento, que nunca me tornaria alguém que contava piadas quando as explicações eram impossíveis.*

Queria saber se aquele vídeo era excepcional. Acho que queria uma desculpa para não mudar minha vida. Então, escrevi cartas para todas as grandes empresas de criação e de abate de animais, pedindo para visitá-las. Honestamente, nunca me passou pela cabeça que elas diriam não ou que não responderiam. Quando isso não funcionou, comecei a sair de carro e perguntar aos proprietários rurais se podia olhar o interior de seus galpões. Todos tinham razões para dizer não. Dado o que estavam fazendo, não os culpo por não querer que ninguém visse. Mas dado o sigilo que mantinham sobre algo tão importante, quem poderia me culpar por sentir que precisava fazer as coisas do meu modo?

A primeira propriedade em que entrei produzia ovos e tinha talvez um milhão de galinhas. Elas estavam amontoadas em vários andares de gaiolas. Meus olhos e meus pulmões ficaram queimando durante dias depois daquilo. Era menos violento e nojento do que as coisas que eu tinha visto no vídeo, mas me afetou ainda mais. De fato, aquilo me modificou, quando me dei conta de que uma vida excruciante é pior do que uma morte excruciante.

A propriedade era tão ruim que também supus que devia ser excepcional. Acho que não conseguia acreditar que as pessoas fossem deixar aquele tipo de coisa acontecer numa escala tão grande. Então, entrei em outra granja, de criação de perus. Como, por acaso, tinha ido uns poucos dias antes do abate, pude ver que os perus estavam crescidos e amontoados. Não se conseguia enxergar o chão debaixo deles. Estavam completamente enlouquecidos: batendo as asas, gritando, atacando-se uns aos outros. Havia aves mortas e semimortas por toda parte. Era triste. Eu não os havia colocado ali, mas sentia vergonha pelo mero fato de ser uma pessoa. Disse a mim mesma que tinha que ser excepcional. Então, entrei em outra granja. E mais outra. E mais outra.

Talvez, em algum nível profundo, eu continuasse a fazer aquilo por não querer acreditar que as coisas que havia visto eram representativas. Mas todo mundo que se dá ao trabalho de pesquisar sabe que a criação industrial é praticamente só o que existe. A maioria das pessoas não tem condições de ver essas criações com seus próprios olhos, mas pode vê-las através dos meus. Gravei em vídeo as condições das granjas de produção de carne de frango e ovos, de carne de peru, umas poucas de porcos (nessas é praticamente impossível entrar agora), de coelhos, de criação de vacas leiteiras em confinamento, leilões de gado e caminhões de transporte. Trabalhei em alguns matadouros. De vez em quando, as gravações chegam ao noticiário noturno ou a um jornal. Umas poucas vezes foram usadas em casos de crueldade animal que chegaram a um tribunal.

Foi por isso que concordei em ajudá-lo. Não o conheço. Não sei que tipo de livro você vai escrever. Mas, se qualquer parte dele for mostrar ao mundo lá fora o que acontece dentro dessas propriedades, só pode ser algo bom. A verdade é tão poderosa nesse caso, que nem importa qual o seu ângulo.

Seja como for, gostaria de ter certeza de que, quando escrever seu livro, não vá dar a impressão de que mato animais o tempo todo. Fiz isso quatro vezes, só quando não podia ser evitado. Em geral, levo os animais em piores condições a um veterinário. Mas aquele filhote de peru estava doente demais para ser removido. E estava sofrendo demais para ser deixado ali. Escute, sou pró-vida. Acredito em Deus e acredito em céu e inferno. Mas não tenho qualquer reverência pelo sofrimento. Esses criadores calculam o quão perto da morte podem manter os animais sem matá-los. É o modelo do negócio. O quão rapidamente eles podem ser levados a crescer, o quão apinhadas podem ficar suas gaiolas, quão pouco podem comer, quão doentes podem ficar sem morrer.

Isso não é experimentação animal, em que você pode imaginar algum benefício proporcional no outro lado do sofrimento. Isso é o que chamamos de comida. Diga-me uma coisa: por que o paladar, o mais tosco de nossos sentidos, é isento das regras éticas que governam nossos outros sentidos? Se você parar para pensar no assunto, é uma loucura. Por que alguém com desejo sexual não tem o mesmo direito de estuprar um animal que uma pessoa com fome tem de matá-lo? É fácil colocar a questão de lado, mas difícil responder a ela. E como você julgaria um artista que mutilasse animais numa galeria por causa do impacto visual? O quão fascinante precisaria ser o som de um animal torturado para fazer com que você quisesse escutá-lo tanto assim? Tente imaginar qualquer outra finalidade além do paladar que justificasse o que fazemos com os animais de granjas e fazendas.

Se eu usar de forma incorreta o logotipo de uma empresa, em tese posso parar na cadeia; se uma empresa causar sofrimento a um bilhão de aves, a lei protege não as aves, mas o direito da corporação de fazer o que quiser. Isso é o que acontece quando você nega os direitos animais. É uma loucura a ideia de que esses direitos pareçam loucura a qualquer um. Vivemos num mundo em que é banal tratar um animal como um pedaço de madeira e coisa de extremista tratar um animal como animal.

Antes das leis contra o trabalho infantil, havia empresas que tratavam bem seus empregados de dez anos. A sociedade não baniu o trabalho infantil porque é impossível imaginar crianças trabalhando num bom ambiente, mas porque, quando você dá tamanho poder às empresas sobre indivíduos que não têm poder algum, isso acaba por corrompê-las. Quando achamos que temos mais direito de comer um animal do que o animal tem de viver sem sofrimento, isso acaba por nos corromper. Não estou especulando. Essa é a nossa realidade. Veja o que são as criações industriais. Veja o que nós, como sociedade, fizemos aos animais assim que tivemos o potencial tecnológico. Veja o que de fato fazemos em nome do "bem-estar animal" e do "tratamento humanitário" e depois me diga se ainda acredita em comer carne.

3.

Trabalho com granjas industriais

Quando as pessoas me perguntam o que faço, digo que sou um homem do campo aposentado. Comecei a tirar leite de vaca quando *tinha seis anos. Morávamos no estado de Wisconsin. Meu pai tinha um pequeno rebanho – cinquenta cabeças, mais ou menos –, o que, naquela época, era bastante típico. Trabalhei todos os dias, trabalhei duro, até sair de casa. Achei que já era o bastante para mim naquele momento, achei que havia coisa melhor.*

Depois de terminar a escola, me graduei em ciência animal e fui trabalhar para uma empresa de produção de carne de aves. Ajudei na manutenção, na gerência e projetei granjas de criação de perus. Andei por algumas outras empresas integradas depois disso. Gerenciei granjas grandes, um milhão de aves. Fiz controle de doenças, manejo de bandos. Resolvendo problemas, você poderia dizer. Criar animais é estar boa parte do tempo resolvendo problemas. Agora me especializei em nutrição e saúde das galinhas. Estou no agronegócio. Granjas industriais, diriam alguns, mas não me importo com o termo.

É um mundo diferente daquele em que cresci. O preço da comida não subiu durante os últimos trinta anos. Em relação a todas as outras despesas, o preço da proteína se manteve o mesmo. Para sobreviver – e não quero dizer ficar rico e sim colocar comida na mesa, pagar os estudos das crianças, comprar um carro novo se for necessário –, o fazendeiro passou a ter que produzir cada vez mais. A matemática é simples. Como eu disse, meu pai tinha cinquenta vacas. Hoje em dia, o modelo para uma propriedade viável de produção de leite é de doze mil vacas. É o mínimo para se manter no negócio. Bem, uma família não tem como tirar leite de doze mil vacas, então é preciso contratar quatro ou cinco empregados, e cada um deles terá uma função especializada: tirar leite, cuidar das doenças, cuidar das plantações. É eficiente, sim, e dá para viver disso, mas muita gente se tornou homem do campo por causa da diversidade da vida do campo. E isso se perdeu.

Outra parte do que aconteceu em resposta a essa pressão econômica foi que você precisa criar um animal que produza mais do mesmo produto a um custo menor. Então, você o cria para um crescimento mais rápido e uma melhor conversão em comida. Enquanto a comida continuar ficando cada vez mais barata em relação a todas as outras coisas, o criador não tem outra opção além de produzir comida a um custo de produção mais baixo. E vai avançar geneticamente rumo a um animal que consiga cumprir a tarefa, o que pode ser contraprodutivo em termos de bem-estar. A perda faz parte do sistema. Supõe-se que, se você tem cinquenta mil galinhas de corte num galpão, milhares vão morrer nas primeiras semanas. Meu pai não podia se dar ao luxo de perder um animal. Agora você parte do pressuposto de que vai perder 4% logo de saída.

Relatei a você os inconvenientes porque estou tentando ser franco. Mas, na verdade, temos um sistema fabuloso. É perfeito? Não. Nenhum sistema é perfeito. E se você encontrar alguém que lhe diga que tem um modo perfeito de alimentar bilhões e bilhões de pessoas, bem, é bom olhar com desconfiança. Você ouve falar em ovos de galinhas criadas soltas e em gado alimentado no pasto, e tudo isso é bom. Acho que é uma boa direção. Mas não vai alimentar o mundo. Nunca. Você simplesmente não tem como alimentar bilhões de pessoas com ovos de galinhas criadas soltas. E quando ouve as pessoas falando de pequenas criações como modelos, chamo a isso de síndrome de Maria Antonieta: se não têm condições de comer pão, que comam brioches. As criações industriais permitiram que todos comessem. Pense nisso. Se nos afastarmos disso, talvez melhoremos as condições do animal, talvez seja até mesmo melhor para o meio ambiente, mas não quero voltar à China de 1918. Estou falando de gente morrendo de fome.

Claro, você pode dizer que as pessoas poderiam comer menos carne, mas escute o que vou lhe dizer: as pessoas não querem comer menos carne. Você pode ser como a PETA e fingir que o mundo vai acordar amanhã e se dar conta de que ama os animais e não quer mais comê-los, mas a história tem mostrado que as pessoas são perfeitamente capazes de amar os animais e comê-los. É infantil, e eu diria até mesmo imoral, fantasiar um mundo vegetariano quando temos tanta dificuldade em fazer este aqui funcionar.

Olhe, o homem do campo americano alimentou o mundo. Pediram-lhe que fizesse isso depois da Segunda Guerra Mundial e ele fez. As pessoas nunca tiveram condições de comer como hoje. A proteína nunca foi tão barata. Meus animais são protegidos do tempo, têm toda comida de que precisam e crescem em boas condições. Animais ficam doentes. Animais morrem. Mas o que você acha que acontece com os animais na natureza? Acha que eles morrem de causas naturais? Acha que alguém os atordoa antes de eles serem mortos? Os animais na natureza morrem de fome ou são dilacerados por outros animais. É assim que eles morrem.

As pessoas não têm mais a menor ideia de onde a comida vem. Ela não é sintética, não é criada em laboratório, ela precisa ser produzida. Odeio quando os consumidores agem como se os criadores quisessem essas coisas, quando são os consumidores que dizem aos criadores o que produzir. Queriam comida barata. Fizemos. Se quiserem ovos de galinhas criadas soltas, vão ter que pagar bem mais por eles. Ponto. É mais barato produzir um ovo em enormes galpões com galinhas engaioladas. É mais eficiente, o que significa que é mais sustentável. Sim, estou dizendo que a criação industrial pode ser mais sustentável, embora eu saiba que esse termo é com frequência usado contra a indústria animal. Da China à Índia e ao Brasil, a demanda por produtos animais está crescendo – e rápido. Você pensa que pequenas propriedades familiares vão sustentar um mundo de dez bilhões de pessoas?

Há alguns anos, um amigo meu teve uma experiência quando dois jovens vieram lhe perguntar se podiam fazer algumas filmagens para um documentário sobre a vida nas criações. Pareciam boa gente, então ele respondeu: "Claro." Mas depois editaram as imagens para parecer que os animais estavam sendo maltratados. Disseram que os perus estavam sendo estuprados. Conheço a propriedade. Já a visitei muitas vezes e posso lhe dizer que aqueles perus estavam sendo tão bem cuidados quanto o necessário para sobreviver e ser produtivos. As coisas podem ser retiradas de contexto. E os novatos nem sempre sabem o que estão vendo. Esse negócio nem sempre é bonito, mas é um erro grave confundir algo desagradável com algo errado. Todos os garotos com uma câmera de vídeo pensam que são cientistas veterinários, pensam que nasceram sabendo coisas que levam anos para ser aprendidas. Sei que há necessidade em fazer sensacionalismo a fim de motivar as pessoas, mas eu prefiro a verdade.

Nos anos oitenta, a indústria animal tentou se comunicar com grupos de defesa dos animais, e nos queimamos feio. Então, a co-

munidade de produtores de peru decidiu acabar com essa história. Levantamos um muro e fim. Não falamos, não deixamos ninguém entrar nas propriedades. Procedimento padrão. A PETA não quer falar sobre as criações de animais. Quer acabar com elas. Não tem a menor ideia de como o mundo de fato funciona. Até onde sei, neste exato instante, estou falando com o inimigo.

Mas acredito no que estou contando a você. E é uma história importante para se contar, uma história que está afundando na gritaria dos extremistas. Pedi que não usasse o meu nome, mas não tenho nada do que me envergonhar. Nada. Você só precisa entender que há mais coisas em jogo. E tenho patrões. Também preciso colocar comida na mesa.

Posso lhe dar uma sugestão? Antes de correr para ver tudo o que puder, eduque-se. Não confie em seus olhos. Confie na sua cabeça. Aprenda sobre os animais, aprenda sobre as criações e a economia dos alimentos, aprenda a história. Comece do começo.

4.

A primeira galinha

Sua prole será conhecida como *Gallus domesticus, galinha, galo, ave doméstica, a Galinha do Futuro, galinha de corte, poedeira, Mr. McDonald* e vários outros nomes. Cada um deles conta uma história, mas nenhuma história foi contada ainda, nenhum nome foi dado a você ou a qualquer outro animal.

Assim como todos os animais nesse momento antes do começo, você se reproduz de acordo com seus instintos e preferências. Não recebe alimento, não é obrigado a trabalhar nem é protegido. Não é marcado como posse com ferro ou placa. Ninguém jamais pensou em você como algo que pudesse ser possuído ou apropriado.

Como um *galo selvagem*, você supervisiona a área, adverte os outros da presença de intrusos com chamados complexos e defende as parceiras com bicos e dedos afiados. Como uma *galinha sel-*

vagem, você começa a se comunicar com seus pintos antes mesmo que os ovos se rompam, mudando a posição do corpo para responder a pios de incômodo. A imagem de sua proteção maternal e de seu cuidado será usada no segundo versículo do Gênesis para descrever o primeiro sopro de Deus flutuando acima da primeira água. Jesus vai invocá-la como uma imagem do amor protetor: "Gostaria que vocês reunissem seus filhos como a galinha reúne os pintos sob as asas." Mas o Gênesis ainda não foi escrito, e Jesus ainda não nasceu.

O primeiro humano

TODO ALIMENTO QUE VOCÊ COMER terá sido encontrado por conta própria. Na maioria das vezes, você não vive próximo aos animais que mata. Não compartilha a terra com eles nem compete com eles pela terra, mas precisa procurá-los. Quando o faz, em geral mata animais que não conhece como indivíduos, salvo no breve intervalo da própria caça, e você considera os animais que caça seus iguais. Não em todos os aspectos (é claro), mas os animais que conhece têm poder: têm habilidades que faltam aos seres humanos, podem ser perigosos, podem trazer vida, significam algo que tem significado. Quando você cria ritos e tradições, faz o mesmo com os animais. Desenha-os na areia, na terra, nas paredes das cavernas – não só miniaturas de animais, mas também criaturas híbridas que mesclam formas animais e humanas. Os animais são aquilo que você é e o que não é. Você tem uma relação complexa com eles e, num certo sentido, uma relação igualitária. Isso está prestes a mudar.

O primeiro problema

O ANO É 8000 A.C. Outrora uma ave da selva, a galinha agora está domesticada, como as cabras e o gado. Isso significa um novo tipo de intimidade com os humanos – novos tipos de cuidado e novos tipos de violência.

Uma metáfora comum, antiga e moderna, descreve a domesticação como um problema de coevolução entre humanos e outras espécies. Basicamente, os humanos fazem um trato com os animais a que nomeamos galinhas, vacas, porcos e assim por diante: vamos protegê-los, providenciar comida para vocês etc. e, em troca, vamos usar seu trabalho, vamos pegar seu leite e seus ovos e, às vezes, vocês serão mortos e comidos. A vida na natureza não é brincadeira, diz a lógica – a natureza é cruel –, então, esse é um bom trato. E os animais, a seu modo, consentiram. Michael Pollan sugere esta história em *O dilema do onívoro:*

> A domesticação é um processo mais evolutivo do que político. Certamente não é um regime que os humanos de algum modo impuseram aos animais cerca de dez mil anos atrás. Ao contrário, a domesticação ocorre quando um punhado de espécies particularmente oportunistas descobriram, através de um processo darwiniano de tentativa e erro, que era mais fácil sobreviver e prosperar numa aliança com os humanos do que sozinhos. Os humanos davam aos animais comida e proteção e, em troca, os animais davam aos homens seu leite, seus ovos e – sim – sua carne... Do ponto de vista dos animais, a barganha com a humanidade acabou sendo um tremendo sucesso, pelo menos até os nossos tempos.

Esta é a versão pós-darwiniana do antigo *mito do consentimento animal.* É oferecida pelos criadores em defesa da violência que é parte de sua profissão e aparece nos currículos das escolas de agropecuária. Impulsionando a história, está a ideia de que os interesses das espécies e os interesses dos indivíduos entram com frequência em conflito, mas, se não houvesse espécies, não haveria indivíduos. Se a humanidade se tornasse vegetariana, diz a lógica, não haveria mais animais de criação (o que não é exatamente verdade, pois já há dezenas de raças de galinhas e porcos que são "ornamentais", ou criadas para companhia, e outras seriam mantidas para fertilizar as plantações). Os animais, com efeito, *querem* ficar em nossas criações. Preferem que seja desse jeito. Alguns criadores que conheci me contaram de ocasiões em que deixaram por acidente os portões abertos e nenhum dos animais fugiu.

Na Grécia antiga, o mito do consentimento era encenado no oráculo de Delfos, borrifando-se água sobre a cabeça dos animais antes de abatê-los. Quando os animais sacudiam a cabeça para tirar a água, o oráculo interpretava o gesto como um consentimento para o abate e dizia: "Aquele que em concordância faz que sim... digo que podem com justiça sacrificar." Uma fórmula tradicional usada pelos yakuts russos diz: "Vieste até mim, Senhor Urso, *desejas* que eu te mate." Na antiga tradição israelita, a novilha vermelha sacrificada para a salvação de Israel tem que caminhar até o altar por conta própria, ou o ritual fica invalidado. O mito do consentimento tem muitas versões, mas implica um "trato justo" e, pelo menos metaforicamente, a cumplicidade dos animais em sua própria domesticação e abate.

O mito do mito

MAS AS ESPÉCIES NÃO FAZEM ESCOLHAS, os indivíduos é que fazem. E mesmo que as espécies de algum modo pudessem fazê-las, supor que optariam pela perpetuação acima do bem-estar individual é algo difícil de considerar num sentido mais amplo. De acordo com essa lógica, escravizar um grupo de humanos é aceitável se a alternativa for a não existência. (Em vez de *Viver livre ou morrer,* a divisa que cunhamos para os animais que comemos seria *Morrer escravizados mas viver.*) Obviamente a maioria dos animais, mesmo como indivíduos, é incapaz de bolar um arranjo desses. As galinhas conseguem fazer muita coisa, mas não acordos sofisticados com os humanos.

Dito isso, tais objeções não chegam ao ponto principal. Sejam quais forem os fatos em questão, a maioria das pessoas é capaz de imaginar um tratamento bom e outro ruim, por exemplo, ao cachorro ou ao gato da família. Somos capazes de imaginar métodos de criação com os quais os animais poderiam hipoteticamente "consentir". (Uma cadela que durante vários anos recebe comida saborosa, passa bastante tempo ao ar livre com outros cachorros, tem todo o espaço que poderia desejar e consciência do sofrimento dos cachorros sob condições mais selvagens e menos reguladas poderia, talvez, concordar em ser, num dado momento, comida em troca de tudo isso.)

Imaginar essas coisas é algo que podemos fazer, que fazemos hoje e que sempre fizemos. A persistência da história do consentimento animal na era contemporânea fala de uma avaliação humana do que está em jogo, de um desejo de fazer a coisa certa.

Não surpreende que historicamente a maioria das pessoas pareça ter aceitado comer os animais como uma realidade da vida cotidiana. A carne sacia, cheira bem e é saborosa para a maioria. (Também não surpreende que, ao longo de praticamente toda a história humana, alguns humanos mantiveram outros como escravos.) Mas até onde recuam os registros históricos, os humanos expressaram ambivalência sobre a presença inerente da violência e da morte envolvidas em comer animais. Então, nos contamos histórias.

O primeiro esquecimento

É TÃO RARO VERMOS HOJE EM DIA animais de criação, que fica fácil esquecer tudo isso. Gerações anteriores estavam mais familiarizadas tanto com a personalidade dos animais de criação quanto com a violência cometida contra eles. Sabiam que os porcos são brincalhões, espertos e curiosos (diríamos "feito cachorros") e que têm relações sociais complexas (diríamos "feito primatas"). Conheciam o aspecto e o comportamento de um porco enjaulado, assim como o guincho, igual ao de uma criança, de um porco sendo castrado ou abatido.

Ter pouca exposição aos animais torna muito mais fácil deixar de lado questões sobre como nossas ações poderiam influenciar seu tratamento. O problema colocado pela carne se tornou abstrato: não há um animal individual, não há uma expressão singular de alegria ou sofrimento, uma cauda sendo abanada, não há um grito. A filósofa Elaine Scarry observou que "a beleza sempre ocorre no particular". A crueldade, por outro lado, prefere a abstração.

Algumas pessoas tentaram preencher essa lacuna, caçando ou matando elas próprias os animais, como se essas experiências pudessem de algum modo legitimar o esforço de comê-los. Isso é uma tolice. Assassinar alguém com certeza provaria que você é capaz de matar, mas não seria a forma mais razoável de entender por que você deveria ou não o fazer.

Matar você mesmo um animal é, com mais frequência, um modo de esquecer o problema fingindo lembrar-se dele. O que talvez seja mais pernicioso do que a ignorância. É sempre possível acordar alguém que está dormindo, mas nenhum barulho vai acordar alguém que finge estar dormindo.

A primeira ética animal

OUTRORA, A ÉTICA DOMINANTE no que diz respeito aos animais domésticos, arraigada às necessidades da criação e respondendo ao problema fundamental de vidas se alimentando de vidas conscientes, não era *não coma* (é claro), mas também não era *não se importe*. Era: *coma, importando-se.*

Esse *importar-se* com os animais domesticados, exigido pela ética do *coma importando-se*, não correspondia necessariamente a qualquer moral oficial: não precisava corresponder, já que essa ética era baseada na necessidade econômica de se criar animais domésticos. A própria natureza da relação humanos-animais domésticos exigia que os primeiros se importassem em algum grau, no sentido de fornecer provisões e um ambiente seguro para o rebanho. Cuidar dos animais era, até certo ponto, um trabalho bom. Mas havia um preço por essa garantia de cães pastores e água limpa (o bastante): castração, trabalho exaustivo, sangue sendo retirado ou carne sendo cortada de animais vivos, marcação a ferro em brasa, afastamento dos filhotes de suas mães e, claro, o abate também era um bom negócio. Os animais tinham garantida a proteção da polícia em troca de ser sacrificados para esses policiais: proteger e servir.

A ética do *comer importando-se* existiu e se desenvolveu durante milhares de anos. Tornou-se um grupo de vários sistemas éticos diferentes, postos em prática pelas diversas culturas em que aparecia: na Índia, levou a proibições de comer vacas; no Islã e no judaísmo, levou à determinação de morte rápida; na tundra russa, levou os yakuts a alegar que os animais queriam ser mortos. Mas isso não ia durar.

A ética do *comer importando-se* não se tornou obsoleta com o passar do tempo, ela morreu de repente. Foi morta, na verdade.

O primeiro trabalhador na linha industrial de abate

APARECENDO PRIMEIRO EM CINCINNATI e se expandindo até Chicago no fim da década de 1820, começo da de 1830, as primeiras instalações industriais de "processamento" (ou seja, matadouros) substituíram o conhecimento habilidoso de açougueiros por grupos de homens que executavam uma série coordenada de tarefas entorpecedoras da mente, dos músculos e das articulações. Matadores, sangradores, removedores do rabo, removedores das pernas e das patas, do traseiro, do flanco, esfoladores da cabeça, responsáveis por abrir a cabeça, tripadores, responsáveis por cortar ao meio as carcaças (entre vários outros). Como ele próprio reconhece, a eficiência dessas linhas inspirou Henry Ford, que levou o modelo à indústria de automóveis, ocasionando uma revolução no processo de fabricação. (Montar um carro é só desmembrar uma vaca ao contrário.)

A pressão para melhorar a eficiência do abate e do processamento veio em parte com os avanços do sistema ferroviário, tais como a invenção, em 1879, do carro frigorífico, permitindo que uma concentração cada vez maior de gado fosse obtida com animais vindos de distâncias cada vez maiores. Hoje, não é incomum a carne viajar quase até o outro lado do mundo para chegar ao seu supermercado. A distância média que nossa carne viaja fica em torno de 2.500 quilômetros. É como se eu viajasse do Brooklyn ao norte do Texas para almoçar.

Em 1908, sistemas de esteiras transportadoras foram introduzidos nas linhas de desmontagem, permitindo que supervisores (em vez de trabalhadores) controlassem a velocidade das linhas. A velocidade continuaria subindo durante mais de oitenta anos – em muitos casos, dobrando ou mesmo triplicando – com aumento previsível do abate ineficaz e ferimentos associados no local de trabalho.

Apesar dessas tendências no processamento, no início do século XX, os animais ainda eram em grande escala criados em fazendas e ranchos mais ou menos da mesma maneira de sempre – e como a maioria das pessoas continua a imaginar que sejam. Não havia ocorrido ainda aos fazendeiros tratar os animais vivos como se estivessem mortos.

A primeira proprietária de uma criação industrial

Em 1923, na Península Delmarva (que compreende os estados de Delaware-Maryland-Virginia), um pequeno e quase cômico incidente aconteceu com uma dona de casa de Oceanville, Celia Steele, e deu início à indústria aviária moderna e à aberração global da criação intensiva. Steele, que cuidava do pequeno bando de galinhas de sua família, contou ter recebido uma encomenda de quinhentas galinhas em vez das cinquenta que havia requisitado. Em vez de se livrar delas, decidiu experimentar manter as aves num local fechado durante o inverno. Com a ajuda dos recém-descobertos suplementos alimentares, as aves sobreviveram, e o arco das experimentações de Steele continuou. Em 1926, ela possuía dez mil aves, e em 1935, 250 mil. (Em 1930, o tamanho médio dos bandos ainda era de apenas 23.)

Apenas dez anos depois da descoberta de Steele, a Península Delmarva era a capital mundial de criação de aves. O Condado de Sussex, em Delaware, hoje produz, por ano, mais de 250 mil aves destinadas ao abate, quase o dobro do que qualquer outro condado no país. A produção de aves é a principal atividade econômica da região e a principal fonte de sua poluição. (O nitrato contamina um terço de todos os lençóis d'água das áreas agrícolas de Delmarva.)

Amontoadas e privadas de exercício e sol durante meses, as aves de Steele nunca teriam sobrevivido se não fossem os benefícios recém-descobertos de acrescentar vitaminas A e D à sua comida. Tampouco Steele teria tido condições de fazer o pedido de compra de seus pintos se não fosse o anterior crescimento de chocadeiras com incubadoras artificiais. Múltiplas forças – gerações de tecnologias acumuladas – convergiam e se amplificavam umas às outras de forma inesperada.

Em 1928, Herbert Hoover prometia uma "galinha em cada panela". A promessa seria realizada e excedida, embora de um modo que ninguém havia imaginado. No início da década de 1930, arquitetos das emergentes propriedades de criação industrial, como Arthur Perdue e John Tyson, entraram no negócio das galinhas. Ajudaram a endossar a florescente ciência da moderna criação industrial de animais, gerando um grande número de "inovações" na produção de aves na época da Segunda Guerra. Milho híbrido, produzido com a ajuda de subsídios do governo, fornecia comida barata que logo começou a ser distribuída por comedouros automáticos. A remoção da ponta dos bicos ou "debicagem" – em geral feita decepando os bicos dos pintos com uma lâmina quente – foi inventada e depois automatizada (o bico é o principal instrumento de exploração usado pelas galinhas). Luzes e ventiladores automáticos fizeram com que densidades ainda maiores fossem possíveis e, por fim, geraram a manipulação – que hoje em dia se tornou padrão – dos ciclos de crescimento por meio do controle da luz.

A primeira galinha do futuro

Em 1946, a indústria aviária voltou os olhos à genética e, com a ajuda do USDA, lançou um concurso para a "Galinha do Futuro", a fim de criar uma ave que produzisse mais carne de peito com menos alimentação. O vencedor foi uma surpresa: Charles Vantress, de Marysville, Califórnia. (Até então, a Nova Inglaterra tinha sido a fonte principal de aves.) O cruzamento feito por Vantress da Cornish de penas vermelhas com a New Hampshire introduziu sangue das Cornish, o que deu, de acordo com uma publicação da indústria, "a aparência de peito largo que logo seria exigida com ênfase na propaganda depois da guerra".

Os anos 1940 também viram a introdução de drogas à base de sulfa e antibióticos na alimentação das galinhas, o que estimulava o crescimento e controlava as doenças causadas pelo confinamento. Regimes alimentares e de drogas foram progressivamente desenvolvidos em conjunto com as novas "galinhas do futuro". Na década de 1950, já não havia mais uma "galinha", mas duas distintas – uma para ovos, outra para carne.

A própria genética das aves, tanto quanto sua alimentação e ambiente, era agora manipulada para produzir quantidades excessivas de ovos (*poedeiras*) ou de carne, especialmente de peito (*de corte*). De 1935 a 1995, o peso médio dos frangos de corte aumentou 65%, enquanto o tempo até chegarem ao mercado caiu 60% e suas necessidades alimentares, 57%. Para se ter uma ideia do radicalismo dessa mudança, imagine crianças humanas crescendo até atingirem 140 quilos em dez anos, comendo apenas barras de cereal e vitaminas.

Essas alterações na genética das galinhas não foram uma mudança entre outras: determinaram como as aves poderiam ser criadas. Com as novas alterações, as drogas e o confinamento eram usados não apenas para aumentar os lucros, mas porque as aves já não podiam mais ser "saudáveis" ou até mesmo sobreviver sem eles.

Pior do que isso, essas aves geneticamente grotescas não passaram a ocupar apenas uma fatia da indústria – são agora praticamente as únicas galinhas criadas para consumo. Havia, no passado, dezenas de diferentes raças de galinhas criadas nos Estados Unidos (Jersey Giants, New Hampshire, Plymouth Rock), todas elas adaptadas ao ambiente da região. Agora temos galinhas industriais.

Nas décadas de 1950 e 1960, empresas aviárias começaram a atingir uma completa integração vertical. Possuíam o *pool* genético (hoje, duas companhias são donas de três quartos da genética de todas as galinhas de corte no planeta), as próprias aves (os fazendeiros só cuidavam delas, como conselheiros num acampamento), as drogas necessárias, a comida, o abate, o processamento e as marcas disponíveis no mercado. Não eram apenas as técnicas que haviam mudado: a biodiversidade foi substituída pela uniformidade genética, departamentos universitários de criação de animais se tornaram departamentos de ciência animal, um negócio outrora dominado pelas mulheres era agora tomado pelos homens, e fazendeiros competentes foram substituídos por funcionários assalariados, trabalhando sob contrato. Ninguém disparou uma pistola para marcar o início dessa corrida. A terra só se inclinou e todo mundo escorregou para dentro do buraco.

A primeira propriedade de criação industrial

A CRIAÇÃO INDUSTRIAL foi mais um evento do que uma inovação. Agentes de segurança ocuparam os pastos, sistemas de confinamento intensivo com múltiplas fileiras se ergueram onde antes estavam os estábulos, e animais modificados geneticamente – aves que não podiam voar, porcos que não tinham condições de sobreviver do lado de fora, perus que não conseguiam se reproduzir naturalmente – substituíram o outrora familiar elenco do terreiro.

O que essas mudanças significaram – e significam? Jacques Derrida foi um dos poucos filósofos contemporâneos a abordar essa inconveniente questão. "Seja qual for a maneira como se interpreta", ele argumenta, "sejam quais forem as consequências práticas, técnicas, científicas, jurídicas, éticas ou políticas que disso decorram, ninguém mais pode mais negar o fato, ninguém mais pode negar as proporções sem precedentes dessa sujeição do animal." Ele continua:

> Uma sujeição dessas... pode ser chamada de violência no sentido moralmente mais neutro do termo... Ninguém pode negar com seriedade, ou durante muito

> tempo, que os homens fazem tudo o que podem para dissimular essa crueldade ou para escondê-la de si mesmos, a fim de organizar numa escala global o esquecimento ou a compreensão equivocada dessa violência.

Por conta própria e em aliança com o governo e com a comunidade científica, os homens de negócios americanos do século XX planejaram e executaram uma série de revoluções nas propriedades rurais. Transformaram a proposição filosófica do início da era moderna (encabeçada por Descartes), de que os animais deviam ser vistos como máquinas, em realidade para milhares, depois milhões, e hoje bilhões de animais de criação.

Como descrito em publicações da indústria animal da década de 1960 em diante, a galinha poedeira devia ser considerada "apenas uma máquina muito eficiente de conversão" (*Farmer and Stockbreeder*), o porco devia ser "apenas uma máquina numa fábrica" (*Hog Farm Management*). E o século XXI traria um novo "'livro de receitas' de computador para projetar criaturas de modo personalizado" (*Agricultural Research*).

Toda essa magia científica foi bem-sucedida em produzir carne, leite e ovos baratos. Nos últimos cinquenta anos, conforme a criação intensiva se espalhou das aves para os produtores de carne bovina, laticínios e carne suína, o custo médio de uma casa nova subiu nos Estados Unidos quase 1.500%; os carros novos subiram mais de 1.400%; mas o preço do leite só subiu 350%, enquanto os ovos e a carne de galinha não chegaram nem mesmo a dobrar. Levando em conta a inflação, a proteína animal custa hoje menos do que em qualquer outro momento da história. (Isto é, a menos que se levem em conta os custos repassados – subsídios às criações, impacto ambiental, doenças humanas e assim por diante –, o que torna o preço historicamente alto.)

Para cada espécie animal usada na alimentação, a criação é agora dominada pelo regime intensivo – 99,9% das galinhas criadas para corte, 97% das galinhas poedeiras, 99% dos perus, 95% dos porcos e 78% do gado. Mas ainda existem algumas alternativas. Na suinocultura, pequenos proprietários começaram a trabalhar em regime cooperativo, para se proteger. E o movimento rumo à pesca sustentável e à criação de gado solto em fazendas capturaram atenção significativa da imprensa e de uma fatia significativa do mercado. Mas a transformação da indústria da carne de aves – a maior e mais influente na criação animal (99% de todos os animais terrestres abatidos são aves) – está quase completa. Por incrível que pareça, talvez só reste nos Estados Unidos uma única granja verdadeiramente independente...

5.

Eu sou o último avicultor

Meu nome é Frank Reese e eu sou avicultor. Foi a minha granja que dediquei minha vida inteira. Não sei de onde vem isso. Frequentei uma escolinha de interior que só tinha uma sala. Minha mãe disse que uma das primeiras coisas que escrevi foi uma história intitulada "Eu e os meus perus".

Simplesmente sempre adorei sua beleza, sua majestade. Gosto do modo como eles andam, todos pomposos. Não sei. Não tenho como explicar. Adoro o padrão de suas penas. Sempre adorei sua personalidade. Eles são tão curiosos, tão brincalhões, tão amigáveis e cheios de vida.

Posso me sentar em casa à noite e escutá-los e saber se estão tendo problemas ou não. Tendo convivido com perus durante quase sessenta anos, conheço o vocabulário deles. Conheço o som que fazem se forem só dois perus brigando ou se houver um gambá no abrigo. Há o som que eles fazem quando estão aterrorizados e o som que fazem quando estão excitados com alguma novidade. É incrível escutar a perua mãe. Ela tem uma extensão vocal enorme quando está falando com seus filhotes. E os filhotes entendem. Ela pode chamá-los: "Corram, pulem e se escondam debaixo de mim" ou "Saiam daí e venham para cá." Os perus sabem o que está acontecendo e são capazes de comunicar isso – em seu mundo, com sua linguagem. Não estou tentando dar-lhes características humanas, porque eles não são humanos, são perus. Só estou dizendo a você o que eles são.

Um monte de gente diminui a velocidade do carro quando passa por minha propriedade. Recebo um bocado de escolas, igrejas e crianças da 4-H. * *Recebo crianças que me perguntam como um peru foi parar na árvore ou no telhado. Digo a elas: "Ele voou até lá!" E as crianças não acreditam em mim! Os perus eram criados soltos em pastos como este, aos milhões, nos Estados Unidos. Esse tipo de peru era o que todo mundo tinha no campo durante centenas de anos e o que todo mundo comia. Agora, os meus são os únicos que restam, e eu sou o único que faz as coisas desta maneira.*

Nem um único peru que você compre num supermercado pode andar normalmente, muito menos saltar ou voar. Sabia disso? Não podem nem fazer sexo. Nem os que não tomam antibióticos, ou que são orgânicos, ou criados soltos, nem nada disso. Todos eles têm a mesma genética idiota, e seus corpos já não permitem mais isso. Cada peru vendido em cada mercado e servido em cada restaurante foi produto de inseminação artificial. Se fosse apenas em nome da eficiência, seria uma coisa, mas esses animais não conseguem se reproduzir naturalmente. Diga-me o que poderia ser sustentável nisso?

A estes caras aqui, o frio, a neve, o gelo – nada disso os incomoda. Com o moderno peru industrial, seria uma tragédia. Eles não sobreviveriam. Os meus bichos poderiam andar em meio a trinta centímetros de neve numa boa. E todos os meus perus têm unhas; todos têm asas e bicos – nada foi cortado; nada foi destruído. Não os vacinamos nem lhes damos antibióticos. Não é preciso. Nossas aves se exercitam o dia todo. E porque ninguém bagunçou com seus genes, elas têm sistemas imunológicos naturalmente fortes. Nunca perdemos aves. Se você conseguir encontrar um bando mais saudável no mundo, me mostre que eu acredito em você. O que a indústria descobriu – e essa foi a verdadeira revolução – foi que você não precisa de animais saudáveis para ganhar dinheiro. Animais doentes dão

---

* A 4-H é uma organização educativa, administrada pelo USDA, que mantém clubes para crianças e jovens de cinco a 19 anos. (N. da T.)

mais lucro. Os animais pagaram o preço do nosso desejo de ter tudo à disposição o tempo todo por um valor bastante baixo.

Nunca precisamos de biossegurança antes. Olhe para minha granja. Todo mundo que quiser pode visitar, e eu não pensaria duas vezes antes de levar meus animais a exibições e feiras. Sempre digo às pessoas que visitem uma granja industrial de perus. Talvez nem precise entrar nas instalações. Vai sentir o cheiro antes de chegar lá. Mas as pessoas não querem ouvir falar nessas coisas. Não querem ouvir falar que essas grandes fábricas de perus têm incineradores para queimar todos os perus que morrem a cada dia. Não querem ouvir dizer que, quando a indústria envia os perus para serem processados, ela sabe que vai perder de 10 a 15% deles no transporte – as chamadas "mortes de chegada" (dead on arrival) *do abatedouro. Sabe qual foi a minha taxa de "mortes na chegada" no último Dia de Ação de Graças? Zero. Mas são apenas números, nada que empolgue muito as pessoas. Tudo é questão de dinheiro. Então, 15% dos perus morrem sufocados. Jogue-os no incinerador.*

Por que bandos inteiros de aves industriais estão morrendo ao mesmo tempo? E quanto às pessoas que comem essas aves? Outro dia, um dos pediatras locais me dizia que tem visto todo tipo de doença que não costumava ver. Não só diabetes juvenil, mas doenças inflamatórias e autoimunes que vários médicos não sabem nem mesmo como chamar. As garotas estão chegando à puberdade muito mais cedo, as crianças estão alérgicas a praticamente tudo e a asma está fora de controle. Todo mundo sabe que é a nossa comida. Estamos bagunçando com os genes desses animais, dando-lhes hormônios e todo tipo de drogas sobre as quais, na verdade, não sabemos o bastante. E depois as comemos. As crianças de hoje são a primeira geração a crescer alimentada com essas coisas, e estamos fazendo experiências científicas com elas. Não é estranho que as pessoas fiquem aborrecidas quando algumas dezenas de jogadores de beisebol tomam hormônios de crescimento se fazemos o que fazemos com os animais que usamos na alimentação e os damos a nossos filhos?

As pessoas estão bastante afastadas dos animais hoje em dia. Quando eu era garoto, as pessoas cuidavam em primeiro lugar dos animais. Você cumpria as suas tarefas antes de tomar o café da ma-

nhã. Diziam-nos que, se não cuidássemos dos animais, não íamos comer. Nunca saíamos de férias. Alguém sempre tinha que estar por lá. Lembro-me de que fazíamos passeios, mas sempre os detestávamos, porque, se não voltássemos para casa antes de escurecer, sabíamos que teríamos que ir até o pasto juntar as vacas e tirar-lhes o leite no escuro. Tinha que ser feito, não importava o que acontecesse. Se você não quiser ter essa responsabilidade, não se torne um fazendeiro. Porque isso é o necessário para fazer as coisas bem-feitas. E, se não puder fazer bem-feito, não faça. É bem simples. Vou lhe dizer mais uma coisa: se os consumidores não querem pagar o fazendeiro para fazer a coisa do jeito certo, não deviam comer carne.

As pessoas se importam com essas coisas. E não me refiro à gente rica das cidades. A maioria das pessoas que compra meus perus não é rica, de jeito nenhum; luta para sobreviver com um salário. Mas estão dispostas a pagar mais em nome daquilo em que acreditam. Estão dispostas a pagar o preço real. E para aqueles que acham que é pagar muito caro por um peru, eu sempre digo: "Não coma peru." É possível que você não possa se dar ao luxo de se importar, mas, com certeza, não pode se dar ao luxo de não se importar.

Todo mundo anda dizendo compre comida fresca, compre comida local. É uma hipocrisia. É sempre o mesmo tipo de ave, e o sofrimento está em seus genes. Quando o peru que é produzido hoje em massa foi projetado, mataram-se milhares de perus em experiências. Será que deveria ter pernas ou a carena mais curtas? Será que devia ser desse jeito ou daquele outro? Na natureza, às vezes os bebês humanos nascem com deformações. Mas não se tem como objetivo reproduzir isso, geração após geração. No entanto, foi exatamente o que fizeram com os perus.

Michael Pollan escreveu sobre a Polyface Farm em O dilema do onívoro *como se fosse uma coisa formidável, mas aquela granja é horrível. É uma piada. Joel Salatin cria aves industriais. Telefone para ele e pergunte. Ele as coloca no pasto. Não faz diferença. É como colocar um Honda acabado na autoestrada e dizer que é um Porsche. As galinhas da KFC são quase todas abatidas com 39 dias. São filhotes. Essa é a rapidez de seu crescimento. As galinhas orgânicas e criadas soltas de Salatin são mortas em 42 dias. Porque continuam sendo as mesmas galinhas. Não podem viver mais do que isso porque sua genética está ferrada. Pare para pensar nisso: uma ave que você simplesmente* não pode deixar passar *da adolescência. Então, talvez ele apenas diga que está fazendo a coisa mais correta possível, mas que é caro demais criar aves saudáveis. Bem, sinto muito por não poder dar tapinhas nas costas dele e dizer que sujeito bacana ele é. Não se trata de coisas, trata-se de animais, então não devíamos estar falando em bom o suficiente. Ou você faz do jeito certo ou não faz.*

Eu faço do jeito certo do começo ao fim. E o mais importante de tudo, uso a velha genética, as aves que foram criadas cem anos atrás. Elas crescem mais devagar? Sim. Tenho que lhes dar mais comida? Sim. Mas olhe para elas e me diga se são saudáveis.

Não permito que perus ainda filhotes sejam enviados pelo correio. Muita gente não se incomoda que metade dos seus perus venha a morrer com o estresse de ser enviados pelo correio, ou de que, no fim, aqueles que sobrevivem venham a pesar dois quilos a menos do que aqueles a que você dá comida e água imediatamente. Mas eu me incomodo. Todos os meus animais pastam o quanto querem, e eu nunca os mutilo ou drogo. Não manipulo a iluminação nem os deixo passar fome para criar ciclos artificiais. Não permito que meus perus sejam transportados se estiver frio demais ou quente demais. E eles têm que ser transportados à noite, quando ficam mais calmos. Só permito uma determinada quantidade de perus num caminhão, mesmo quando posso colocar muitos e muitos mais. Meus perus são transportados em pé, nunca pendurados de cabeça para baixo, mesmo que isso signifique que leva mais tempo. Em nossas instalações de processamento, tudo tem que ser feito devagar. Eles têm que tirar os perus com segurança dos caminhões. Nada de ossos quebrados e nada de estresse desnecessário. Tudo é feito manualmente e com cuidado. É feito da maneira correta todas as vezes. Os perus são atordoados antes de ser acorrentados. Normalmente, eles são pendurados vivos e arrastados pelo banho elétrico de insensibilização, mas não fazemos isso. Lidamos com um de cada vez. É uma pessoa que faz isso, com as próprias mãos. Quando fazem isso de um a um, fazem bem-feito. Meu grande medo é colocar animais vivos na água fervendo. Minha irmã trabalhou numa grande planta de abate e processamento de carne de aves. Precisava do dinheiro. Duas semanas foram tudo o que ela conseguiu tolerar. Isso foi há muitos e muitos anos, e ela ainda fala sobre os horrores que viu lá.

As pessoas se importam com os animais. Acredito nisso. Elas simplesmente não querem saber ou não querem pagar. Um quarto das galinhas tem fraturas resultantes do estresse. Está errado. Elas são mantidas comprimidas umas contra as outras e nunca veem a luz do sol. Suas unhas crescem em torno da barra das gaiolas. Está errado. Elas sentem sua morte. Está errado, e as pessoas sabem que está errado. Não precisam ser convencidas disso. Só precisam agir de modo diferente. Não sou melhor do que ninguém nem estou tentando convencer as pessoas a viverem de acordo com os meus padrões sobre o que é correto. Estou tentando convencê-las a viver de acordo com seus próprios padrões.

Minha mãe era parte índia. Ainda tenho essa coisa dos índios de pedir desculpas. No outono, enquanto os outros estão dando graças, eu me vejo pedindo desculpas. Detesto vê-los no caminhão, esperando para ser levados até o abate. Eles me olham de volta, dizendo: "Tire-me daqui." Matar é... é muito... Às vezes, justifico em minha mente, dizendo que pelo menos posso tratar da melhor forma possível os animais sob minha custódia. É como... se eles olhassem para mim e eu lhes dissesse: "Por favor, me desculpem." Não consigo evitar. Torno tudo pessoal. É difícil quando se trata de animais. De noite, vou lá fora e faço todo mundo que pulou a cerca voltar para dentro. Esses perus estão acostumados comigo, eles me conhecem e, quando vou lá fora, eles vêm correndo. Abro a cerca e eles entram. Mas, ao mesmo tempo, os coloco aos milhares nos caminhões e os envio para o abate.

As pessoas concentram sua atenção naquele último segundo da morte. Quero que concentrem sua atenção na vida do animal. Se tivesse que escolher entre saber que no fim vão cortar minha garganta, o que pode durar três minutos, mas que vou ter que viver seis semanas de sofrimento, provavelmente pediria que cortassem minha garganta seis semanas mais cedo. As pessoas só veem a morte. Dizem: "E daí se o animal não consegue andar ou se mexer, se ele vai ser morto do mesmo jeito?" Se fosse seu filho, você gostaria que ele sofresse por três anos, por três meses, três semanas, três minutos? Um filhote de peru não é um bebê humano, mas sofre. Nunca conheci uma única pessoa na indústria animal – gerente, veterinário, funcionário, qualquer um – que tenha dúvidas de que eles sentem dor. Então, quanto sofrimento é aceitável? É o que está no fundo de tudo isso, e o que cada um tem que perguntar a si mesmo. Quanto sofrimento você vai tolerar em sua comida?

Meu sobrinho e sua esposa tiveram um bebê, e, assim que ela nasceu, disseram-lhes que não ia sobreviver. Eles são muito religiosos. Puderam segurá-la durante vinte minutos. Durante vinte minutos, ela esteve viva, sem sentir dor, e foi parte da vida deles. Eles disseram que nunca teriam trocado esses vinte minutos por nada. Apenas agradeceram ao Senhor por ela estar viva, mesmo que por somente vinte minutos. Então, como você vai abordar isso?

Influenciável / Emudecer / Influenciável / Emudecer / Influenciável / Emudecer / Influenciável / Emudecer /
Influenciável / Emudecer / Influenciável / Emudecer / Influenciável / Emudecer / Influenciável / Emudecer /
Influenciável / Emudecer / Influenciável / Emudecer / Influenciável / Emudecer / Influenciável / Emudecer /
Influenciável / Emudecer / Influenciável / Emudecer / Influenciável / Emudecer / Influenciável / Emudecer /
Influenciável / Emudecer / Influenciável / Emudecer / Influenciável / Emudecer / Influenciável / Emudecer /
Influenciável / Emudecer / Influenciável / Emudecer / Influenciável / Emudecer / Influenciável / Emudecer /
Influenciável / Emudecer / Influenciável / Emudecer / Influenciável / Emudecer / Influenciável / Emudecer /
Influenciável / Emudecer / Influenciável / Emudecer / Influenciável / Emudecer / Influenciável / Emudecer /
Influenciável / Emudecer / Influenciável / Emudecer / Influenciável / Emudecer / Influenciável / Emudecer /
Influenciável / Emudecer / Influenciável / Emudecer / Influenciável / Emudecer / Influenciável / Emudecer /
Influenciável / Emudecer / Influenciável / Emudecer / Influenciável / Emudecer / Influenciável / Emudecer /
Influenciável / Emudecer / Influenciável / Emudecer / Influenciável / Emudecer / Influenciável / Emudecer /
Influenciável / Emudecer / Influenciável / Emudecer / Influenciável / Emudecer / Influenciável / Emudecer /
Influenciável / Emudecer / Influenciável / Emudecer / Influenciável / Emudecer / Influenciável / Emudecer /
Influenciável / Emudecer / Influenciável / Emudecer / Influenciável / Emudecer / Influenciável / Emudecer /
Influenciável / Emudecer / Influenciável / Emudecer / Influenciável / Emudecer / Influenciável / Emudecer /
Influenciável / Emudecer / Influenciável / Emudecer / Influenciável / Emudecer / Influenciável / Emudecer /
Influenciável / Emudecer / Influenciável / Emudecer / Influenciável / Emudecer / Influenciável / Emudecer /
Influenciável / Emudecer / Influenciável / Emudecer / Influenciável / Emudecer / Influenciável / Emudecer /
Influenciável / Emudecer / Influenciável / Emudecer / Influenciável / Emudecer / Influenciável / Emudecer /
Influenciável / Emudecer / Influenciável / Emudecer / Influenciável / Emudecer / Influenciável / Emudecer /
Influenciável / Emudecer / Influenciável / Emudecer / Influenciável / Emudecer / Influenciável / Emudecer /
Influenciável / Emudecer / Influenciável / Emudecer / Influenciável / Emudecer / Influenciável / Emudecer /
Influenciável / Emudecer / Influenciável / Emudecer / Influenciável / Emudecer / Influenciável / Emudecer /
Influenciável / Emudecer / Influenciável / Emudecer / Influenciável / Emudecer / Influenciável / Emudecer /
Influenciável / Emudecer / Influenciável / Emudecer / Influenciável / Emudecer / Influenciável / Emudecer /
Influenciável / Emudecer / Influenciável / Emudecer / Influenciável / Emudecer / Influenciável / Emudecer /
Influenciável / Emudecer / Influenciável / Emudecer / Influenciável / Emudecer / Influenciável / Emudecer /
Influenciável / Emudecer / Influenciável / Emudecer / Influenciável / Emudecer / Influenciável / Emudecer /
Influenciável / Emudecer / Influenciável / Emudecer / Influenciável / Emudecer / Influenciável / Emudecer /
Influenciável / Emudecer / Influenciável / Emudecer / Influenciável / Emudecer / Influenciável / Emudecer /
Influenciável / Emudecer / Influenciável / Emudecer / Influenciável / Emudecer / Influenciável / Emudecer /
Influenciável / Emudecer / Influenciável / Emudecer / Influenciável / Emudecer / Influenciável / Emudecer /
Influenciável / Emudecer / Influenciável / Emudecer / Influenciável / Emudecer / Influenciável / Emudecer /
Influenciável / Emudecer / Influenciável / Emudecer / Influenciável / Emudecer / Influenciável / Emudecer /
Influenciável / Emudecer / Influenciável / Emudecer / Influenciável / Emudecer / Influenciável / Emudecer /
Influenciável / Emudecer / Influenciável / Emudecer / Influenciável / Emudecer / Influenciável / Emudecer /
Influenciável / Emudecer / Influenciável / Emudecer / Influenciável / Emudecer / Influenciável / Emudecer /
Influenciável / Emudecer / Influenciável / Emudecer / Influenciável / Emudecer / Influenciável / Emudecer /
Influenciável / Emudecer / Influenciável / Emudecer / Influenciável / Emudecer / Influenciável / Emudecer /
Influenciável / Emudecer / Influenciável / Emudecer / Influenciável / Emudecer / Influenciável / Emudecer /
Influenciável / Emudecer / Influenciável / Emudecer / Influenciável / Emudecer / Influenciável / Emudecer /
Influenciável / Emudecer / Influenciável / Emudecer / Influenciável / Emudecer / Influenciável / Emudecer /
Influenciável / Emudecer / Influenciável / Emudecer / Influenciável / Emudecer / Influenciável / Emudecer /
Influenciável / Emudecer / Influenciável / Emudecer / Influenciável / Emudecer / Influenciável / Emudecer /
Influenciável / Emudecer / Influenciável / Emudecer / Influenciável / Emudecer / Influenciável / Emudecer /
Influenciável / Emudecer / Influenciável / Emudecer / Influenciável / Emudecer / Influenciável / Emudecer /
Influenciável / Emudecer / Influenciável / Emudecer / Influenciável / Emudecer / Influenciável / Emudecer /
Influenciável / Emudecer / Influenciável / Emudecer / Influenciável / Emudecer / Influenciável / Emudecer /
Influenciável / Emudecer / Influenciável / Emudecer / Influenciável / Emudecer / Influenciável / Emudecer /
Influenciável / Emudecer / Influenciável / Emudecer / Influenciável / Emudecer / Influenciável / Emudecer /
Influenciável / Emudecer / Influenciável / Emudecer / Influenciável / Emudecer / Influenciável / Emudecer /
Influenciável / Emudecer / Influenciável / Emudecer / Influenciável / Emudecer / Influenciável / Emudecer /
Influenciável / Emudecer / Influenciável / Emudecer / Influenciável / Emudecer / Influenciável / Emudecer /
Influenciável / Emudecer / Influenciável / Emudecer / Influenciável / Emudecer / Influenciável / Emudecer /
Influenciável / Emudecer / Influenciável / Emudecer / Influenciável / Emudecer / Influenciável / Emudecer /
Influenciável / Emudecer / Influenciável / Emudecer / Influenciável / Emudecer / Influenciável / Emudecer /
Influenciável / Emudecer / Influenciável / Emudecer / Influenciável / Emudecer / Influenciável / Emudecer /
Influenciável / Emudecer / Influenciável / Emudecer / Influenciável / Emudecer / Influenciável / Emudecer /
Influenciável / Emudecer / Influenciável / Emudecer / Influenciável / Emudecer / Influenciável / Emudecer /
Influenciável / Emudecer / Influenciável / Emudecer / Influenciável / Emudecer / Influenciável / Emudecer /
Influenciável / Emudecer / Influenciável / Emudecer / Influenciável / Emudecer / Influenciável / Emudecer /
Influenciável / Emudecer / Influenciável / Emudecer / Influenciável / Emudecer / Influenciável / Emudecer /
Influenciável / Emudecer / Influenciável / Emudecer / Influenciável / Emudecer / Influenciável / Emudecer /
Influenciável / Emudecer / Influenciável / Emudecer / Influenciável / Emudecer / Influenciável / Emudecer /
Influenciável / Emudecer / Influenciável / Emudecer / Influenciável / Emudecer / Influenciável / Emudecer /
Influenciável / Emudecer / Influenciável / Emudecer / Influenciável / Emudecer / Influenciável / Emudecer /

Influenciável / Emudecer / Influenciável / Emudecer / Influenciável / Emudecer / Influenciável / Emudecer /
Influenciável / Emudecer / Influenciável / Emudecer / Influenciável / Emudecer / Influenciável / Emudecer /
Influenciável / Emudecer / Influenciável / Emudecer / Influenciável / Emudecer / Influenciável / Emudecer /
Influenciável / Emudecer / Influenciável / Emudecer / Influenciável / Emudecer / Influenciável / Emudecer /
Influenciável / Emudecer / Influenciável / Emudecer / Influenciável / Emudecer / Influenciável / Emudecer /
Influenciável / Emudecer / Influenciável / Emudecer / Influenciável / Emudecer / Influenciável / Emudecer /
Influenciável / Emudecer / Influenciável / Emudecer / Influenciável / Emudecer / Influenciável / Emudecer /
Influenciável / Emudecer / Influenciável / Emudecer / Influenciável / Emudecer / Influenciável / Emudecer /
Influenciável / Emudecer / Influenciável / Emudecer / Influenciável / Emudecer / Influenciável / Emudecer /
Influenciável / Emudecer / Influenciável / Emudecer / Influenciável / Emudecer / Influenciável / Emudecer /
Influenciável / Emudecer / Influenciável / Emudecer / Influenciável / Emudecer / Influenciável / Emudecer /
Influenciável / Emudecer / Influenciável / Emudecer / Influenciável / Emudecer / Influenciável / Emudecer /
Influenciável / Emudecer / Influenciável / Emudecer / Influenciável / Emudecer / Influenciável / Emudecer /
Influenciável / Emudecer / Influenciável / Emudecer / Influenciável / Emudecer / Influenciável / Emudecer /
Influenciável / Emudecer / Influenciável / Emudecer / Influenciável / Emudecer / Influenciável / Emudecer /
Influenciável / Emudecer / Influenciável / Emudecer / Influenciável / Emudecer / Influenciável / Emudecer /
Influenciável / Emudecer / Influenciável / Emudecer / Influenciável / Emudecer / Influenciável / Emudecer /
Influenciável / Emudecer / Influenciável / Emudecer / Influenciável / Emudecer / Influenciável / Emudecer /
Influenciável / Emudecer / Influenciável / Emudecer / Influenciável / Emudecer / Influenciável / Emudecer /
Influenciável / Emudecer / Influenciável / Emudecer / Influenciável / Emudecer / Influenciável / Emudecer /
Influenciável / Emudecer / Influenciável / Emudecer / Influenciável / Emudecer / Influenciável / Emudecer /
Influenciável / Emudecer / Influenciável / Emudecer / Influenciável / Emudecer / Influenciável / Emudecer /
Influenciável / Emudecer / Influenciável / Emudecer / Influenciável / Emudecer / Influenciável / Emudecer /
Influenciável / Emudecer / Influenciável / Emudecer / Influenciável / Emudecer / Influenciável / Emudecer /
Influenciável / Emudecer / Influenciável / Emudecer / Influenciável / Emudecer / Influenciável / Emudecer /
Influenciável / Emudecer / Influenciável / Emudecer / Influenciável / Emudecer / Influenciável / Emudecer /
Influenciável / Emudecer / Influenciável / Emudecer / Influenciável / Emudecer / Influenciável / Emudecer /
Influenciável / Emudecer / Influenciável / Emudecer / Influenciável / Emudecer / Influenciável / Emudecer /
Influenciável / Emudecer / Influenciável / Emudecer / Influenciável / Emudecer / Influenciável / Emudecer /
Influenciável / Emudecer / Influenciável / Emudecer / Influenciável / Emudecer / Influenciável / Emudecer /
Influenciável / Emudecer / Influenciável / Emudecer / Influenciável / Emudecer / Influenciável / Emudecer /
Influenciável / Emudecer / Influenciável / Emudecer / Influenciável / Emudecer / Influenciável / Emudecer /
Influenciável / Emudecer / Influenciável / Emudecer / Influenciável / Emudecer / Influenciável / Emudecer /
Influenciável / Emudecer / Influenciável / Emudecer / Influenciável / Emudecer / Influenciável / Emudecer /
Influenciável / Emudecer / Influenciável / Emudecer / Influenciável / Emudecer / Influenciável / Emudecer /
Influenciável / Emudecer / Influenciável / Emudecer / Influenciável / Emudecer / Influenciável / Emudecer /
Influenciável / Emudecer / Influenciável / Emudecer / Influenciável / Emudecer / Influenciável / Emudecer /
Influenciável / Emudecer / Influenciável / Emudecer / Influenciável / Emudecer / Influenciável / Emudecer /
Influenciável / Emudecer / Influenciável / Emudecer / Influenciável / Emudecer / Influenciável / Emudecer /
Influenciável / Emudecer / Influenciável / Emudecer / Influenciável / Emudecer / Influenciável / Emudecer /
Influenciável / Emudecer / Influenciável / Emudecer / Influenciável / Emudecer / Influenciável / Emudecer /
Influenciável / Emudecer / Influenciável / Emudecer / Influenciável / Emudecer / Influenciável / Emudecer /
Influenciável / Emudecer / Influenciável / Emudecer / Influenciável / Emudecer / Influenciável / Emudecer /
Influenciável / Emudecer / Influenciável / Emudecer / Influenciável / Emudecer / Influenciável / Emudecer /
Influenciável / Emudecer / Influenciável / Emudecer / Influenciável / Emudecer / Influenciável / Emudecer /
Influenciável / Emudecer / Influenciável / Emudecer / Influenciável / Emudecer / Influenciável / Emudecer /
Influenciável / Emudecer / Influenciável / Emudecer / Influenciável / Emudecer / Influenciável / Emudecer /
Influenciável / Emudecer / Influenciável / Emudecer / Influenciável / Emudecer / Influenciável / Emudecer /
Influenciável / Emudecer / Influenciável / Emudecer / Influenciável / Emudecer / Influenciável / Emudecer /
Influenciável / Emudecer / Influenciável / Emudecer / Influenciável / Emudecer / Influenciável / Emudecer /
Influenciável / Emudecer / Influenciável / Emudecer / Influenciável / Emudecer / Influenciável / Emudecer /
Influenciável / Emudecer / Influenciável / Emudecer / Influenciável / Emudecer / Influenciável / Emudecer /
Influenciável / Emudecer / Influenciável / Emudecer / Influenciável / Emudecer / Influenciável / Emudecer /
Influenciável / Emudecer / Influenciável / Emudecer / Influenciável / Emudecer / Influenciável / Emudecer /
Influenciável / Emudecer / Influenciável / Emudecer / Influenciável / Emudecer / Influenciável / Emudecer /
Influenciável / Emudecer / Influenciável / Emudecer / Influenciável / Emudecer / Influenciável / Emudecer /
Influenciável / Emudecer / Influenciável / Emudecer / Influenciável / Emudecer / Influenciável / Emudecer /
Influenciável / Emudecer / Influenciável / Emudecer / Influenciável / Emudecer / Influenciável / Emudecer /
Influenciável / Emudecer / Influenciável / Emudecer / Influenciável / Emudecer / Influenciável / Emudecer /
Influenciável / Emudecer / Influenciável / Emudecer / Influenciável / Emudecer / Influenciável / Emudecer /
Influenciável / Emudecer / Influenciável / Emudecer / Influenciável / Emudecer / Influenciável / Emudecer /
Influenciável / Emudecer / Influenciável / Emudecer / Influenciável / Emudecer / Influenciável / Emudecer /
Influenciável / Emudecer / Influenciável / Emudecer / Influenciável / Emudecer / Influenciável / Emudecer /
Influenciável / Emudecer / Influenciável / Emudecer / Influenciável / Emudecer / Influenciável / Emudecer /
Influenciável / Emudecer / Influenciável / Emudecer / Influenciável / Emudecer / Influenciável / Emudecer /
Influenciável / Emudecer / Influenciável / Emudecer / Influenciável / Emudecer / Influenciável / Emudecer /
Influenciável / Emudecer / Influenciável / Emudecer / Influenciável / Emudecer / Influenciável / Emudecer /
Influenciável / Emudecer / Influenciável / Emudecer / Influenciável / Emudecer / Influenciável / Emudecer /

Influenciável / Emudecer / Influenciável / Emudecer / Influenciável / Emudecer / Influenciável / Emudecer /
Influenciável / Emudecer / Influenciável / Emudecer / Influenciável / Emudecer / Influenciável / Emudecer /
Influenciável / Emudecer / Influenciável / Emudecer / Influenciável / Emudecer / Influenciável / Emudecer /
Influenciável / Emudecer / Influenciável / Emudecer / Influenciável / Emudecer / Influenciável / Emudecer /
Influenciável / Emudecer / Influenciável / Emudecer / Influenciável / Emudecer / Influenciável / Emudecer /
Influenciável / Emudecer / Influenciável / Emudecer / Influenciável / Emudecer / Influenciável / Emudecer /
Influenciável / Emudecer / Influenciável / Emudecer / Influenciável / Emudecer / Influenciável / Emudecer /
Influenciável / Emudecer / Influenciável / Emudecer / Influenciável / Emudecer / Influenciável / Emudecer /
Influenciável / Emudecer / Influenciável / Emudecer / Influenciável / Emudecer / Influenciável / Emudecer /
Influenciável / Emudecer / Influenciável / Emudecer / Influenciável / Emudecer / Influenciável / Emudecer /
Influenciável / Emudecer / Influenciável / Emudecer / Influenciável / Emudecer / Influenciável / Emudecer /
Influenciável / Emudecer / Influenciável / Emudecer / Influenciável / Emudecer / Influenciável / Emudecer /
Influenciável / Emudecer / Influenciável / Emudecer / Influenciável / Emudecer / Influenciável / Emudecer /
Influenciável / Emudecer / Influenciável / Emudecer / Influenciável / Emudecer / Influenciável / Emudecer /
Influenciável / Emudecer / Influenciável / Emudecer / Influenciável / Emudecer / Influenciável / Emudecer /
Influenciável / Emudecer / Influenciável / Emudecer / Influenciável / Emudecer / Influenciável / Emudecer /
Influenciável / Emudecer / Influenciável / Emudecer / Influenciável / Emudecer / Influenciável / Emudecer /
Influenciável / Emudecer / Influenciável / Emudecer / Influenciável / Emudecer / Influenciável / Emudecer /
Influenciável / Emudecer / Influenciável / Emudecer / Influenciável / Emudecer / Influenciável / Emudecer /
Influenciável / Emudecer / Influenciável / Emudecer / Influenciável / Emudecer / Influenciável / Emudecer /
Influenciável / Emudecer / Influenciável / Emudecer / Influenciável / Emudecer / Influenciável / Emudecer /
Influenciável / Emudecer / Influenciável / Emudecer / Influenciável / Emudecer / Influenciável / Emudecer /
Influenciável / Emudecer / Influenciável / Emudecer / Influenciável / Emudecer / Influenciável / Emudecer /
Influenciável / Emudecer / Influenciável / Emudecer / Influenciável / Emudecer / Influenciável / Emudecer /
Influenciável / Emudecer / Influenciável / Emudecer / Influenciável / Emudecer / Influenciável / Emudecer /
Influenciável / Emudecer / Influenciável / Emudecer / Influenciável / Emudecer / Influenciável / Emudecer /
Influenciável / Emudecer / Influenciável / Emudecer / Influenciável / Emudecer / Influenciável / Emudecer /
Influenciável / Emudecer / Influenciável / Emudecer / Influenciável / Emudecer / Influenciável / Emudecer /
Influenciável / Emudecer / Influenciável / Emudecer / Influenciável / Emudecer / Influenciável / Emudecer /
Influenciável / Emudecer / Influenciável / Emudecer / Influenciável / Emudecer / Influenciável / Emudecer /
Influenciável / Emudecer / Influenciável / Emudecer / Influenciável / Emudecer / Influenciável / Emudecer /
Influenciável / Emudecer / Influenciável / Emudecer / Influenciável / Emudecer / Influenciável / Emudecer /
Influenciável / Emudecer / Influenciável / Emudecer / Influenciável / Emudecer / Influenciável / Emudecer /
Influenciável / Emudecer / Influenciável / Emudecer / Influenciável / Emudecer / Influenciável / Emudecer /
Influenciável / Emudecer / Influenciável / Emudecer / Influenciável / Emudecer / Influenciável / Emudecer /
Influenciável / Emudecer / Influenciável / Emudecer / Influenciável / Emudecer / Influenciável / Emudecer /
Influenciável / Emudecer / Influenciável / Emudecer / Influenciável / Emudecer / Influenciável / Emudecer /
Influenciável / Emudecer / Influenciável / Emudecer / Influenciável / Emudecer / Influenciável / Emudecer /
Influenciável / Emudecer / Influenciável / Emudecer / Influenciável / Emudecer / Influenciável / Emudecer /
Influenciável / Emudecer / Influenciável / Emudecer / Influenciável / Emudecer / Influenciável / Emudecer /
Influenciável / Emudecer / Influenciável / Emudecer / Influenciável / Emudecer / Influenciável / Emudecer /
Influenciável / Emudecer / Influenciável / Emudecer / Influenciável / Emudecer / Influenciável / Emudecer /
Influenciável / Emudecer / Influenciável / Emudecer / Influenciável / Emudecer / Influenciável / Emudecer /
Influenciável / Emudecer / Influenciável / Emudecer / Influenciável / Emudecer / Influenciável / Emudecer /
Influenciável / Emudecer / Influenciável / Emudecer / Influenciável / Emudecer / Influenciável / Emudecer /
Influenciável / Emudecer / Influenciável / Emudecer / Influenciável / Emudecer / Influenciável / Emudecer /
Influenciável / Emudecer / Influenciável / Emudecer / Influenciável / Emudecer / Influenciável / Emudecer /
Influenciável / Emudecer / Influenciável / Emudecer / Influenciável / Emudecer / Influenciável / Emudecer /
Influenciável / Emudecer / Influenciável / Emudecer / Influenciável / Emudecer / Influenciável / Emudecer /
Influenciável / Emudecer / Influenciável / Emudecer / Influenciável / Emudecer / Influenciável / Emudecer /
Influenciável / Emudecer / Influenciável / Emudecer / Influenciável / Emudecer / Influenciável / Emudecer /
Influenciável / Emudecer / Influenciável / Emudecer / Influenciável / Emudecer / Influenciável / Emudecer /
Influenciável / Emudecer / Influenciável / Emudecer / Influenciável / Emudecer / Influenciável / Emudecer /
Influenciável / Emudecer / Influenciável / Emudecer / Influenciável / Emudecer / Influenciável / Emudecer /
Influenciável / Emudecer / Influenciável / Emudecer / Influenciável / Emudecer / Influenciável / Emudecer /
Influenciável / Emudecer / Influenciável / Emudecer / Influenciável / Emudecer / Influenciável / Emudecer /
Influenciável / Emudecer / Influenciável / Emudecer / Influenciável / Emudecer / Influenciável / Emudecer /
Influenciável / Emudecer / Influenciável / Emudecer / Influenciável / Emudecer / Influenciável / Emudecer /
Influenciável / Emudecer / Influenciável / Emudecer / Influenciável / Emudecer / Influenciável / Emudecer /

Em média, os americanos comem o equivalente a 21 mil animais inteiros ao longo de uma vida – um animal para cada caractere das últimas páginas.

Lam Hoi-ka

Brevig Mission é uma pequenina aldeia inuíte no estreito de Bering. O único funcionário do governo local empregado em tempo integral é um "administrador financeiro". Não há polícia nem corpo de bombeiros, não há funcionários de serviços públicos, não há processamento de lixo. Surpreendentemente, porém, há um serviço online para encontros amorosos. (Seria de se imaginar, porém, que, com apenas 276 cidadãos, todo mundo mais ou menos saberia quem está disponível.) Há duas mulheres e dois homens em busca do amor, o que poderia ser uma boa matemática, exceto pelo fato de que um dos homens – da última vez que conferi o site, pelo menos – não gosta de mulheres. Cutieguy1, um africano negro que se descreve como uma "gracinha de 1,62 m de altura", está em segundo lugar na lista das pessoas que você nunca imaginaria encontrar em Brevig. O prêmio vai para Johan Hultin, um sueco de 1,82 m, com abundante cabelo branco e uma barbicha branca bem aparada. Hultin chegou a Brevig em 19 de agosto de 1997, tendo contado a apenas uma pessoa a respeito de sua viagem. No mesmo instante, começou a cavar. Debaixo do gelo sólido, havia corpos. Ele escavava uma vala comum.

Bem fundo na terra permanentemente congelada, estavam as vítimas preservadas da pandemia de gripe de 1918. A única pessoa com quem Hultin compartilhou seus planos foi um outro cientista, Jeffery Taubenberger, que também buscava a origem da gripe de 1918.

A busca de Hultin pelos mortos de 1918 foi oportuna. Apenas uns poucos meses antes de sua chegada a Brevig Mission, um vírus tipo H5N1 das galinhas de Hong Kong aparentemente "saltou" para os humanos pela primeira vez – um evento de significado potencialmente histórico.

Lam Hoi-ka, de três anos, foi a primeira de seis pessoas a serem mortas por essa versão particularmente ameaçadora do vírus.

Sei o nome dele, e agora você também, porque, quando um vírus mortal salta de uma espécie a outra, abre-se uma janela através da qual uma nova pandemia pode ter início no mundo. Se as autoridades de saúde não tivessem agido como agiram (ou se nossa sorte tivesse sido pior), Lam Hoi-Ka poderia ter sido a morte número um numa pandemia global. Talvez ainda seja. Os inquietantes esforços do H5N1 não desapareceram do planeta, ainda que tenham desaparecido das manchetes americanas. A questão é se o vírus vai continuar a matar um número relativamente pequeno de pessoas ou se vai sofrer mutações e se transformar numa versão mais mortífera. Vírus como o H5N1 podem ser empreendedores ferozes, inovando constantemente, incansáveis em seu objetivo de corromper o sistema imunológico humano.

Com o potencial pesadelo do H5N1 assomando, Hultin e Taubenberger queriam saber o que tinha causado a pandemia de 1918. E por uma boa razão: a pandemia de 1918 matou mais gente e mais rápido do que qualquer outra doença – ou qualquer outra *coisa* – antes ou depois.

Influenza

A PANDEMIA DE 1918 TEM SIDO lembrada como "gripe espanhola" porque a imprensa espanhola foi a única em todo o Ocidente a cobrir de modo adequado seu número imenso de vítimas. (Alguns especulam que foi porque os espanhóis não estavam em guerra e sua imprensa não estava distorcida pela censura e pelas distrações dos tempos de guerra.) Apesar do nome, a gripe espanhola atacou o mundo inteiro – foi o que a tornou *pan*dêmica em vez de apenas *epi*dêmica. Não foi a primeira pandemia de influenza nem a mais recente (os anos 1957 e 1968 também viram pandemias), mas foi de longe a mais mortífera. Enquanto a AIDS levou cerca de 24 anos para matar 24 milhões de pessoas, a gripe espanhola matou o mesmo número em 24 semanas. Algumas revisões recentes do número de mortos sugerem que cinquenta milhões ou mesmo cem milhões de pessoas morreram no mundo todo. Estimativas sugerem que um quarto dos americanos e talvez um quarto do mundo inteiro adoeceram.

Ao contrário da maioria dos tipos de influenza que só ameaçam mortalmente os muito jovens, os muito velhos e os já doentes, a gripe espanhola matou gente saudável na flor da idade. A mortalidade foi, na verdade, mais alta no grupo etário de 25 a 29 anos, e, no auge da gripe, a expectativa média de vida dos americanos foi reduzida a 37 anos. A escala de sofrimento foi tão vasta nos Estados Unidos – como em todos os outros países –, que não consigo entender por que não aprendi mais a respeito na escola, em memoriais ou em histórias. No auge da gripe espanhola, o número de americanos mortos em uma semana chegou a vinte mil. Escavadeiras eram usadas para cavar valas comuns.

As autoridades da saúde hoje temem exatamente um evento como esse. Muitos insistem em que uma pandemia baseada no avanço do vírus H5N1 é inevitável e a pergunta verdadeira é quando ela vai atacar e, sobretudo, o quanto será severa.

Mesmo se o vírus H5N1 conseguir passar por nós sem mais impacto do que o recente surgimento da gripe suína, nenhuma autoridade de saúde hoje prevê que se possa prevenir uma pandemia por completo. O diretor geral da Organização Mundial de Saúde (OMS) disse apenas: "Sabemos que outra pandemia é inevitável... Ela está a caminho." Há pouco tempo, o Instituto de Medicina da Academia Nacional de Ciências acrescentou que uma pandemia é "não apenas inevitável, mas já devia até ter acontecido". A história recente registrou uma pandemia a cada 27 anos e meio, e já se passaram mais de quarenta desde a última. Os cientistas não têm como saber com certeza o futuro das doenças pandêmicas, mas têm como saber que a ameaça é iminente. E sabem.

Oficiais da OMS têm agora nas mãos a maior reunião de dados científicos jamais compilada sobre uma potencial nova pandemia de gripe. Então, é desanimador que essa instituição tão terno-e-gravata-e-longos-jalecos-brancos, tão por-favor-ninguém-entre-em-pânico tenha a seguinte lista de "coisas que você precisa saber sobre a influenza pandêmica" para as possíveis vítimas da doença, que são todas as pessoas:

O mundo talvez esteja à beira de outra pandemia.
Todos os países serão afetados.
O alcance da doença será amplo.
Os recursos médicos serão inadequados.
Um grande número de mortes ocorrerá.
A convulsão econômica e social será grande.

A OMS, que é relativamente conservadora, sugere "uma estimativa relativamente conservadora de 2 a 7,5 milhões de mortes" se a gripe aviária passar para os humanos e se tornar transmissível pelo ar (como a gripe suína – H1N1 – fez). "Essa estimativa", eles seguem explicando, "é baseada na pandemia comparativamente branda de 1957. Estimativas baseadas num vírus mais virulento, mais próximo do que se viu em 1918, foram feitas e são bem mais altas." Piedosa, a OMS não inclui essas estimativas mais altas na lista de "coisas que você precisa saber". Impiedosa, não tem condições de dizer que essas estimativas mais altas são menos realistas.

Hultin acabou descobrindo os restos de uma mulher entre os mortos congelados de 1918 e chamou-a de Lucy. Tirou os pulmões de Lucy e os enviou para Taubenberger, que recolheu amostras de tecido e encontrou provas de algo bastante notável. Os resultados, publicados em 2005, mostram que a origem da pandemia de 1918 foi a gripe aviária. Uma importante questão científica tinha sido respondida.

Outra prova sugere que o vírus de 1918 talvez tenha sofrido mutações nos porcos (que são os únicos suscetíveis tanto aos vírus humanos quanto aos aviários) ou até mesmo em populações humanas durante algum tempo até atingir a virulência mortal de sua versão final. Não podemos ter certeza. Mas podemos ter certeza de que há um consenso científico de que novos vírus, que transitam entre animais de fazenda e seres humanos, serão uma grande ameaça à saúde mundial no futuro próximo. A preocupação não é apenas com a gripe suína ou o-que-quer-que-venha-a-seguir, mas com toda a classe de patógenos "zoonóticos" (que transitam de animais para humanos e vice-versa) – sobretudo vírus que transitam entre humanos, galinhas, perus e porcos.

Também podemos ter certeza de que qualquer conversa sobre a influenza pandêmica, hoje, não pode ignorar o fato de que a mais devastadora doença que o mundo jamais conheceu, e uma das maiores ameaças de saúde que enfrentamos atualmente, tem tudo a ver com a saúde dos animais de criação, sobretudo das aves.

Todas as gripes

OUTRA FIGURA CENTRAL NA HISTÓRIA das pesquisas sobre influenza é um virologista chamado Robert Webster, que provou a origem aviária de todos os tipos de influenza humana. Chamou-a de "teoria do quintal", que supõe que "os vírus nas pandemias humanas recrutam alguns de seus genes dos vírus da gripe em aves domésticas".

Alguns anos depois da pandemia da "gripe de Hong Kong", em 1968 (cuja variante seguinte continua a causar vinte mil "mortes a mais" a cada ano nos Estados Unidos), Webster identificou o vírus responsável. Como ele havia previsto, tratava-se de um híbrido que havia incorporado aspectos de um vírus aviário encontrado num pato na Europa central. Hoje, as provas mais convincentes sugerem que a fonte aviária da pandemia de 1968 não é única: os cientistas agora argumentam que a principal fonte de todas as variações da gripe são aves aquáticas migratórias, como os patos e gansos que percorrem a Terra há mais de cem milhões de anos. A gripe, na verdade, diz respeito à nossa relação com as aves.

Aqui, é necessário um pouco de ciência básica. Como fonte original desses vírus, patos selvagens, gansos, andorinhas-do-mar e gaivotas abrigam todo o espectro de variações da gripe categorizado pela ciência contemporânea: do H1 ao recém-descoberto H16, do N1 ao N9. Aves domésticas também podem ser um grande reservatório de tais variantes. Nem as aves selvagens nem as domésticas ficam necessariamente doentes com esses vírus. Com frequência, são apenas portadoras, às vezes de um lado a outro do mundo, até os transmitirem através das fezes que caem em lagos, rios, tanques e, com frequência ainda maior, graças às técnicas industriais de processamento animal, diretamente pela comida que comemos.

Cada espécie de mamíferos é vulnerável a apenas alguns dos vírus transmitidos pelas aves. Os humanos, por exemplo, são tipicamente vulneráveis apenas aos vírus H1, H2 e H3, os porcos aos H1 e H3, e os cavalos ao H3 e ao H7. O *H* significa hemaglutinina, uma proteína em forma de espigão encontrada na superfície dos vírus da influenza e nomeada a partir de sua capacidade de "aglutinar" – ou seja, de formar grumos de hemácias. A hemaglutinina serve como uma espécie de ponte molecular, permitindo que o vírus passe para o interior das células da vítima como tropas inimigas atravessando uma ponte improvisada. A hemaglutinina consegue cumprir essa tarefa mortífera por sua notável habilidade de se prender a tipos específicos de estruturas moleculares, conhecidas como receptores, na superfície de células humanas e animais. O H1, o H2 e o H3 – os três tipos de hemaglutinina que em geral atacam os humanos – são especialistas em se prender a nosso sistema respiratório, e é por isso que a gripe começa com tanta frequência no trato respiratório humano.

O problema começa quando um vírus numa espécie começa a ficar inquieto e passa a demonstrar apreço por se misturar com os das outras espécies, como fez o H1N1 (combinando vírus de aves, porcos e humanos). No caso do H5N1, há temores de que a "criação" de um novo vírus altamente contagioso aos humanos aconteça em meio à população suína, já que os porcos são tanto suscetíveis às variantes que atacam aves quanto às que atacam humanos. Quando um único porco é infectado com dois tipos diferentes de vírus ao mesmo tempo, há a possibilidade de eles trocarem genes. O H1N1 causador da gripe suína parece ser resultado disso. O que preocupa é que esse intercâmbio de genes pode levar à criação de um vírus com a virulência da gripe aviária e o potencial de contágio da gripe comum.

Como esse novo cenário de doença surgiu? Até que ponto a moderna agricultura animal é responsável? Para responder a essas perguntas, precisamos saber de onde vêm as aves que comemos e por que o ambiente em que são criadas é perfeito para deixar não apenas as aves mas também nos deixar doentes.

A vida e a morte de uma ave

A SEGUNDA PROPRIEDADE RURAL que visitei com C estava organizada numa série de vinte galpões, cada um deles com 13 metros de largura por 150 de comprimento e abrigando um número aproximado de 33 mil aves. Eu não tinha uma fita métrica comigo e nem condições de fazer qualquer coisa semelhante a uma contagem de cabeças. Mas posso fornecer esses números com confiança porque tais dimensões são típicas na indústria aviária – embora alguns criadores estejam agora construindo galpões maiores: de até dezoito por 154 metros, abrigando cinquenta mil aves ou mais.

É difícil visualizar a magnitude de 33 mil aves num mesmo ambiente. Não precisa ver por si mesmo, nem sequer fazer as contas, para entender que as coisas por ali ficam bastante amontoadas. Em suas Normas para o Bem-Estar Animal, o National Chicken Council (Associação Nacional do Frango) indica a densidade de criação apropriada de oito décimos de um pé quadrado* por ave. É isso o que uma das principais organizações representantes dos produtores de frango considera bem-estar animal, o que nos mostra o quão completamente cooptadas as ideias do que seja bem-estar se tornaram – e por que não podemos confiar nos rótulos que vêm de todos os lugares, exceto de uma terceira fonte confiável.

Vale a pena parar aqui por um instante. Embora muitos animais vivam com bem menos, vamos partir do pressuposto de menos de um pé quadrado. Tente visualizar. (É improvável que algum dia você veja pessoalmente o interior de uma granja, mas há muitas imagens na internet se a sua imaginação precisar de ajuda.) Pegue um pedaço de folha A4 para impressora e imagine uma ave adulta, com formato semelhante ao de uma bola de fu-

---

* Equivale aproximadamente a 743 centímetros quadrados. Uma folha A4 mede 623,7 centímetros quadrados. (N. do R.T.)

tebol americano com patas, de pé sobre a folha de papel. Imagine 33 mil desses retângulos numa grade. (Frangos de corte nunca ficam em gaiolas e nunca em vários níveis.) Agora, coloque a grade dentro de paredes sem janelas, com um ventilador no teto. Insira nesse cenário sistemas de alimentação (guarnecida com drogas), água, aquecimento e ventilação. Isso é uma granja.

Agora, vamos à maneira como as coisas são feitas.

Primeiro, encontre uma galinha que cresça rápido com o mínimo de comida possível. Os músculos e tecidos de gordura dos frangos de corte projetados recentemente crescem bem mais do que seus ossos, levando a deformidades e doenças. Algo entre 1 e 4% dessas aves morrerão retorcendo-se em convulsões devido à síndrome da morte súbita, uma doença quase desconhecida fora das granjas de criação intensiva. Outra doença induzida por essas granjas industriais, em que o excesso de fluidos enche a cavidade corporal, a ascite, mata ainda mais (5% das aves do mundo). Três a cada quatro aves terão algum grau de defeito ao caminhar, e o senso comum sugere que sentem dor crônica. Uma a cada quatro terá tantos problemas ao caminhar que não há dúvidas de que sentirá dor.

Para os frangos de corte, deixe as luzes acesas cerca de 24 horas por dia durante a primeira semana de vida dos pintos, mais ou menos. Isso os encoraja a comer mais. Depois, apague as luzes um pouco, dando-lhes cerca de quatro horas de escuridão por dia – sono suficiente para que sobrevivam. É claro que as galinhas enlouquecem se forem obrigadas a viver em condições tão antinaturais por muito tempo – as luzes, o modo como ficam comprimidas e o fardo de seus corpos grotescos. Pelo menos, os frangos de corte em geral são abatidas no 42º dia de vida (ou, cada vez mais, no 39º), então ainda não estabeleceram hierarquias sociais pelas quais brigar.

Desnecessário dizer que aves comprimidas, deformadas, drogadas e com estresse demais num lugar fechado, imundo e forrado de excrementos não vivem em situação muito saudável. Além das deformidades, danos aos olhos, cegueira, sangramento interno, infecção bacteriana dos ossos, vértebras deslocadas, patas e pescoços tortos, doenças respiratórias e sistema imunológico enfraquecido são problemas frequentes e duradouros em granjas industriais. Estudos científicos e registros do governo sugerem que praticamente todas as galinhas (mais de 95%) acabam infectadas pela *E. coli* (um indicador de contaminação fecal), e entre 39 e 75% delas ainda continuarão infectadas na comercialização. Cerca de 8% das aves têm infecção por salmonela (menos do que anos atrás, quando pelo menos uma em cada quatro aves era infectada, o que ainda ocorre em algumas criações). Entre 70 e 90% são infectadas por outro patógeno potencialmente mortal, o campilobacter. Banhos de cloro são comumente usados para remover o muco, o odor e as bactérias.

Claro, os consumidores talvez percebam que o sabor de suas galinhas não anda muito bom – e como poderia um animal entupido de drogas, doente e contaminado por merda ter gosto bom? –, mas "caldos" e soluções salinas serão nelas injetados, colocados de algum modo, no interior de seus corpos, para deixá-los com o que passamos a considerar o aspecto, o cheiro e o gosto da galinha. (Um estudo recente da *Costumer Reports* descobriu que produtos feitos com carne de galinha e de peru, muitos deles rotulados como *naturais*, "continham de 10 a 30% de seu peso em caldo, condimentos ou água".)

Terminada a etapa da criação, é chegada a hora do "processamento".

Em primeiro lugar, você vai ter que encontrar empregados para colocar as aves em engradados e manter o ritmo da produção que irá transformar as aves vivas e íntegras em pedaços embrulhados com plástico. Precisará estar sempre procurando empregados, já que a taxa anual de rotatividade de pessoal excede 100%. (As entrevistas que fiz sugerem que fica em torno de 150%.) Dá-se preferência a imigrantes ilegais, mas imigrantes pobres que não falem inglês também são desejáveis. Pelos padrões da comunidade internacional, as condições de trabalho típicas dos abatedouros americanos constituem violação dos direitos humanos; para você, elas constituem uma forma crucial de produzir carne barata e alimentar o mundo. Pague a seus funcionários um salário mínimo, ou perto disso, para juntar as aves – segurando cinco em cada mão, de cabeça para baixo, pelas pernas – e amontoe-as em engradados para o transporte.

Se sua linha de produção funciona na velocidade adequada – 105 frangos postos em engradados por um único trabalhador em 3,5 minutos é a média esperada, segundo vários apanhadores que entrevistei –, as aves serão manipuladas sem cuidados e, como também me contaram, os trabalhadores com frequência sentem os ossos das aves se partindo em suas mãos. (Cerca de 30% de todas as aves vivas que chegam ao abatedouro têm ossos que acabaram de se partir, como resultado de sua genética de Frankenstein e do tratamento descuidado.) Nenhuma lei as protege, mas é claro que há leis sobre como você pode tratar os empregados, e esse tipo de trabalho tende a deixá-los com dores durante vários dias seguidos, então, mais uma vez, certifique-se de que as pessoas que contrata não terão condições de reclamar. Pessoas como "Maria", empregada de uma das maiores processadoras de frangos na Califórnia, com quem passei uma tarde. Depois de mais de quarenta anos de trabalho e cinco cirurgias devido a problemas físicos relacionados ao trabalho, Maria já não consegue usar as mãos nem para lavar pratos. Sente tanta dor o tempo inteiro que passa as noites com os braços mergulhados em água com gelo e, com frequência, não consegue dormir sem remédios. Recebe oito dólares por hora, e pediu que eu não usasse seu nome verdadeiro, com medo de represálias.

Coloque os caixotes em caminhões. Ignore extremos climáticos e não dê comida nem água às aves, mesmo que o abatedouro esteja a centenas de quilômetros dali. Ao chegar ao abatedouro, faça mais funcionários pegarem as aves, pendurá-las de cabeça para baixo pelas patas em grilhões de metal, colocando-as numa esteira transportadora. Mais ossos serão quebrados. Com frequência, os gritos das aves e o barulho de suas asas batendo serão tão fortes, que os trabalhadores não conseguirão escutar a pessoa que estiver a seu lado na linha de abate. Com frequência, as aves vão defecar de dor e pavor.

A esteira transportadora arrasta as aves por uma banheira de água eletrificada. Isso provavelmente as paralisa, mas não as torna insensíveis. Outros países, incluindo vários países europeus, requerem (legalmente, pelo menos) que as galinhas fiquem inconscientes ou sejam mortas antes da sangria e do escaldamento. Nos Estados Unidos, onde a interpretação do USDA da Lei dos Métodos Humanitários de Abate exclui o abate de aves, a voltagem é mantida baixa – cerca de um décimo do nível necessário para deixar os animais inconscientes. Depois de passar pelo banho, os olhos de uma ave paralisada talvez ainda se movam. Às vezes, elas terão suficiente controle do corpo para abrir devagar o bico, como se tentassem gritar.

O passo seguinte na linha de abate para a ave imobilizada-porém-consciente será um cortador automático de pescoço. A menos que as artérias principais não sejam atingidas, o sangue vai se esvair devagar. De acordo com outro trabalhador com o qual falei, isso acontece "o tempo todo". Então, mais alguns trabalhadores são necessários para atuar como reservas no abate – "matadores" – que cortam o pescoço das aves que a máquina não cortou. A menos que eles também não consigam cortá-los, o que, pelo que me falaram, acontece igualmente "o tempo todo". Segundo o National Chicken Council – representantes da indústria –, cerca de 180 milhões de galinhas são abatidas de modo inadequado a cada ano. Quando lhe perguntaram se esses números o incomodavam, Richard L. Lobb, o porta-voz do conselho, suspirou: "O processo termina em questão de minutos."

Falei com numerosos funcionários responsáveis por apanhar os frangos, pendurá-los e matá-los que descreveram aves vivas e conscientes indo para o tanque de escaldamento. (Estimativas do governo obtidas através da Lei da Liberdade de Informação sugerem que isso acontece com quatro milhões de aves a cada ano.) Já que fezes na pele e nas penas terminam nos tanques, as aves saem cheias de patógenos que podem ter inalado ou absorvido através da pele (a água quente dos tanques ajuda a abrir os poros).

Depois que as cabeças das aves são arrancadas e seus pés, removidos, máquinas as abrem com uma incisão vertical e removem suas entranhas. A contaminação com frequência acontece nessa etapa, já que as máquinas de alta velocidade comumente rasgam os intestinos das aves, liberando fezes para o interior da cavidade corporal. No passado, inspetores do USDA tinham que condenar qualquer ave com qualquer tipo de contaminação fecal. Mas, há cerca de trinta anos, a indústria aviária convenceu o USDA a reclassificar fezes para poder continuar usando esses evisceradores mecânicos. Outrora um agente perigoso de contaminação, as fezes agora são classificadas como "defeitos cosméticos". Como resultado, os inspetores condenam metade dos animais que condenariam. Talvez Lobb e o National Chicken Council apenas suspirem e digam: "As pessoas acabam por eliminar as fezes em questão de minutos."

Em seguida, as aves são inspecionadas por um oficial do USDA, cuja função aparentemente é manter o consumidor a salvo. O inspetor tem mais ou menos dois segundos para examinar cada ave por dentro e por fora, tanto a carcaça quanto os órgãos, em busca de mais de uma dúzia de diferentes doenças e anormalidades suspeitas. Ele, ou ela, inspeciona 25 mil aves por dia. O jornalista Scott Bronstein escreveu para o *Atlanta Journal-Constitution* uma série notável sobre a inspeção de aves, que devia ser leitura obrigatória para todo mundo que considera a hipótese de comer galinha. Ele entrevistou quase cem inspetores do USDA em 37 abatedouros. "A cada semana", relata, "milhões de galinhas com pus amarelo escorrendo, manchadas por fezes verdes, contaminadas por bactérias nocivas ou prejudicadas por infecções pulmonares e cardíacas, tumores cancerígenos ou problemas de pele são enviadas aos consumidores."

Em seguida, as galinhas vão para um imenso tanque refrigerado, onde milhares de aves são resfriadas, em conjunto, na água. Tom Devine, do Government Accountability Project (Projeto de Responsabilidade Governamental), disse que "a água nesses tanques foi apropriadamente chamada de 'sopa fecal', devido a toda a imundície e bactérias que flutuam ali. Ao imergir aves limpas e saudáveis no mesmo tanque com as sujas, você está praticamente assegurando a contaminação".

Enquanto um número significativo de processadores de aves europeus e canadenses empregam sistemas de resfriamento a ar, 99% dos produtores de aves nos Estados Unidos permanecem com seus sistemas de imersão e enfrentam processos tanto dos consumidores quanto da indústria da carne bovina para continuar com o uso antiquado do resfriamento pela água. Não é difícil descobrir por quê. O resfriamento a ar reduz o peso da carcaça, enquanto o resfriamento pela água a deixa encharcada (da mesma água conhecida como "sopa fecal"). Um estudo revelou que o mero ato de embalar as carcaças das galinhas em sacos plásticos durante o processo de resfriamento eliminaria a contaminação. Mas isso também eliminaria uma oportunidade para a indústria transformar água suja em peso adicional na comercialização das aves, num valor de dezenas de milhões de dólares.

Não faz muito tempo, havia um limite de 8%, estabelecido pelo USDA, de quanto líquido absorvido podia ser incluído no preço de carne ao consumidor antes que o governo tomasse uma atitude. Quando isso se tornou de conhecimento público, na década de 1990, houve um compreensível clamor. Os consumidores processaram a prática, que lhes parecia não apenas repulsiva mas uma adulteração. Os tribunais concluíram que a regra dos 8% era "arbitrária e extravagante".

Ironicamente, porém, a interpretação do USDA das determinações legais permitiu que a indústria de frangos fizesse suas próprias pesquisas para avaliar qual o percentual de carne que devia ser composto de água suja e clorada. (Esse é um resultado bastante comum quando se desafia a indústria do agronegócio.) Após consulta à indústria, a nova lei permite um pouco mais de *11%* de absorção de líquido (o percentual exato é indicado em letras miúdas na embalagem – dê uma olhada da próxima vez). Assim que a atenção do público se deslocou para outra direção, a indústria de aves distorceu em seu próprio benefício regulamentos que deveriam proteger os consumidores.

Os consumidores dos Estados Unidos doam agora milhões de dólares adicionais aos grandes produtores de aves, a cada ano, como resultado desse líquido adicionado. O USDA sabe e defende a prática. Afinal, os processadores de aves estão, como tantos criadores de granjas industriais gostam de dizer, apenas fazendo o melhor possível para "alimentar o mundo". (Ou, nesse caso, garantir sua hidratação.)

O que descrevi não é excepcional. Não é o resultado de trabalhadores masoquistas, de maquinário defeituoso ou de "maçãs podres". É a regra. Mais de 99% de todas as galinhas vendidas por sua carne nos Estados Unidos vivem e morrem desse jeito.

Em muitos aspectos, os sistemas de granjas industriais podem variar consideravelmente, por exemplo, no percentual de aves escaldadas vivas por acidente durante o processo, ou na quantidade de sopa fecal que seus corpos absorvem. Trata-se de diferenças significativas. Em outros aspectos, porém, granjas industriais – bem ou mal administradas, com animais criados soltos ou não – são basicamente as mesmas: todas as aves vêm de bandos genéticos frankensteinianos; todas são confinadas; nenhuma desfruta da brisa ou do calor do sol; nenhuma tem condições de dar vazão a todos os traços de comportamento característicos de sua espécie (em geral, não tem condições de dar vazão a nenhum deles), como fazer ninho, empoleirar-se, explorar seu ambiente e formar unidades sociais estáveis; as doenças são sempre em enorme quantidade; o sofrimento é sempre a regra; os animais são sempre apenas uma unidade, um peso; a morte é invariavelmente cruel. Essas similaridades importam mais do que as diferenças.

A vastidão da indústria aviária significa que, se há alguma coisa errada com o sistema, há alguma coisa terrivelmente errada com nosso mundo. Hoje, anualmente, seis bilhões de galinhas são criadas mais ou menos nessas condições na União Europeia, mais de nove bilhões, na América, e mais de sete bilhões, na China. A população da Índia, superior a um bilhão, consome muito pouca carne de frango *per capita*, mas o total ainda soma um bilhão de aves criadas em granjas industriais por ano, e esse número está aumentando, assim como na China, a taxas agressivas e globalmente significativas (com frequência o dobro do crescimento da indústria aviária nos Estados Unidos, que aumenta rapidamente). No total, são cinquenta bilhões de aves em granjas industriais no mundo, e o número está aumentando. Se a Índia e a China em algum momento começarem a consumir frangos nos níveis em que os Estados Unidos os consomem, isso elevaria a mais do que o dobro esse número já estarrecedor.

Cinquenta bilhões. A cada ano, cinquenta bilhões de aves são obrigadas a viver e morrer desse jeito. Não se pode subestimar o quão revolucionária e relativamente nova é essa realidade – o número de aves criadas em granjas industriais era zero antes da experiência de Celia Steele em 1929. E não estamos apenas criando galinhas de um jeito diferente; estamos comendo mais galinhas: os americanos comem 150 vezes mais aves do que comiam há apenas oitenta anos.

Outra coisa que poderíamos dizer sobre esses cinquenta bilhões é que são calculados com a maior meticulosidade. Os estatísticos que geram a cifra de nove bilhões nos Estados Unidos a decompõem por mês, por estado e pelo peso da ave, e a comparam – todos os meses, sem exceção – ao número de aves abatidas um ano antes. Esses números são estudados, debatidos, projetados e praticamente reverenciados como objeto de culto pela indústria. Não são meros dados, mas o anúncio de uma vitória.

Influência

De modo bastante semelhante ao vírus a que dá nome, a palavra *influenza* chega a nós através de uma mutação. A palavra foi usada pela primeira vez em italiano e, na origem, se referia à influência das estrelas – isto é, influências astrais e ocultas que teriam sido sentidas por muita gente ao mesmo tempo. No século XVI, porém, a palavra começou a se misturar com significados de outras palavras e passou a se referir a gripes epidêmicas e pandêmicas que atacam simultaneamente (como se fossem resultado de algum desígnio malévolo).

Pelo menos em termos etimológicos, quando falamos de influenza, estamos falando das influências que moldaram o mundo em toda a parte ao mesmo tempo. Os vírus atuais da gripe aviária, da gripe suína ou os da gripe espanhola de 1918 não são a verdadeira influenza – não a influência subjacente –, mas apenas seu sintoma.

Poucos de nós ainda acreditam que as pandemias são criação de forças ocultas. Será que devemos considerar a contribuição de cinquenta bilhões de aves adoentadas e drogadas – primordial de todos os vírus dessas gripes – uma influência subjacente que impulsiona a criação de novos patógenos que atacam os humanos? E quanto aos quinhentos milhões de porcos com sistema imunológico comprometido, mantidos em confinamento?

Em 2004, um grupo de especialistas mundiais em doenças zoonóticas emergentes se reuniu para discutir as possíveis relações entre todos esses animais de criação, comprometidos e doentes, e as explosões pandêmicas. Antes de falarmos de suas conclusões, ajuda pensar nos novos patógenos como dois tipos relacionados, porém distintos, de preocupações relativas à saúde pública. A primeira preocupação é mais geral, sobre a relação entre criações industriais e *todos os tipos* de patógenos, como novas variedades de campilobacter, salmonela ou *E. coli*. A segunda preocupação de saúde pública é mais específica: os humanos estão favorecendo as condições para a criação do superpatógeno de todos os superpatógenos: um vírus híbrido, que poderia provocar mais ou menos uma repetição da gripe espanhola de 1918. Essas duas preocupações estão intimamente relacionadas.

Não é possível rastrear todos os casos de doenças transmitidas por alimentos, mas, quando conhecemos a origem, ou "veículo de transmissão", em sua esmagadora maioria é um produto animal. Segundo os US Centers for Disease Control (CDC – Centros para o Controle de Doenças dos Estados Unidos), as aves são de longe a maior causa. De acordo com um estudo publicado na *Consumer Reports,* 83% de toda a carne de frango (incluindo marcas sem antibióticos e orgânicas) estão infectados por campilobacter ou por salmonela no momento da compra.

Não tenho certeza dos motivos pelos quais os consumidores não estão conscientes (e com raiva) das taxas de doenças evitáveis, transmitidas pelos alimentos. Talvez não pareça óbvio que algo esteja errado simplesmente porque, se acontece o tempo todo, como a carne ficar infectada por patógenos (sobretudo de frango), tende a desaparecer gradualmente, reduzindo-se a um pano de fundo.

De todo modo, se você sabe o que procurar, o problema do patógeno entra em foco de modo terrível. Por exemplo, da próxima vez que um amigo tiver uma súbita "gripe" – que muitas vezes é descrita como "gripe estomacal" –, faça algumas perguntas. Seria a doença de seu amigo uma daquelas "gripes de 24 horas" que vêm e vão rapidamente, com vômito ou diarreia seguidos de alívio? O diagnóstico não é tão simples assim, mas a resposta a essa pergunta é sim, seu amigo provavelmente nem chegou a ter uma gripe – provavelmente estava entre os 76 milhões de casos de doenças transmitidas por alimentos que os CDC estimam ocorrerem nos Estados Unidos a cada ano. Seu amigo não "pegou uma doença"; é mais provável que "tenha comido" uma doença. E tudo indica que essa doença foi gerada nas criações industriais.

Para além do número direto de doenças relacionadas à indústria da carne, sabemos que as criações industriais estão contribuindo para o crescimento de patógenos resistentes a antimicrobianos, simplesmente porque consomem tantos antimicrobianos. Precisamos ir a um médico para que ele nos receite antibióticos e outros antimicrobianos. Trata-se de uma medida de saúde pública para limitar o uso de tais drogas pelos humanos. Aceitamos esse inconveniente por causa de sua importância médica. Os micróbios acabam se adaptando aos antimicrobianos, e queremos garantir que pessoas realmente doentes sejam aquelas que se beneficiam do número finito de usos que qualquer medicamento terá antes que os micróbios aprendam a sobreviver a ele.

Numa típica criação industrial, os animais ingerem drogas em todas as refeições. Mas, em granjas, como expliquei antes, eles praticamente precisam ingerir. A indústria viu o problema desde o início, mas, em vez de aceitar animais menos produtivos, compensou a imunidade comprometida com aditivos nos alimentos.

Em resultado, os animais de criações industriais recebem antibióticos em caráter não terapêutico (isto é, antes de ficar doentes). Nos Estados Unidos, mais de 1,3 milhão de quilos de antibióticos são ministrados aos humanos por ano, mas a gritante cifra de sete milhões e setecentos mil é dada aos animais de corte – pelo menos, é o que diz a indústria. A Union of Concerned Scientists (UCS, União dos Cientistas Preocupados) mostrou que a indústria animal relata pelo menos 40% a menos do que o número de antibióticos que usa de fato e calculou que quase onze mil toneladas de antibióticos são administrados a frangos, porcos e outros animais de corte, contando só os usos *não terapêuticos*. Calculou também que quase seis mil toneladas desses antimicrobianos seriam hoje ilegais nos Estados Unidos.

As implicações de se criarem patógenos resistentes às drogas são bastante diretas. Estudos vêm demonstrando, um após outro, que a resistência aos antimicrobianos segue bem de perto a introdução de novas drogas em fazendas e granjas de criação intensiva. Por exemplo, em 1995, quando a FDA (Food and Drug Administration) aprovou as fluoroquinolonas – como Cipro – para uso em galinhas, contra os protestos dos Centros para Controle de Doenças, o percentual de bactérias resistentes a essa nova e poderosa classe de antibióticos subiu de quase zero a 18% em 2002. Um estudo mais amplo no *New England Journal of Medicine* mostrou que a resistência aos antimicrobianos aumentou oito vezes entre 1992 e 1997, e, usando a classificação molecular em subtipos, ligou esse aumento ao uso de antimicrobianos em galinhas de granjas industriais.

Ainda no fim dos anos 1960, os cientistas advertiram contra o uso não terapêutico de antibióticos em animais de criação industrial. Hoje, instituições tão variadas quanto a American Medical Association, os CDC, o Instituto de Medicina (divisão da Academia Nacional de Ciências) e a Organização Mundial de Saúde relacionaram o uso não terapêutico de antibióticos em criações industriais com o aumento da resistência antimicrobiana e pediram sua proibição. Ainda assim, a indústria de criação intensiva se opôs com sucesso a essa proibição nos Estados Unidos. E, o que não surpreende, a proibição limitada em outros países é apenas uma solução limitada.

Há uma razão gritante pela qual a necessária proibição do uso não terapêutico de antibióticos ainda não aconteceu: a indústria animal (em aliança com a indústria farmacêutica) hoje tem mais poder do que os profissionais de saúde pública. E a fonte de seu imenso poder não é obscura. Nós lhes conferimos esse poder. Escolhemos, de modo inconsciente, custeá-la numa escala maciça, comendo produtos animais de criações industriais (e a água vendida como produto animal). E fazemos isso todos os dias.

As mesmas condições que levam 76 milhões de americanos a ficarem anualmente doentes com sua comida e promovem resistência antimicrobiana também contribuem para o risco de uma pandemia. Isso nos leva de volta à notável assembleia de 2004, em que a Organização das Nações Unidas para a Agricultura e a Alimentação, a Organização Mundial de Saúde e a Organização Mundial de Saúde Animal (OIE) juntaram suas tremendas forças para avaliar as informações disponíveis sobre "doenças zoonóticas emergentes". Na época da assembleia, o H5N1 e a SARS (Síndrome Respiratória Aguda Severa) encabeçavam a lista das temidas doenças zoonóticas emergentes. Hoje, o H1N1 seria o patógeno inimigo número um.

Os cientistas distinguiram entre "fatores primários de risco" para doenças zoonóticas e meros "fatores de amplificação de risco", que apenas aumentam a taxa com que uma doença se espalha. Seus exemplos paradigmáticos de fatores primários de risco eram "mudança para padrões de produção animal ou de consumo". Que mudanças específicas na agricultura e no consumo eles tinham em mente? Em primeiro lugar, numa lista de quatro fatores principais de risco, estava "a crescente demanda por proteína animal", o que é um jeito muito elegante de dizer que a demanda por carne, ovos e laticínios é um "fator primário", influenciando as doenças zoonóticas emergentes.

Essa demanda por produtos animais, continua o relatório, leva a "mudanças nas práticas de criação". Para que não façamos nenhuma confusão sobre as "mudanças" que são relevantes, as criações industriais são destacadas.

Conclusões similares foram tiradas pelo Conselho para a Ciência e a Tecnologia no Campo (Council for Agricultural Science and Technology), que reuniu especialistas da indústria e especialistas da OMS, OIE e USDA. Seu relatório de 2005 argumentou que um dos grandes impactos da criação intensiva é "a rápida seleção e amplificação de patógenos que surgem de um ancestral virulento (com frequência, através de sutis mutações), havendo assim um risco crescente para o aparecimento e/ou disseminação de doenças". A criação de aves geneticamente uniformes e propensas a doenças sob condições de superpopulação, estresse, ambientes infestados de fezes e artificialmente iluminados promove o crescimento e a mutação de patógenos. O "custo da eficiência crescente", conclui o relatório, é o aumento do risco global de doenças. Nossa escolha é simples: galinha barata ou saúde.

Hoje, o elo entre as criações industriais e as pandemias não poderia ser mais claro. O ancestral primário da onda recente de gripe suína, causada pelo H1N1, se originou numa criação de porcos no estado americano mais rico em suinocultura, a Carolina do Norte, e depois se espalhou rapidamente pelas Américas. Foi nessas criações industriais que os cientistas viram, pela primeira vez, vírus que combinavam material genético de vírus de aves, porcos e humanos. Cientistas das universidades de Columbia e Princeton chegaram a conseguir rastrear seis dos oito segmentos genéticos dos vírus (atualmente) mais temidos do mundo até as propriedades de criação industrial nos Estados Unidos.

Talvez no fundo já saibamos, sem toda a ciência que acabo de discutir, que algo terrivelmente errado está acontecendo. Nosso sustento vem agora da infelicidade. Sabemos que, se alguém oferecer nos mostrar um filme sobre como nossa carne é produzida, será um filme de horror. Talvez saibamos mais do que queremos admitir, guardando o que sabemos nos cantos escuros de nossa memória – rejeitado. Quando comemos carne de criações industriais, estamos vivendo literalmente de carne torturada, e essa carne torturada está se tornando a nossa própria carne.

Mais influências

PARA ALÉM DA INFLUÊNCIA INSALUBRE que a nossa demanda por carne vinda de fazendas e granjas industriais tem na área das doenças transmissíveis e provenientes da alimentação, poderíamos citar muitas outras influências sobre a saúde pública: da mais óbvia e agora largamente reconhecida relação entre os maiores assassinos do mundo (doenças cardíacas, número um; câncer, número dois, e acidente vascular cerebral, número três) e o consumo de carne até a muito menos óbvia influência deturpadora da indústria da carne sobre as informações que recebemos do governo e dos profissionais de medicina acerca da nutrição.

Em 1917, enquanto a Primeira Guerra Mundial devastava a Europa e pouco antes que a gripe espanhola devastasse o mundo, um grupo de mulheres, em parte motivadas a fazer o máximo uso dos recursos alimentares dos Estados Unidos durante a guerra, fundou o que é agora o primeiro grupo de profissionais de alimentação e nutrição, a American Dietetic Association (ADA, Associação Dietética Americana). Desde os anos 1990, a ADA vem divulgando o que se tornou o resumo padrão do que sabemos com absoluta certeza do quão saudável é a dieta vegetariana. A ADA adota uma postura conservadora, deixando de fora muitos benefícios à saúde atribuíveis à redução do consumo de produtos animais. Eis três afirmações-chave do resumo de literatura científica relevante. Número um:

> Dietas vegetarianas bem planejadas são apropriadas a todos os indivíduos, durante todas as fases da vida, incluindo gravidez, lactação, infância e adolescência, e para os atletas.

Número dois:

> Dietas vegetarianas tendem a ser mais baixas em gordura saturada e colesterol e a ter níveis mais altos de fibras, magnésio e potássio, vitaminas C e E, folato, carotenoides, flavonoides e outros fitoquímicos.

Em outras partes, o relatório nota que vegetarianos e veganos (incluindo os atletas) "alcançam e ultrapassam suas necessidades" de proteína. E, para tornar ainda mais inútil a ideia de que devíamos-nos-preocupar-em-comer-proteína-o-bastante-e-portanto-comer-carne, outros dados sugerem que proteína animal em excesso está relacionada à osteoporose, às doenças renais, a pedras no trato urinário e a alguns tipos de câncer. Apesar de certa confusão persistente, está claro que os vegetarianos e veganos tendem a ter um melhor consumo de proteína do que os onívoros.

Por fim, temos a novidade que é realmente importante, baseada não em especulação (por mais fundamentada em ciência básica que essa especulação possa ser), mas no padrão definitivo e áureo da pesquisa nutricional: estudos em populações humanas.

Número três:

> Dietas vegetarianas são com frequência associadas a várias vantagens para a saúde, incluindo níveis mais baixos de colesterol no sangue, risco mais baixo de doenças cardíacas [que, por si sós, representam mais de 25% das mortes anuais no país], níveis mais baixos de pressão sanguínea, risco mais baixo de hipertensão e diabetes do tipo dois. Vegetarianos tendem a ter um menor índice de massa corporal (IMC) [ou seja, não são tão gordos] e menores taxas gerais de câncer [o câncer é responsável por quase outros 25% de todas as mortes anuais no país].

Não acho que a saúde individual seja necessariamente uma razão para que alguém se torne vegetariano. Mas, com certeza, se parar de comer animais fosse ruim para a saúde, essa poderia ser uma razão para não ser vegetariano. Com certeza, seria um motivo para que eu desse animais para meu filho comer.

Conversei com vários dos principais nutricionistas americanos a respeito – referindo-me tanto a adultos quanto a crianças – e ouvi a mesma coisa, todas as vezes: o vegetarianismo é uma dieta no mínimo tão saudável quanto uma dieta que inclua carne.

Se, às vezes, é difícil acreditar que evitando produtos animais vai ser mais fácil comer de modo saudável, há uma razão para isso: ouvimos o tempo todo mentiras sobre nutrição. Vou ser preciso. Quando digo que ouvimos mentiras, não estou impugnando a literatura científica, mas me baseando nela. O que o público fica sabendo dos dados científicos sobre nutrição e saúde (sobretudo das diretrizes nutricionais do governo) chega até nós depois de passar por várias mãos. Desde o desenvolvimento da própria ciência, os produtores de carne têm garantido sua presença entre aqueles que influenciam como as informações nutricionais serão apresentadas a gente como você e eu.

Considere, por exemplo, o National Dairy Council (NDC, Conselho Nacional de Laticínios), o braço de marketing da Dairy Management Inc., indústria cujo único propósito, de acordo com seu website, é "promover o aumento das vendas e a demanda por laticínios americanos". O NDC incentiva o consumo de laticínios sem se preocupar com as consequências negativas para a saúde pública e chega a colocar na praça laticínios para populações incapazes de digeri-los. Como é uma cooperativa, o comportamento do NDC é pelo menos compreensível. O difícil de compreender é por que educadores e governo vêm, desde os anos 1950, permitindo que o NDC se torne praticamente o maior e mais importante fornecedor de material educacional sobre nutrição no país. Pior do que isso, nossas atuais normas "nutricionais" federais vêm do mesmo exato departamento governamental que deu tanto duro para transformar as criações industriais em norma nos Estados Unidos, o USDA.

O USDA tem o monopólio do espaço de propaganda mais importante da nação – aqueles espaços de informações nutricionais que encontramos nas embalagens de quase tudo o que comemos. Fundado no mesmo ano em que a ADA abriu seus escritórios, o USDA foi encarregado de fornecer informações nutricionais à nação e, em última instância, de criar políticas que serviriam à saúde pública. Ao mesmo tempo, contudo, o USDA estava encarregado de promover a indústria animal.

O conflito de interesses não é sutil: nosso país recebe suas informações nutricionais, endossadas em nível federal, de uma agência que deve apoiar a indústria de alimentos, o que hoje em dia significa apoiar as criações industriais. Os detalhes da desinformação que goteja em nossas vidas (como as preocupações com "proteína suficiente") seguem naturalmente esse fato. Autores como Marion Nestle refletiram em minúcias sobre eles. Como especialista de saúde pública, Nestle trabalhou amplamente com o governo, participando do "The Surgeon General's Report on Nutrition and Health", e com décadas de interação com a indústria de alimentos. Em muitos sentidos, suas conclusões são banais, confirmando o que já esperávamos, mas a perspectiva interna que ela traz conferiu uma nova clareza ao quadro sobre quanta influência a indústria de alimentos – sobretudo a pecuária – tem sobre as políticas nacionais de nutrição. Ela argumenta que as companhias de alimentos, assim como as companhias de cigarros (analogia dela), dirão e farão qualquer coisa para vender seus produtos. Fazem "lobby no Congresso para eliminar regulamentos considerados desfavoráveis; pressionam agências reguladoras federais para não fazer cumprir esses regulamentos e, quando não gostam das decisões do governo, abrem processos. Como as companhias de cigarros, essas empresas cooptam profissionais de alimentação e nutrição, apoiando organizações profissionais e pesquisas e expandindo suas vendas com propaganda direcionadas às crianças". Com relação às recomendações do governo americano, que tendem a encorajar o consumo de laticínios em nome da prevenção da osteoporose, Nestle observa que, nas partes do mundo onde o leite não é um alimento básico da dieta, em geral as pessoas têm menos osteoporose e fraturas ósseas do que os americanos. As taxas mais altas de osteoporose são observadas nos países onde mais se consomem laticínios.

Num exemplo gritante da influência da indústria de alimentos, Nestle argumenta que o USDA tem hoje uma política informal de evitar dizer que deveríamos "comer menos" qualquer alimento que seja, independentemente do quão prejudicial seu impacto sobre a saúde possa ser. Assim, em vez de dizer "comam menos carne" (o que poderia ajudar), eles nos recomendam "manter a ingestão de gordura em menos de 30% do total de calorias" (o que é obscuro, para dizer o mínimo). A instituição que designamos para nos dizer quando os alimentos são perigosos tem uma política de não nos dizer (diretamente) quando os alimentos (sobretudo se forem produtos animais) são perigosos.

Deixamos a indústria moldar a política nutricional nacional, que influencia tudo, desde quais alimentos são colocados no setor de comida saudável do supermercado local até o que os nossos filhos comem na escola. No Programa Nacional de Almoço na Escola, por exemplo, mais de meio bilhão de dólares dos nossos impostos vão para o setor de laticínios, carne bovina, ovos e carne de aves para que forneçam produtos animais às crianças, apesar do fato de as informações nutricionais sugerirem que devíamos reduzir esses alimentos em nossa dieta. Enquanto isso, modestos 161 milhões de dólares vão para a compra de frutas, verduras e legumes, que até o USDA admite que deveríamos comer mais. Será que não faria mais sentido (e não seria mais ético) se os Institutos Nacionais de Saúde (National Health Institutes) – organizações especializadas em saúde humana e sem nada a ganhar além disso – tivessem essa responsabilidade?

As implicações globais do crescimento das propriedades de criação industrial de animais, sobretudo diante do problema das doenças transmitidas pelos alimentos, da resistência aos antimicrobianos e das pandemias potenciais, são genuinamente aterrorizantes. As indústrias de aves da Índia e da China cresceram algo entre 5 e 13% ao ano desde a década de 1980. Se a Índia e a China começassem a comer aves na mesma quantidade que os americanos (27 a 28 aves por ano), consumiriam *sozinhas* o mesmo número de galinhas que o mundo inteiro consome hoje. Se o mundo seguisse os passos dos Estados Unidos, consumiria mais de 165 bilhões de galinhas por ano (mesmo que a população mundial não aumentasse). E depois? Duzentos bilhões? Quinhentos? Será que as gaiolas serão empilhadas em mais andares ou diminuirão de tamanho ou as duas coisas? Em que data vamos aceitar a perda dos antibióticos como ferramenta para evitar o sofrimento humano? Quantos dias por semana nossos netos ficarão doentes? Onde é que isso acaba?

Pedaços do pa
raíso/mon
es de merda

Quase um terço da superfície terrestre
do planeta é dedicado aos rebanhos.

1.

Ha ha, snif snif

A PARADISE LOCKER MEATS costumava ficar um pouco mais perto do Lago Smithville, no noroeste do estado de Missouri. Suas instalações originais pegaram fogo em 2002, quando um incêndio teve início num processo de defumação de carne de porco que deu errado. Nas novas instalações, há uma pintura da antiga fábrica, com a imagem de uma vaca correndo. É o retrato de um fato real. Quatro anos antes do incêndio, no verão de 1998, uma vaca fugiu do matadouro. Correu quilômetros – o que, se a história acabasse ali, já seria suficientemente notável para justificar que fosse contada. Mas aquela era uma vaca especial. Conseguiu atravessar estradas, pular ou ignorar cercas e iludir os fazendeiros que procuravam por ela. E, quando chegou à margem do Smithville, não testou a água, não pensou duas vezes e não olhou para trás. Tentou nadar até um local seguro – a segunda etapa de seu triátlon, fosse ele qual fosse. No mínimo, ela parecia saber *do que* estava fugindo. Mario Fantasma – o dono da Paradise Locker Meats – recebeu o telefonema de um amigo que viu a vaca mergulhar. A fuga acabou por fim, quando Mario a alcançou do outro lado do lago. *Boom, boom,* cortinas. Se tudo isso é uma comédia ou uma tragédia, depende de quem você considera herói.

Fiquei sabendo dessa história através de Patrick Martins, cofundador da Heritage Foods (um distribuidor de "buleques de carnes"), que me colocou em contato com Mario. "É impressionante quanta gente torcia para que ela conseguisse escapar", Patrick escreveu a respeito do episódio em seu blog. "Sinto-me cem por cento confortável comendo carne, mas, ainda assim, há uma parte de mim que quer escutar a notícia de que um porco fugiu e talvez até tenha passado a viver na floresta a fim de começar uma colônia de porcos selvagens e livres." Para Patrick, a história tem dois heróis e é, ao mesmo tempo, uma comédia e uma tragédia.

Se Fantasma soa como um nome inventado, é porque é mesmo. O pai de Mario foi deixado na soleira de uma porta na Calábria, Itália. A família ficou com o bebê e lhe deu o sobrenome de "Fantasma".

Quando o vemos em pessoa, não há nada remotamente espectral em Mario. Tem uma presença física imponente – "pescoço grosso e peças de presunto no lugar de braços" é como Patrick o descreve – e fala de um modo direto, em voz alta. É o tipo de pessoa capaz de acordar, por acidente, bebês dormindo. Achei sua forma de ser bastante agradável, sobretudo diante do silêncio e evasivas que encontrei em todos os outros donos de matadouro com quem falei (ou tentei falar).

Segunda e terça são dias de abate na Paradise. Quarta e quinta são dias de cortar e embalar, e sexta é o dia em que os moradores locais têm seus animais abatidos e/ou cortados a pedidos. (Mario me disse: "Num período de duas semanas, durante a temporada de caça, recebemos algo entre quinhentos e oitocentos cervos. Fica uma loucura.") Hoje é uma terça. Paro numa vaga, desligo o carro e escuto guinchos.

A frente da Paradise se abre para uma pequena área de vendas, forrada de geladeiras contendo alguns produtos que já comi (bacon, filé), outros que nunca comi sabendo que estava comendo (sangue, nariz) e outros que não consigo identificar. No alto, nas paredes, há animais empalhados: duas cabeças de cervos, uma cabeça de boi *longhorn*, um carneiro, peixes, numerosos pares de chifres. Mais abaixo, há bilhetes escritos com lápis cera por crianças de escolas do ensino básico: "Muito obrigado pelos olhos de porco. Eu me diverti, dissecando-os e aprendendo as diferentes partes do olho!" "Eles eram meio grudentos, mas eu me diverti muito!" "Obrigado pelos olhos!" Junto à caixa registradora há um suporte para cartões de visita, anunciando meia dúzia de empalhadores e uma massagista sueca.

A Paradise Locker Meats é um dos últimos bastiões dos matadouros independentes no Meio-Oeste, e é um presente dos céus para a comunidade de criadores locais. Grandes organizações compraram e fecharam quase todos os matadouros independentes, obrigando os criadores a entrar para seu sistema. O resultado é que clientes menores – proprietários ainda fora do sistema de criação industrial – têm que pagar uma taxa para que a carne que produzem seja processada (se o matadouro vier a recebê-los, o que é sempre incerto), e mal podem dizer uma palavra sobre como querem que seus animais sejam tratados.

Durante a temporada de caça, a Paradise recebe telefonemas de vizinhos a todas as horas do dia. Sua loja oferece coisas não mais disponíveis nos supermercados, como cortes de carne com osso, cortes de carne feitos por encomenda, um defumador. Também serviu como posto de votação durante as eleições locais. A Paradise é conhecida por sua limpeza, sua perícia no corte e sua sensibilidade às questões relacionadas ao bem-estar animal. É, resumindo, a coisa mais próxima que eu poderia esperar encontrar de um matadouro "ideal" e que não representa, em termos estatísticos, uma literal carnificina. Tentar imaginar como é o abate veloz e em escala industrial visitando a Paradise seria como tentar avaliar a eficiência do uso de combustível de um Hummer olhando para alguém que anda de bicicleta (ambos são, afinal, meios de transporte).

Há várias áreas no interior das instalações – a loja, o escritório, dois frigoríficos, uma sala de defumação, uma sala de açougue, um cercado nos fundos para os animais que aguardam o abate –, mas todo o processo real do abate e do desmembramento inicial ocorre num salão de teto alto. Mario me vestiu com um jaleco branco de papel e uma touca antes de me conduzir pelas portas de vaivém. Levantando a mão grossa para indicar a outra extremidade do salão de abate, ele começou a explicar os métodos de sua escolha: "Aquele sujeito lá traz o porco. Usa um insensibilizador [uma arma que deixa o animal rapidamente inconsciente]. Uma vez inconsciente, nós o suspendemos e sangramos. Nosso objetivo, o que temos que fazer de acordo com os Métodos Humanitários [de Abate], é que o animal tem que cair e não pode estar piscando os olhos. Tem que estar fora de cena."

Ao contrário dos grandes abatedouros industriais, onde há uma linha de desmonte incessante, os porcos da Paradise são processados um de cada vez. A companhia não contrata apenas funcionários que dificilmente ficarão em seus empregos por um ano; o filho de Mario é um dos que trabalham no abate. Os porcos são trazidos dos cercados semiabertos nos fundos até uma pista inclinada e forrada de borracha que dá no salão de abate. Assim que um porco entra, uma porta se fecha atrás dele, de modo que os porcos que aguardam não conseguem ver o que está acontecendo. Isso faz sentido não apenas de uma perspectiva humanitária, mas de uma perspectiva de busca de eficiência: será difícil, se não perigoso, lidar com um porco que teme a morte – ou o que quer que o deixe em pânico. E sabe-se que o estresse afeta negativamente a qualidade da carne do porco.

Na outra extremidade do salão de abate, há duas portas, uma para os funcionários e outra para os porcos, que se abre para o cercado nos fundos do abatedouro. É um pouco difícil ver as portas, pois essa área fica em parte coberta por uma parede. No canto mais escuro, fica uma imensa máquina que segura temporariamente o porco no lugar quando o animal entra e permite que o "operador do insensibilizador" dispare a descarga no alto de sua cabeça, deixando-o inconsciente no mesmo instante. Ninguém está disposto a me dar uma explicação de por que essa máquina e seu funcionamento estão escondidos dos olhos de todos, exceto os do operador, mas é fácil fazer suposições. Sem dúvida, parte disso tem a ver com permitir que os trabalhadores sigam executando suas tarefas sem ser constantemente lembrados de que suas tarefas são o desmembramento de seres até pouco tempo vivos. Quando um porco entra em seu campo de visão, ele ou ela já é uma *coisa.*

A linha de abate bloqueada também impede que o inspetor do USDA, Doc, veja o abate. Isso parece problemático, assim como sua responsabilidade de inspecionar o animal vivo em busca de doenças ou defeitos que o tornem inadequado ao consumo humano. Também – e isso é um grande também, se por acaso você for um porco – é função dele e de mais ninguém garantir que o abate seja humanitário. De acordo com Dave Carney, ex-inspetor do USDA e presidente do National Joint Council of Food Inspection

Locals: "Da maneira como as instalações são dispostas, a inspeção da carne fica bem adiante na linha. Muitas vezes, os inspetores nem conseguem monitorar a área de abate quando tentam detectar doenças e anormalidades nas carcaças que passam velozes." Um inspetor em Indiana ecoou essas palavras: "Não estamos em posição de ver o que acontece. Em várias instalações, a área de abate fica escondida do resto, atrás de uma parede. Sim, nós deveríamos monitorar o abate. Mas como você pode monitorar algo, se não tem permissão para sair de seu posto e ver o que está acontecendo?"

Pergunto a Mario se o insensibilizador sempre funciona direito.

"Acho que conseguimos derrubá-los com o primeiro choque em cerca de 80% das vezes. Não queremos que o animal ainda esteja de posse de seus sentidos. Tivemos uma vez em que o equipamento não funcionou direito e só disparou metade da carga. É muito importante manter tudo funcionando – testar antes do abate. Haverá ocasiões em que o equipamento não funciona. É por isso que temos uma pistola pneumática de atordoamento de reserva. Colocamos na cabeça deles, e ela enterra um pedaço de aço em seu crânio."

Depois ficar atordoado e, com sorte, inconsciente na primeira ou pelo menos na segunda aplicação, o porco é pendurado pelos pés e "sangrado" – esfaqueado no pescoço – e deixado ali para sangrar. Então, é baixado para o tanque de escaldamento. Sai dali parecendo bem menos porcino do que quando entrou – mais brilhante, quase de plástico. Em seguida, é baixado sobre uma mesa, onde dois trabalhadores – um com um maçarico, outro com um objeto usado para esfolar – retiram qualquer pelo restante.

O porco é, então, pendurado outra vez, e alguém – hoje, o filho de Mario – corta-o de cima a baixo com uma serra elétrica. A gente espera – ou eu esperava – ver a barriga cortada ao meio e assim por diante; mas ver a cara cortada ao meio, o nariz se abrir na metade e as metades da cabeça se descolarem, como páginas de um livro se abrindo, é um pouco chocante. Também fico surpreso ao ver que quem remove os órgãos do porco aberto o faz não apenas com as mãos, mas sem luvas: precisa da tração e da sensibilidade dos dedos nus.

Não é só por ser um garoto da cidade que acho isso repulsivo. Mario e seus funcionários admitiram ter dificuldades com alguns dos aspectos mais sanguinolentos do abate, e ouvi esse sentimento repetido sempre que pude ter conversas francas com funcionários de matadouros.

As entranhas e os órgãos são levados à mesa de Doc, onde ele as examina, ocasionalmente cortando um pedaço para ver o que está abaixo da superfície. Ele então faz aquilo tudo deslizar da mesa para dentro de uma lata de lixo. Doc não teria que mudar muita coisa para estrelar um filme de terror – e não como a donzela em perigo, se você entende o que quero dizer. Seu jaleco está sujo de sangue, o olhar por trás de seus óculos de proteção é positivamente enlouquecido, e ele é um inspetor de vísceras chamado Doc. Durante anos, ele vem escrutinizando entranhas e órgãos na linha de abate da Paradise. Perguntei-lhe quantas vezes encontrou algo suspeito e teve que interromper tudo. Ele tirou os óculos de proteção, respondeu "Nunca" e pôs os óculos outra vez.

O porco não existe

NA NATUREZA, OS PORCOS EXISTEM em todos os continentes, exceto na Antártica, e os taxonomistas contam dezesseis espécies ao todo. Porcos domésticos – a espécie que comemos – são subdivididos em um monte de raças. Neste caso, uma raça, ao contrário de uma espécie, não é um fenômeno natural. Raças são mantidas por criadores que acasalam de modo seletivo animais com características particulares, o que em geral é feito hoje através de inseminação artificial (cerca de 90% das grandes granjas de suínos usam inseminação artificial). Se você pegasse umas poucas centenas de porcos domésticos de uma mesma raça e os deixasse fazerem as coisas por conta própria durante algumas gerações, eles começariam a perder suas características de raça.

Assim como cães e gatos, cada raça de porco tem certas características que lhe são associadas: alguns traços importam mais para o produtor, como a importantíssima taxa de conversão de alimento; algumas importam mais ao consumidor, como o quão magro ou marmorizado de gordura é o músculo do animal; e algumas importam mais ao porco, como, por exemplo, a suscetibilidade à ansiedade ou a dolorosos problemas nas pernas. Já que os traços que importam ao fazendeiro, ao consumidor e ao porco não são sempre os mesmos, acontece com frequência de os produtores criarem animais que sofrem de modo mais agudo porque seus corpos exibem características que a indústria e os consumidores exigem. Se algum dia você encontrou um pastor-alemão puro-sangue, talvez tenha notado que, quando o cachorro está de pé, a traseira fica mais perto do chão do que a dianteira, de modo que ele parece estar sempre meio agachado ou levantando a cabeça de modo agressivo. Esse "aspecto" foi visto como desejável pelos criadores e selecionado durante gerações, criando animais com pernas traseiras mais curtas. Como resultado, os pastores-alemães – mesmo dos melhores *pedigrees* – agora sofrem desproporcionalmente de displasia do quadril, uma doença genética dolorosa que, ao fim, obriga muitos donos a condenarem seus companheiros ao sofrimento, a sacrificá-los ou a gastar milhares de dólares em cirurgias. Para quase todos os animais de criação, independentemente das condições em que lhes seja dado viver – "criados soltos", "orgânicos" – seu design os destina à dor. A criação industrial, que permite aos produtores tornar animais doentios lucrativos pelo uso de antibióticos, outras drogas e confinamento bastante controlado, criou novas e, às vezes, monstruosas criaturas.

A demanda por carne de porco magra – "a outra carne branca", como nos vem sendo vendida – levou a indústria a criar animais que sofrem não apenas de mais problemas nas pernas e no coração, mas de maior excitabilidade, medo, ansiedade e estresse. (Essa é a conclusão dos pesquisadores que fornecem dados à indústria.) Esses animais excessivamente estressados preocupam a indústria, não por causa de seu bem-estar, mas porque, como foi mencionado antes, o estresse parece afetar de forma negativa o sabor da carne: os animais estressados produzem mais ácido, o que na verdade destrói os músculos do animal de forma semelhante ao modo como o ácido em nosso estômago destrói a carne.

O National Pork Producers Council (Conselho Nacional de Produtores de Carne de Porco), braço responsável pelas políticas da indústria suína americana, relatou, em 1992, que a carne maltratada pelo ácido, descorada e mole (a chamada carne de porco "pálida, mole e exsudativa" ou "PSE" – *"palid soft exudative"*) afetava 10% dos porcos abatidos e custava à indústria 69 milhões de dólares. Quando o professor Lauren Christian, da Universidade Estadual de Iowa, anunciou, em 1995, que tinha descoberto um "gene do estresse" que os criadores poderiam eliminar a fim de reduzir a incidência de carne de porco PSE, a indústria removeu o gene do *pool* genético. Infelizmente, os problemas com o porco PSE continuaram a aumentar, e os porcos continuaram tão "estressados", que o mero gesto de dirigir um trator perto demais do local onde estavam confinados os fazia cairem mortos. Em 2002, a American Meat Science Association (Associação Científica Americana para a Carne), uma organização de pesquisa criada pela própria indústria, descobriu que mais de 15% dos porcos abatidos tinham pele PSE (ou pele que era pelo menos pálida, mole ou exsudativa [aguada], se não as três coisas). Retirar o gene do estresse fora uma boa ideia – pelo menos enquanto diminuísse o número de porcos que morriam no transporte –, mas não eliminara o "estresse".

Claro que não. Em décadas recentes, os cientistas anunciaram, um após outro, a descoberta de genes que "controlam" nossos estados físicos e nossas predisposições psicológicas. Então, coisas como "gene de gordura" são anunciadas com a promessa de que, se essas sequências de DNA pudessem ser retiradas do genoma, poderíamos abrir mão dos exercícios e comer o que quiséssemos sem nunca ter que nos preocupar se ficaríamos gordos. Outros proclamaram que nossos genes encorajam a infidelidade, a falta de curiosidade, a covardia e a irascibilidade. Estão corretos ao dizer que certas sequências de genomas influenciam de modo intenso nosso aspecto, o modo como agimos e nos sentimos. Mas, exceto por um punhado de traços bastante simples, como a cor dos olhos, as correlações não são unívocas. Certamente não quando se trata de algo tão complexo quanto a série de diferentes fenômenos que agrupamos numa palavra como *estresse*. Quando falamos de "estresse" em animais de criação, estamos falando de várias coisas distintas: ansiedade, agressividade indevida, frustração, medo e, acima de tudo, sofrimento. Nenhuma dessas coisas é um simples traço genético, como olhos azuis, que possa ser ligado e desligado.

Um porco de uma das várias raças tradicionalmente usadas nos Estados Unidos tinha, e tem, condições de desfrutar de vida ao ar livre durante o ano todo, se lhe fornecerem abrigo e palha onde dormir. Isso é bom, não apenas por evitar desastres ecológicos de escala *Exxon Valdez* (aonde vou chegar num instante), mas porque muitas das coisas que os porcos gostam de fazer são melhores com acesso ao ar livre – correr, brincar, tomar sol, pastar e se cobrir de lama e água de modo que a brisa venha a refrescá-los (os porcos só suam no focinho). As raças atuais, ao contrário, foram tão alteradas geneticamente que, com frequência, precisam ser criadas em instalações climatizadas, isoladas do sol e das estações. Estamos gerando criaturas incapazes de sobreviver em qualquer outro local que não seja o mais artificial dos ambientes. Concentramos o incrível poder do moderno conhecimento genético para gerar animais que sofrem *mais*.

Bacana, perturbador, absurdo

MARIO ME ACOMPANHA até os fundos.

– Aqui é onde ficam os porcos. Eles chegam na noite anterior. Damos água. Se eles tiverem que ficar 24 horas, damos comida. Esses cercados foram projetados mais para o gado. Temos espaço suficiente para cinquenta porcos, mas às vezes recebemos setenta ou oitenta de uma vez, o que torna as coisas difíceis.

É bem impressionante estar perto de animais tão grandes e inteligentes e tão próximos da morte. Seria impossível saber se eles têm qualquer pressentimento do que está para acontecer. Exceto pelo momento em que o operador do insensibilizador se aproxima para levar o porco seguinte à rampa, eles parecem relativamente relaxados. Não há nenhum terror óbvio, eles não gritam nem se amontoam uns perto dos outros. Mas noto um porco que está deitado de lado, tremendo um pouco. E, quando o operador do insensibilizador aparece, enquanto todos os outros se põem de pé num salto e ficam agitados, ele continua deitado, tremendo. Se George estivesse se comportando desse jeito, eu a levaria ao veterinário. E, se alguém visse que eu não estava fazendo nada por ela, pensariam no mínimo que minha humanidade era deficiente. Perguntei a Mario sobre o porco.

– É só algo que os porcos têm – diz ele, dando uma risadinha.

De fato, não é incomum para porcos aguardando o abate terem ataques cardíacos ou perderem a capacidade de se locomover. Estresse demais: transporte, mudança de ambiente, pessoas mexendo com eles, guinchos do outro lado da porta, cheiro de sangue, o operador do insensibilizador agitando os braços. Mas talvez seja mesmo só "uma coisa que os porcos têm", e a risada de Mario talvez se dirija à minha ignorância.

Perguntei a Mario se ele acha que os porcos têm alguma noção de por que estão ali e do que se passa.

– Pessoalmente não acho que eles saibam. Muita gente gosta de colocar na cabeça a ideia de que os animais sabem que vão morrer. Já vi gado e porco demais passar por aqui e não tenho essa impressão de jeito nenhum. Quer dizer, eles vão ficar assustados, porque nunca estiveram aqui antes. Estão acostumados a ficar soltos na terra e nos campos e tudo mais. É por isso que gosto que tragam os animais à noite. Até onde sei, eles só veem que mudaram de lugar e estão esperando aqui por alguma coisa.

Talvez seu destino não seja conhecido nem temido. Talvez Mario esteja certo; talvez esteja errado. As duas alternativas parecem possíveis.

– Você gosta de porcos? – pergunto; talvez seja a pergunta mais óbvia, mas também bastante difícil de se fazer e de se responder nessa situação.

– Você tem que abatê-los. É uma coisa mental. E quanto a gostarmos mais de alguns animais do que de outros, com os carneiros é pior. Nosso insensibilizador foi criado para porcos, não para carneiros. Nós já atiramos neles antes, mas a bala pode ricochetear.

Não consigo acompanhar muito bem seu último comentário sobre os carneiros, pois minha atenção é desviada para o operador do insensibilizador, que aparece, sangue até a metade dos braços, usando uma pá com chocalho para conduzir outro porco até a área de abate. Sem motivo aparente, Mario começa a falar de seu cachorro, "um cachorro para caçar pássaros, um cachorro pequeno. Um shih tzu", diz, pronunciando a primeira sílaba – *shit*, "merda" em inglês –, depois fazendo uma pausa de um milésimo de segundo, como se formasse pressão dentro da boca, e, por fim, liberando o "zu". Ele me conta, com evidente prazer, da festa de aniversário que fez para o seu shih tzu, para a qual ele e sua família convidaram os outros cachorros da vizinhança – "todos os cachorros pequenos". Ele tirou uma foto de todos os cachorros no colo de seus donos. Antes, ele não gostava de cachorros pequenos. Achava que não eram cachorros de verdade. Então, arranjou um cachorro pequeno e agora os adora. O operador do insensibilizador volta, brandindo os braços ensanguentados, e pega outro porco.

– Em alguma ocasião, você acaba gostando desses animais? – insisti.

– Gostando deles?

– Alguma vez já quis poupar algum?

Ele conta a história de uma vaca que lhe trouxeram recentemente. Tinha sido um animal de estimação numa fazenda, e "sua hora havia chegado". (Ninguém, ao que parece, gosta de elaborar essas frases.) Quando Mario se preparava para matar a vaca, ela lambeu seu rosto. Várias vezes. Talvez estivesse acostumada a ser animal de companhia. Talvez estivesse fazendo um pedido. Ao contar a história, Mario ri, disfarçando – de propósito, acho – seu desconforto.

– Ai, ai – ele diz. – Então, ela me comprimiu contra a parede e ficou apoiada de encontro a mim durante uns vinte minutos antes que eu conseguisse finalmente matá-la.

É uma bela história, uma história perturbadora e absurda. Como uma vaca poderia tê-lo comprimido contra a parede? Não é assim que o local funciona. E quanto aos outros funcionários? O que estavam fazendo enquanto aquilo acontecia? Repetidas vezes, das menores às maiores instalações, ouvi falarem da necessidade de manter as coisas funcionando. Por que a Paradise teria tolerado um atraso de vinte minutos?

Seria aquela a resposta à minha pergunta sobre querer poupar os animais?

Está na hora de ir embora. Quero passar mais tempo com Mario e seus funcionários. Eles são gente boa, gente orgulhosa e hospitaleira – do tipo que, teme-se, não vai conseguir continuar na pecuária por muito mais tempo. Em 1967, havia mais de um milhão de granjas de criação de porcos no país. Hoje há a décima parte disso, e, só nos últimos dez anos, o número de granjas de criação de porcos caiu em mais de dois terços. (Quatro companhias hoje produzem 60% dos porcos nos Estados Unidos.)

Isso é parte de uma mudança mais ampla. Em 1930, mais de 20% da população americana estava empregada no campo. Hoje, são menos de 2%. E isso a despeito do fato de que a produção rural dobrou entre 1820 e 1920, entre 1950 e 1965, entre 1965 e 1975, e, nos próximos dez anos, vai dobrar de novo. Em 1950, um trabalhador rural supria 15,5 consumidores. Hoje, é um para cada 140. Isso é desanimador tanto para as comunidades que apreciavam a contribuição de seus pequenos produtores quanto para os próprios produtores. (Os produtores rurais americanos correm quatro vezes mais risco de cometer suicídio do que a população geral.) Praticamente tudo – alimentação, água, iluminação, calor, ventilação e até mesmo o abate – é automatizado. Os únicos empregos gerados pelo sistema de criação industrial são empregos burocráticos no escritório (poucos, em números) ou posições que não exigem qualificação, são perigosas e pagam mal (muitas). Não há mais *homens do campo* nas criações industriais.

Talvez isso não tenha importância. Os tempos mudam. Talvez a imagem de um homem do campo conhecedor de seu ofício, cuidando de seus animais e de nossa comida seja nostálgica, como a de uma telefonista fazendo as ligações. E talvez o que recebemos em troca pela substituição dos homens do campo por máquinas justifique o sacrifício.

– Ainda não podemos deixar você ir embora – me diz uma das funcionárias. Ela desaparece durante alguns segundos e volta com um prato de papel com uma pilha alta de pétalas rosadas de presunto. – Que tipo de anfitriões nós seríamos se não lhe oferecêssemos nem mesmo uma amostra?

Mario pega uma fatia e a joga na boca.

Não quero comer. Não ia querer comer nada naquele momento; meu apetite havia sumido diante da visão e dos cheiros do matadouro. E não quero, especificamente, comer o conteúdo do prato, que era, não faz muito tempo, o conteúdo de um porco aguardando no cercado. Talvez não haja nada de errado em comê-lo. Mas algo lá no fundo, dentro de mim – razoável ou irrazoável, estético ou ético, egoísta ou compassivo –, simplesmente não quer carne em meu corpo. Para mim, aquela carne não é algo para se comer.

E, ainda assim, alguma outra coisa dentro de mim quer comer. Quer muito mostrar a Mario meu apreço por sua generosidade. Quero poder dizer a ele que seu trabalho árduo produz uma comida deliciosa. Quero dizer "Uau, está delicioso!" e comer outra fatia. Quero confraternizar com ele através da comida. Nada – nem uma conversa, nem um aperto de mãos, nem mesmo um abraço – estabelece a amizade de modo tão eficaz quanto comer juntos. Talvez seja cultural. Talvez seja um eco dos banquetes comunitários de nossos ancestrais.

De uma certa perspectiva, é por isso que existem matadouros. No prato à minha frente, está o fim que promete justificar os meios sangrentos na sala ao lado. Ouvi isso repetidas vezes de pessoas que criam animais para o consumo, e é mesmo o único modo como essa equação pode ser montada: a comida – o sabor, a função que tem – justifica, ou não, o processo que a traz até nosso prato.

Para alguns, nesse caso, justificaria. Para mim, não justifica.

– Sou kosher – digo.

– *Kosher?* – Mario ecoa, numa pergunta.

– Sou judeu. – Dou uma risada. – E kosher.

A sala fica em silêncio, como se o próprio ar estivesse avaliando aquela nova informação.

– Meio engraçado estar escrevendo sobre porcos, então – diz Mario. E não tenho a menor ideia se ele acredita em mim, se compreende e simpatiza, ou se está desconfiado e, de algum modo, ofendido. Talvez ele saiba que estou mentindo, mas compreende e simpatiza. Tudo parece possível.

– Meio engraçado – repito.

Mas não é.

2.

Pesadelos

OS PORCOS ABATIDOS NA PARADISE Locker Meats costumam vir das poucas granjas de criação no país que ainda não usam métodos de criação industrial. A carne de porco vendida em praticamente todos os supermercados e restaurantes vem das granjas industriais, que hoje produzem 95% da carne suína dos Estados Unidos. (A Chipotle é, no momento em que escrevo este livro, a única cadeia nacional de restaurantes que alega obter uma porção significativa da carne de porco que serve de animais não oriundos de granjas industriais.) A menos que você busque de modo deliberado uma alternativa, pode ter praticamente certeza de que seu presunto, bacon ou costeleta veio de uma granja industrial.

O contraste entre a vida de um porco criado numa granja industrial – cheio de antibióticos, mutilado, confinado num espaço mínimo e privado e qualquer tipo de estímulo – e a de um porco criado numa granja bem administrada, usando uma combinação dos métodos tradicionais com o melhor das modernas inovações, é assombroso. Não seria possível encontrar um criador melhor do que Paul Willis, um dos líderes do movimento em prol da preservação da criação tradicional de porcos (e o chefe da divisão suína do Niman Ranch, o único fornecedor, no país, de porcos não oriundos de granjas industriais). Também não seria possível imaginar uma empresa aparentemente mais depravada do que a Smithfield, a maior processadora de carne de porco do país.

Foi tentador para mim escrever este capítulo começando pela descrição do inferno das operações na instalações da Smithfield e terminar com o relativo idílio oferecido pelas melhores instalações não industriais. Mas contar a história da criação intensiva de porcos desse modo sugeriria que a indústria está, no geral, caminhando rumo a um maior bem-estar animal e responsabilidade ambiental, quando a verdade é o oposto. Não há nenhum "retorno" à criação de porcos em pequenas propriedades. O "movimento" rumo a pequenas propriedades familiares é real, mas composto sobretudo de antigos fazendeiros, aprendendo a vender sua imagem e, assim, garantir seu quinhão. A criação industrial de porcos ainda está se expandindo nos Estados Unidos, e o crescimento mundial é ainda mais agressivo.

Nossas velhas e gentis tentativas

Quando parei na granja de Paul Willis em Thornton, Iowa, onde ele coordena a produção de porcos da Niman Ranch, com cerca de quinhentos outros pequenos granjeiros, fiquei confuso. Paul disse que era para eu encontrá-lo no escritório, mas tudo o que vi foi uma discreta casa de tijolos e umas poucas instalações de granja. Ainda era de manhã e tudo estava silencioso. Um gato magricela, de pelo branco e marrom, se aproximou. Enquanto eu andava por ali, procurando algo que se encaixasse em minhas noções de escritório, Paul veio do campo, café na mão, macacão azul-escuro com isolamento térmico e um pequeno gorro que cobria seu cabelo castanho curto e grisalho. Depois de um sorriso gentil e um aperto firme de mãos, ele me levou até a casa. Ficamos sentados durante alguns minutos na cozinha, que exibia utensílios que poderiam ter sido contrabandeados da Tchecoslováquia durante a Guerra Fria. Ainda havia café pronto, mas Paul insistiu em fazer um bule fresco.

– Já faz um tempo que esse aqui ficou pronto – explicou, enquanto tirava o macacão térmico e revelava outro macacão, com finas listras azuis e brancas, por baixo.

– Imagino que você vá querer gravar – disse Paul, antes de começar. Aquela transparência e disposição para ajudar, aquela ansiedade para contar sua história e espalhá-la, ditaram o tom do resto do nosso dia juntos, até mesmo nos momentos em que nossas discordâncias ficavam óbvias.

– Esta é a casa onde cresci – contou Paul. – Fazíamos almoços em família aqui, sobretudo aos domingos, quando os parentes, avós, tios e primos vinham. Depois do almoço, que tinha a comida da estação, como milho doce e tomates frescos, por exemplo, as crianças saíam correndo e passavam o resto do dia no rio ou no bosque, brincando até cair de cansaço. O dia nunca era comprido o bastante para o quanto que nós nos divertíamos. Aquela sala, que agora é onde eu trabalho, era a sala de jantar, que era arrumada para aqueles almoços de domingo. Nos outros dias, comíamos na cozinha, e, em geral, os trabalhadores vinham comer também, sobretudo se algum projeto especial estivesse acontecendo, se estivéssemos juntando feno, castrando porcos ou construindo algo, como um silo. Tudo o que necessitasse de ajuda extra. Esperava-se a refeição do meio-dia. Só em situações de emergência íamos à cidade comer.

Do lado de fora da cozinha, havia duas salas quase vazias. Havia uma única mesa de madeira no escritório de Paul, sobre a qual ficava um computador com a tela abarrotada de e-mails, planilhas e arquivos; havia mapas, presos na parede com tachas, indicando a localização dos granjeiros da Niman Ranch e dos matadouros aprovados. Janelões se abriam para as suaves ondulações de uma clássica paisagem de Iowa, com soja, milho e pasto.

– Deixe eu lhe fazer um resumo – Paul começou a dizer. – Quando voltei à granja, passamos a criar porcos no pasto, mais ou menos como fazemos agora. Era bem parecido ao modo como as coisas eram feitas quando eu crescia. Quando era garoto, tinha tarefas a cumprir e tudo mais e cuidava dos porcos. Mas algumas mudanças aconteceram, sobretudo no equipamento elétrico. Naqueles dias, você realmente ficava limitado pela força física de que dispunha. Usava um forcado. E isso transformava o trabalho na granja numa labuta.

"Então, para não me desviar do assunto, eu estava aqui, criando porcos e gostando disso. Acabamos progredindo: criávamos mil porcos por ano, o que é similar ao que fazemos hoje. Eu continuava vendo cada vez mais dessas instalações de confinamento sendo construídas. Uma corporação da Carolina do Norte começou a avançar naquela época, a Murphy Family Farms. Fui a algumas reuniões e eles só diziam: 'Isso é o futuro. Você tem que crescer!' E eu dizia: 'Não há nada melhor aqui do que o que estou fazendo. Nada. Não é melhor para os animais, nem para os granjeiros nem para os consumidores. Não há nada de melhor nisso.' Mas eles haviam convencido um bocado de gente interessada em continuar no ramo de que esse era o caminho a seguir. Acho que isso deve ter sido no fim dos anos 1980. Então, comecei a procurar mercado para 'porcos criados soltos' (*free-range pigs*). Na verdade, inventei a expressão."

Se a história tivesse acontecido de um modo um pouco diferente, não é difícil imaginar que Paul talvez nunca tivesse encontrado um mercado disposto a pagar mais por seus porcos do que pelos mais prontamente disponíveis da Smithfield. Sua história poderia ter acabado nesse ponto, como a de mais de meio milhão de criadores que saíram do ramo ao longo dos últimos 25 anos. Mas o que aconteceu foi que Paul encontrou exatamente o tipo de mercado de que precisava quando conheceu Bill Niman, o fundador da Niman Ranch. Logo, estava administrando a produção de porcos da Niman Ranch, enquanto Bill e o resto dos membros da empresa procuravam mercados para Andy (Michigan), depois Justin (Minnesota), depois Todd (Nebraska), depois Betty (Dakota do Sul), depois Charles (Wisconsin) e, hoje, para mais de quinhentos pequenos criadores. A Niman Ranch paga a esses granjeiros cinco centavos por quilo acima do preço de mercado, e garante a seus donos um preço mínimo, independentemente do mercado. Hoje, isso acaba sendo cerca de 25 a 30 dólares a mais por porco, mas essa modesta quantia permite que os produtores continuem na ativa enquanto a maioria não teria resistido.

A granja de Paul é um exemplo impressionante do que um de seus heróis, o típico intelectual do campo Wendell Berry, chamou de "nossas velhas e simpáticas tentativas de imitar processos naturais". Para Paul, isso significa que o coração da produção está em deixar os porcos serem porcos (na maioria das vezes). Para sua sorte, deixar os porcos serem porcos inclui observá-los engordar e, como eles me dizem, tornarem-se saborosos. (As granjas tradicionais sempre ganham das industriais em testes de sabor.) A ideia aqui é de que o trabalho do granjeiro é encontrar modos de criar porcos em que o bem-estar dos animais e os interesses dos granjeiros em conduzi-los de modo eficiente ao "peso de abate" designado coincidam. Qualquer um que sugira que há uma perfeita simbiose entre os interesses dos criadores e os dos animais está provavelmente tentando lhe vender alguma coisa (e ela não é feita de tofu). O "peso ideal de abate" não apresenta, na realidade, o máximo de felicidade para o porco, mas nas melhores pequenas granjas familiares as duas coisas coincidem a um grau considerável. Quando Paul castra leitões de um dia de vida sem anestésico (o que acontece com 90% de todos os leitões machos), a impressão é a de que seus interesses não estão muito bem alinhados com os dos jovens varrões-agora-capados, mas esse é um período relativamente breve de sofrimento comparado, por exemplo, à mútua alegria compartilhada por Paul e seus porcos quando ele os solta para correr no pasto – para não falar do sofrimento prolongado dos porcos nas granjas industriais.

Ao melhor estilo da velha tradição de criação, Paul está sempre tentando maximizar a maneira como suas necessidades de granjeiro funcionam em conjunto com as necessidades dos porcos – com seus biorritmos naturais e padrões de crescimento.

Enquanto Paul gerencia sua granja com a ideia de que deixar os porcos serem porcos é fundamental, a moderna criação industrial tem perguntado como seria a criação se apenas se levasse em consideração o lucro, literalmente projetando granjas de vários andares, em prédios comerciais de vários andares, em outra cidade, estado ou até mesmo país. Que tipo de diferença prática faz essa diferença ideológica? A mais gritante – a diferença que pode ser vista da estrada por alguém que não saiba nada a respeito de porcos – é que na granja de Paul os animais têm acesso a terra em vez de concreto e ripas de madeira. Muitos, mas não todos os granjeiros da Niman Ranch, fornecem acesso ao ar livre. Os que não o fornecem têm que criar os porcos em sistemas de "camas sobrepostas", que também permitem que os porcos deem vazão a muitos dos "comportamentos específicos da espécie", como fuçar a terra, brincar, construir ninhos e se deitar juntos no feno alto em busca de calor, à noite (os porcos preferem dormir todos juntos).

A granja de Paul tem quatro pastos de oito hectares cada, que ele usa de modo rotativo com porcos e plantação. Ele me levou num tour em sua imensa picape branca de caçamba vazia. Sobretudo depois de minhas visitas no meio da noite a granjas industriais, foi notável quanta coisa pude ver lá fora: as estufas salpicadas nos campos, os estábulos se abrindo para o pasto, milho e soja até onde a vista alcançava. E, a distância, a ocasional granja industrial.

No coração de qualquer criação de porcos – e no coração do bem-estar dos porcos, hoje em dia –, está a vida das fêmeas procriadoras. As leitoas que ainda não pariram e as porcas adultas de Paul, como todas as leitoas e porcas adultas criadas para a Niman Ranch, ficam alojadas em grupos e são cuidadas de modo a promover "uma hierarquia social estável". (Cito aqui dados impressionantes de padrões de bem-estar animal, desenvolvidos com a ajuda de Paul e vários outros especialistas, incluindo as irmãs Diane e Marlene Halverson, que têm trinta anos de estrada na defesa de granjeiros não hostis aos animais.)

Entre outras regras destinadas a criar essa hierarquia social estável, as normas ditam que "um animal sozinho nunca deve ser posto num grupo social estabelecido". Não é exatamente o tipo de promessa de bem-estar que a gente espera encontrar no verso de um pacote de bacon, mas é de uma importância enorme para os porcos. O princípio por trás dessas regras é simples: os porcos precisam da companhia de outros *que eles conheçam* para funcionar normalmente. Assim como a maioria dos pais preferiria evitar tirar seu filho da escola no meio do ano e colocá-lo numa escola estranha, também a velha prática de criação dita que os granjeiros façam o possível para manter seus porcos em grupos sociais estáveis.

Paul também se certifica de que suas porcas tenham espaço suficiente; assim, os animais mais tímidos podem se afastar dos mais agressivos. Às vezes, ele usa fardos de palha para criar "áreas de retiro". Como outros granjeiros da Niman Ranch, ele não corta os rabos dos porcos nem os dentes, como em geral é feito nas granjas industriais para evitar o excesso de mordidas e canibalismo. Se a hierarquia social for estável, os porcos resolvem as disputas entre si.

Em todas as granjas da Niman Ranch, porcas grávidas devem ser criadas com seus grupos sociais e ter acesso a ar livre. Em contraste, cerca de 80% das porcas grávidas nos Estados Unidos, como o 1,2 milhão de propriedade da Smithfield, são confinadas em gaiolas individuais de aço e concreto tão pequenas, que elas não conseguem nem se virar. Quando os porcos deixam uma granja da Niman Ranch, rigorosas exigências quanto ao transporte e ao abate (dos mesmos padrões de bem-estar animal que exigem que o fazendeiro preserve uma hierarquia social estável) os seguem portão afora. Isso não significa que o transporte e o abate sejam feitos "à moda antiga". Há muitas melhorias reais, tanto em termos gerenciais quanto tecnológicos: programas de certificação humanitária para os trabalhadores que manuseiam os animais e caminhoneiros, auditorias de abate, registros para garantir a responsabilidade sobre o que é feito, acesso prolongado a veterinários mais bem treinados, previsão meteorológica para evitar o transporte em calor ou frio extremos, piso antiderrapante e atordoamento. Ainda assim, ninguém na Niman Ranch está em posição de exigir todas as mudanças de que gostariam; esse tipo de poder só as maiores companhias têm. Então, há negociações e compromissos, assim como a longa distância que muitos dos porcos da Niman Ranch precisam viajar para chegar a um matadouro aceitável.

Muitas das coisas impressionantes na granja de Paul e em outras da Niman Ranch não são as que você vê, mas as que não vê. Não se dão antibióticos nem hormônios para os animais, a menos que haja uma doença que torne isso recomendável. Não há poços nem contêineres cheios de porcos mortos. Não há fedor, em grande parte porque não há lagoas de excrementos de animais. Devido ao fato de um número apropriado de animais ser criado na terra, o estrume volta ao solo como fertilizante para as plantações que vão se tornar alimento para os porcos. Há sofrimento, mas há mais vida rotineira e até momentos do que parece ser pura alegria suína.

Paul e outros granjeiros da Niman Ranch não apenas fazem (ou não fazem) todas essas coisas; eles são requisitados a trabalhar de acordo com essas normas. Assinam contratos. Submetem-se a auditorias que são de fato independentes e, o que talvez seja mais revelador, até deixam gente como eu escrutinizar seus animais. Isso é importante porque a maioria dos padrões de criação humanitária são meras tentativas de a indústria lucrar com a preocupação crescente do público. Não é tarefa trivial identificar uma das raras empresas – a minúscula Niman Ranch é de longe a maior delas – que não seja apenas uma variação de uma granja industrial.

Enquanto me preparava para ir embora da granja de Paul, ele evocou Wendell Berry e entoou os elos que unem, de modo inevitável e forte, cada compra num supermercado e cada pedido num cardápio com a política para a criação de animais – ou seja, com as decisões de granjeiros e do agronegócio e as do próprio Paul. A cada vez que você toma uma decisão sobre comida, alegou, citando Berry, "está sendo um criador por procuração".

Em *The Art of Commonplace,* Berry resume exatamente aquilo que está em jogo na ideia de "ser um criador por procuração".

> Nossas metodologias... estão cada vez mais parecidas com a metodologia da mineração... Isso está suficientemente claro para muitos de nós. O que talvez não esteja

> suficientemente claro para nenhum de nós é a extensão da nossa cumplicidade, como indivíduos e sobretudo como consumidores individuais, com o comportamento das corporações... A maioria das pessoas... passou procuração para que as corporações produzam e forneçam *toda* sua comida.

É uma ideia encorajadora. Todo esse imenso Golias que é a indústria de alimentos é, em última instância, impulsionado e determinado pelas escolhas que fazemos enquanto o garçom aguarda impaciente nosso pedido ou na qualidade prática ou extravagante daquilo que colocamos em nossos carrinhos no supermercado ou na sacola da feira.

Terminamos o dia na casa de Paul. Galinhas corriam no pátio da frente e ao lado havia um cercado para porcos.

– Esta casa foi construída por Marius Floy – ele me disse –, um bisavô que veio do norte da Alemanha. Foi construída por partes, conforme a família aumentava. Moramos aqui desde 1978. Foi onde Anne e Sarah cresceram. Elas andavam até o fim do caminho para pegar o ônibus da escola.

Alguns minutos mais tarde, Phyllis (a esposa de Paul) trouxe a notícia de que uma granja industrial havia comprado um pedaço de terra de vizinhos, mais adiante na estrada, e logo construiriam instalações para seis mil porcos. A granja industrial ficaria bem ao lado da casa onde ele e Phyllis esperavam se aposentar, uma casinha na colina dando para um pedaço de terra que Paul havia passado décadas trabalhando para transformar de novo numa pradaria do Meio-Oeste. Ele e Phyllis a chamavam de "Fazenda dos Sonhos". Ao lado do sonho deles, agora assomava um pesadelo: milhares de porcos sofrendo, doentes, cercados por, e eles também, um fedor intenso e nauseabundo. Não apenas a proximidade da granja industrial vai dizimar o valor das terras de Paul (estimativas sugerem que a degradação devido à criação intensiva de animais custou aos americanos 26 bilhões de dólares) como também destruir a própria terra. Não apenas, e na melhor das hipóteses, o cheiro vai tornar a coabitação incrivelmente desagradável e provavelmente nociva à saúde da família de Paul, como também se opõe a tudo aquilo por que Paul passou a vida trabalhando.

– As únicas pessoas favoráveis a essas granjas são seus donos – disse Paul.

Phyllis continuou seu pensamento:

– As pessoas *detestam* esses criadores. Como você deve se sentir quando tem um trabalho que faz com que as pessoas o detestem?

No espaço daquela cozinha, o lento drama se desenrolava. Mas também havia resistência, personificada de modo mais palpável em Paul. (Phyllis também esteve ativa em batalhas políticas regionais para diminuir o poder e a presença de granjas industriais de suínos em Iowa.) E, claro, as palavras que estou escrevendo vieram daquele momento. Se esta história tem algum significado para você, então talvez o drama do crescimento das granjas industriais naquela cozinha de Iowa vá ajudar a produzir a resistência que vai acabar com ele.

3.

Montes de merda

A CENA NA COZINHA DOS WILLIS se repetiu muitas vezes. Comunidades em todo o mundo têm batalhado para se proteger da poluição e do fedor das granjas industriais, sobretudo das instalações de confinamento de porcos.

As mais bem-sucedidas batalhas legais contra essas granjas industriais nos Estados Unidos focalizaram seu incrível potencial poluente. (Quando se fala nos danos ecológicos causados pela criação animal, essa é uma parte grande daquilo a que se referem.) O problema é bastante simples: quantidades colossais de merda. Tanta merda e tão mal manejada que vaza para rios, lagos e oceanos, matando a vida selvagem e poluindo o ar, a água e terra, de modos devastadores à saúde humana.

Hoje, uma típica granja industrial de suínos produz 3,2 milhões de quilos de excremento por ano, enquanto uma granja de criação de frangos de corte produz três milhões de quilos e um pequeno pasto típico para gado, 256 milhões de quilos. O General Accounting Office (GAO) relata que unidades de criação "podem gerar mais resíduos do que as populações de algumas cidades americanas". Tudo somado, animais de criações industriais nos Estados Unidos produzem 130 vezes mais excrementos do que a população humana – mais ou menos quarenta mil quilos de merda *por segundo.* O potencial poluente dessa merda é 160 vezes maior do que a rede de esgotos municipal. No entanto, quase não há infraestrutura para tratamento de excrementos de animais de criação – não há banheiros, óbvio, mas também não há canos de esgoto, ninguém leva aquilo para tratamento. Também não há quase nenhuma norma federal regulando o que acontece com esses resíduos. (O GAO relata que nenhuma agência federal não chega sequer a coletar informações confiáveis sobre criações industriais e nem mesmo se sabe o número permitido dessas criações em nível nacional, de modo que não se podem "controlá-las de modo efetivo".) O que acontece com a merda, então? Vou me concentrar especificamente no destino da merda da maior produtora de porco dos Estados Unidos, a Smithfield.

Sozinha, a Smithfield mata por ano mais porcos do que o conjunto da população humana das cidades de Nova York, Los Angeles, Chicago, Houston, Phoenix, Filadélfia, San Antonio, San Diego, Dallas, San Jose, Detroit, Jacksonville, Indianápolis, San Francisco, Colúmbia, Austin, Fort Worth e Memphis juntas – cerca de 31 milhões de animais. De acordo com números conservadores da EPA, cada porco produz de duas a quatro vezes mais merda do que um humano; no caso da Smithfield, o número é cerca de 127 quilos de merda para cada cidadão americano. Isso significa que a Smithfield – uma única pessoa jurídica – produz pelo menos tanto lixo fecal quanto toda a população humana dos estados da Califórnia e do Texas juntos.

Imagine só. Imagine se, em vez da imensa infraestrutura de tratamento de lixo que temos como garantida nas cidades modernas, cada homem, mulher e criança, em cada cidade em toda a Califórnia e em todo o Texas, fizesse cocô e xixi num imenso poço aberto durante um dia. Agora, imagine que não é apenas durante um dia, mas pelo ano todo, para sempre. Para compreender os efeitos da liberação dessa quantidade de merda no meio ambiente, precisamos saber um pouco do que há nela. Em seu imenso artigo para a *Rolling Stone* sobre a Smithfield, "Boss Hog" ("Patrão Porco"), Jeff Tietz compilou uma lista útil do que tipicamente é encontrado na merda dos porcos criados em granjas industriais: "amônia, metano, sulfeto de hidrogênio, monóxido de carbono, cianeto, fósforo, nitratos e metais pesados. Junte-se a isso o fato de que os dejetos criam mais de cem patógenos microbianos que podem deixar os humanos doentes, incluindo salmonela, cryptosporidium, estreptococos e giárdia" (assim, crianças criadas nos terrenos de uma típica granja industrial têm taxas de asma acima de 50% enquanto crianças criadas perto dessas áreas têm o dobro de chances de desenvolver asma). Mas nem toda merda *é* merda, literalmente – ou o que quer que passe pelo piso de ripas de madeira das instalações das granjas industriais. O que inclui, mas não se limita a: porcos natimortos, placenta, leitões mortos, vômito, sangue, urina, seringas de antibióticos, frascos quebrados de inseticida, pelos, pus, até mesmo partes de corpos.

A impressão que a indústria de suínos quer passar é de que os campos podem absorver as toxinas das fezes dos porcos, mas sabemos que isso não é verdade. A parte não absorvida escorre até os cursos d'água, e gases venenosos, como amônia e sulfeto de hidrogênio, evaporam para o ar. Quando fossas sanitárias do tamanho de campos de futebol estão perto de transbordar, a Smithfield, como outros do setor, derrama o adubo liquefeito nos campos. Ou, às vezes, simplesmente o borrifa no ar, um gêiser de merda, soprando sua fina neblina fecal e criando um redemoinho de gases capaz de causar severos danos neurológicos. Comunidades que vivem próximas dessas granjas se queixam de problemas, como sangramento persistente do nariz, dores de ouvido, diarreia crônica e ardência nos pulmões. Até mesmo quando os cidadãos conseguiram ver aprovadas leis que restringiriam essas práticas, a imensa influência do setor sobre o governo significa que o regulamento com frequência é invalidado ou não entra em vigor.

Os ganhos da Smithfield são impressionantes – a companhia vendeu doze bilhões de dólares em 2007 – até a gente se dar conta da escala de custos que externalizam: a poluição por causa da merda, é claro, mas também as doenças causadas por essa poluição e a degradação dos valores das propriedades, que vêm a reboque (para citar apenas as mais óbvias). Se não repassasse esses e outros fardos ao público, a Smithfield não teria condições de produzir a carne barata que produz sem ir à falência. Como acontece com todas as criações industriais, a ilusão da lucrabilidade e da "eficiência" da Smithfield é mantida pela enorme extensão de sua pilhagem.

Para recuar um passo: a merda, em si, não é ruim. A merda tem sido, por muito tempo, amiga do homem do campo, fertilizante para os campos, nos quais planta alimentos para seus animais, cuja carne vai para os consumidores e cuja merda volta aos campos. A merda se tornou um problema apenas quando nós, americanos, decidimos que queríamos comer mais carne do que qualquer outra cultura na história e pagar por isso um preço historicamente baixo. Para conseguir algo assim, abandonamos a granja dos sonhos de Paul Willis e nos alistamos na Smithfield, permitindo – determinando – que a criação de animais saísse das mãos dos homens do campo e fosse dirigida por corporações que se esforçavam (e se esforçam) em repassar os custos ao público. Com consumidores distraídos ou negligentes (ou, pior do que isso, partidários), corporações como a Smithfield concentraram animais em densidades absurdas. Nesse contexto, um homem do campo não tem sequer como plantar alimento suficiente em sua própria terra e precisa importá-lo. E, mais do que isso, há merda demais para as plantações absorverem – não um pouco, não muito, mas uma gigantesca quantidade excedente. Num certo momento, três granjas industriais na Carolina do Norte estavam produzindo mais nitrogênio (um importante ingrediente de fertilizantes para plantas) do que todas as plantações em todo o estado poderiam absorver.

Então, voltamos à pergunta original: o que acontece com toda essa imensa quantidade de merda, imensamente perigosa?

Se tudo acontecer de acordo com o planejado, os dejetos liquefeitos são bombeados para imensas "lagoas" adjacentes aos abrigos dos porcos. Essas lagoas tóxicas podem cobrir extensões de até 11 mil metros quadrados – a mesma superfície dos maiores cassinos de Las Vegas – e chegar a nove metros de profundidade. A criação dessas latrinas do tamanho de lagos é considerada normal e é cem por cento legal apesar de seu constante fracasso em conter de modo efetivo tantos dejetos. Cem ou mais dessas enormes fossas sanitárias podem assomar nas vizinhanças de um único abatedouro (granjas de criação de porcos tendem a se aglomerar em torno de abatedouros). Se você caísse dentro de uma delas, morreria. (Assim como morreria asfixiado, em alguns minutos, se a energia acabasse enquanto você estivesse no interior de um dos galpões onde ficam os porcos.) Tietz conta uma história assombrosa sobre uma dessas lagoas:

> Consertando uma dessas lagoas, um trabalhador no Michigan, entorpecido pelo cheiro, caiu dentro dela. Seu sobrinho de quinze anos mergulhou para salvá-lo, mas também foi vencido; o primo entrou para salvar o adolescente mas foi igualmente sobrepujado, assim como o irmão mais velho do trabalhador que também mergulhou para salvá-lo, mas foi vencido, e até o pai. Todos eles morreram em merda de porco.

Para corporações como a Smithfield, é uma análise de custo-benefício: pagar multas por poluir é mais barato do que desistir de todo o sistema de criação intensiva, o que seria necessário para pôr fim à devastação.

Nos raros casos em que a lei começa a reprimir corporações como a Smithfield, com frequência, elas conseguem contornar a regulamentação. No ano anterior ao da construção, pela

Smithfield, da maior instalação de abate e processamento do mundo, no condado de Bladen, a legislatura estadual da Carolina do Norte chegou a revogar o poder dos condados para regulamentar granjas industriais de porcos. Conveniente para a Smithfield. Talvez não coincidentemente, o ex-senador que foi um dos patrocinadores dessa oportuna diminuição do poder governamental sobre as granjas industriais Wendell Murphy, agora se senta no conselho da Smithfield. Ele próprio foi presidente do conselho e executivo chefe da Murphy Family Farms, uma granja industrial de porcos que a Smithfield comprou em 2000.

Um ano depois desse recuo do governo, em 1995, a Smithfield deixou vazar mais de 75 milhões de litros de dejetos de suas lagoas no New River, na Carolina do Norte. O incidente segue sendo o maior desastre ambiental do gênero e tem o dobro do tamanho do icônico vazamento da *Exxon Valdez* seis anos antes. O vazamento liberou adubo líquido suficiente para encher 250 piscinas olímpicas. Em 1997, como foi relatado pelo Sierra Club em seu incriminatório "RapSheet on Animal Factories" ("Folha corrida das criações industriais"), a Smithfield foi condenada por vertiginosas sete mil violações do Clean Water Act (Lei das Águas Limpas) – o que dá cerca de vinte violações por dia. O governo dos Estados Unidos acusou a companhia de despejar níveis ilegais de dejetos no rio Pagan, um tributário na baía de Chesapeake, e depois falsificar e destruir registros para acobertar suas atividades. Uma violação pode ter sido acidente. Até mesmo dez violações. Mas sete mil violações constituem um plano. A Smithfield foi multada em 12,6 milhões de dólares, o que, a princípio, parece uma vitória sobre as granjas industriais. Na época, 12,6 milhões era a maior multa civil por poluição na história dos Estados Unidos. Mas a soma é patética para uma companhia que atualmente ganha esse valor bruto de 12,6 milhões de dólares – a cada dez horas. O ex-CEO da Smithfield, Joseph Luter III, recebeu 12,6 milhões de dólares em opções sobre ações em 2001.

Como o consumidor respondeu? Em geral, fazemos um bocado de barulho quando a poluição atinge proporções quase bíblicas, então a Smithfield (ou seja qual for a corporação) responde com um "ops" e, aceitando seu pedido de desculpas, continuamos comendo nossos animais vindos de criações industriais. A Smithfield não apenas sobreviveu à ação legal, mas prosperou. Na época do vazamento no rio Pagan, a Smithfield era a sétima maior produtora de porco nos Estados Unidos; dois anos mais tarde, era a maior, e sua crescente dominação da indústria de suínos ainda não parou. Hoje, a Smithfield é tão grande, que abate um a cada quatro porcos vendidos comercialmente no país. Nossa atual forma de comer – os dólares que vertemos todos os dias a corporações como a Smithfield – recompensa as piores práticas concebíveis.

Estimativas conservadoras da EPA indicam que o excremento de galinhas, porcos e gado já poluiu 56 mil quilômetros de rios em 22 estados (para referência, a circunferência da terra é de mais ou menos 40 mil quilômetros). Em apenas três anos, duzentos casos de mortandade de peixes – incidentes em que toda a população de peixes de uma determinada área é morta de repente – resultaram dos fracassos das criações industriais em manter sua merda fora dos cursos d'água. Só nessas matanças documentadas, treze milhões de peixes foram literalmente envenenados por merda – se dispostos num alinhamento, cabeça de um com o rabo do seguinte, essas vítimas cobririam toda a extensão da costa do Pacífico desde Seattle até a fronteira do México.

Moradores próximos a criações industriais raramente são saudáveis, e são tratados pela indústria como dispensáveis. A neblina fecal que são obrigados a respirar *em geral* não mata seres humanos, mas gargantas inflamadas, dores de cabeça, tosse, coriza, diarreia e até mesmo doenças psicológicas, incluindo níveis anormais de tensão, depressão, raiva e cansaço, são comuns. De acordo com um relatório do senado da Califórnia, "Estudos mostraram que lagoas [de excrementos animais] emitem substâncias químicas tóxicas conduzidas pelo ar que podem causar problemas inflamatórios, imunológicos, irritações e problemas neuroquímicos em seres humanos".

Há até mesmo boas razões para se suspeitar de um elo entre morar perto de granjas industriais de suínos e uma bactéria corrosiva da pele, conhecida formalmente como MRSA (staphylococcus aureus resistente à meticilina). A MRSA pode causar "lesões do tamanho de um pires, de um vermelho vivo e muito dolorosas ao toque". Em 2005, ele matava mais americanos por ano (dezoito mil) do que a Aids. Nicholas Kristof, colunista do *New York Times,* que cresceu no campo, relata que um médico de Indiana estava pronto a levar a público suas suspeitas sobre esse elo quando morreu subitamente do que poderiam muito bem ser complicações relacionadas à MRSA. O elo MRSA-granja industrial de suínos ainda não foi em absoluto comprovado, mas, como Kristof destaca, "a maior pergunta é se nós, como nação, passamos a um modelo de pecuária que produz bacon barato mas põe em risco a saúde de todos. E as provas, embora longe de ser conclusivas, cada vez mais indicam que a resposta é sim".

Os problemas de saúde que os moradores locais experimentam de modo agudo se alastram pelo resto do país de maneira mais sutil. A American Public Health Association (Associação Americana de Saúde Pública), o maior corpo de profissionais de saúde pública do mundo, ficou tão alarmada com essa tendência, que, citando um espectro de doenças associadas a dejetos animais e ao uso de antibióticos, recomendou com insistência uma moratória sobre as criações industriais. Depois de contar com um grupo de renomados especialistas conduzindo um estudo de dois anos, a Pew Commission recentemente foi mais longe, argumentando a favor da descontinuação gradual e completa de várias "práticas intensivas e desumanas" comuns, citando benefícios tanto ao bem-estar animal quanto à saúde pública.

Mas os influentes e poderosos que mais importam – aqueles que escolhem o que comer e o que não comer – continuaram passivos. Até o momento, não exigimos qualquer moratória nacional e com certeza nenhuma descontinuação. Deixamos a Smithfield e seus parceiros tão ricos que eles podem investir centenas de milhões para expandir suas operações no exterior. E expandir foi o que fizeram. Outrora operando apenas nos Estados Unidos, a Smithfield agora se espalhou por todo o globo, alcançando Bélgica, China, França, Alemanha, Itália, México, Polônia, Portugal, Romênia, Espanha, Holanda e Reino Unido. As ações de Joseph Luter III na Smithfield foram recentemente avaliadas em 138 milhões de dólares. Seu sobrenome se pronuncia *"looter"* (saqueador).

4.

Nosso novo sadismo

PROBLEMAS AMBIENTAIS PODEM SER rastreados por médicos e agências governamentais cuja tarefa é cuidar de seres humanos. Mas como descobrimos o sofrimento de animais em criações industriais, que necessariamente não deixa rastros?

Investigações secretas, realizadas por dedicadas organizações sem fins lucrativos, estão entre as únicas janelas significativas que o público tem para o imperfeito funcionamento cotidiano de criações e abatedouros industriais. Numa instalação para criação de porcos, na Carolina do Norte, filmes feitos por investigadores disfarçados mostraram alguns trabalhadores administrando surras diárias, dando pauladas em porcas grávidas com uma chave inglesa e cravando uma estaca de ferro trinta centímetros dentro do reto e da vagina das porcas. Nada disso tem a ver com melhorar o gosto da carne ou em preparar os porcos para o abate, são mera perversão. Em outras dependências da granja, também gravadas, empregados serravam as pernas dos porcos e lhes tiravam a pele enquanto eles ainda estavam conscientes. Em outras instalações, operadas por um dos maiores produtores de carne de porco dos Estados Unidos, funcionários foram filmados atirando os porcos para cima, batendo neles e chutando-os; golpeando-os com força contra o chão de concreto e dando-lhes pauladas com bastões e martelos de metal. Em outra granja, uma investigação que durou um ano inteiro descobriu o abuso sistemático contra dezenas de milhares de porcos. A investigação documentou funcionários apagando cigarros na barriga dos animais, batendo neles com ancinhos e pás, estrangulando-os e jogando-os em poços de esterco para que se afogassem. Funcionários também enfiavam aguilhões elétricos nas orelhas, bocas, vaginas e ânus dos porcos. A investigação concluiu que os gerentes toleravam esses abusos, mas as autoridades se recusaram a processá-los. A ausência de processos é norma, não exceção. Não estamos num período de "negligência" – simplesmente nunca houve época em que as companhias pudessem esperar sérias ações punitivas ao serem surpreendidas maltratando animais.

Seja qual for a indústria de criação para a qual nos voltamos, problemas similares surgem. A Tyson Foods é uma das grandes fornecedoras da KFC. Uma investigação em uma de suas grandes instalações descobriu que alguns funcionários arrancavam regularmente a cabeça de aves cem por cento conscientes (com permissão explícita de seu supervisor), urinavam na área de abate (incluindo a esteira que as carrega) e deixavam indefinidamente sem conserto um equipamento automático de má qualidade, que, em vez dos pescoços, cortava os corpos das aves. Num dos "Fornecedores do Ano" da KFC, a Pilgrim's Pride, galinhas cem por cento conscientes eram chutadas, pisoteadas, jogadas de encontro à parede, tinham tabaco cuspido em seus olhos, merda literalmente espremida de dentro delas e seus bicos, arrancados. A Tyson e a Pilgrim's Pride não apenas forneciam à KFC; no momento em que escrevo tudo isso, elas eram as duas maiores processadoras de carne de frango no país, matando juntas cerca de cinco bilhões de aves por ano.

Mesmo sem nos fiarmos em investigações secretas e sem saber do abuso extremo (embora não necessariamente incomum), que resulta de os trabalhadores descontarem suas frustrações nos animais, sabemos que animais de criações industriais têm vidas miseráveis.

Considere a vida de uma porca grávida. Sua incrível fertilidade é a fonte de seu inferno particular. Enquanto uma vaca dá à luz apenas um único bezerro de cada vez, a moderna fêmea suína industrial dá à luz, alimenta e cria em média nove leitões – número que vem sendo aumentado anualmente pelos criadores. Ela é invariavelmente mantida grávida tanto quanto possível, o que acaba sendo a maior parte de sua vida. Quando se aproxima da data de dar à luz, drogas para induzir o trabalho de parto podem ser administradas a fim de tornar o momento mais conveniente para o criador. Depois que seus leitões são desmamados, uma injeção hormonal faz com que a porca logo volte a ovular, de modo que fique pronta a ser artificialmente inseminada de novo em apenas três semanas.

Em quatro a cada cinco casos, uma porca passa as dezesseis semanas de sua gravidez confinada numa "cela de gestação" tão pequena que não consegue nem mesmo se virar. A densidade de seus ossos diminui devido à falta de movimento. Não lhe dão palha onde deitar e, com frequência, ela desenvolve feridas escuras, purulentas, do tamanho de moedas, devido ao atrito com o caixote. (Numa investigação secreta no Nebraska, foram filmadas porcas grávidas, com várias feridas no rosto, na cabeça, nos ombros, nas costas e nas pernas – algumas do tamanho de um punho. Um funcionário da granja comentou: "Todos eles têm feridas... É raro um porco por aqui que não tenha uma ferida.")

Mais sérios e intensos são o sofrimento causado pelo tédio, pelo isolamento, e a frustração da enorme necessidade que a porca tem de se preparar para os leitões que vão nascer. Na natureza, ela passa a maior parte do tempo antes de dar à luz procurando alimento e no fim faz um ninho de capim, folhas ou palha. Para evitar o ganho excessivo de peso e reduzir ainda mais as despesas com a comida, a porca confinada na cela de gestação vai receber alimentação restrita e, com frequência, sentir fome. Os porcos também têm tendência inata para separar as áreas onde dormir e onde defecar, que é totalmente frustrada quando são confinados. As porcas grávidas, como a maioria das porcas no sistema industrial, têm que se deitar sobre seu excremento ou pisar nele para forçá-lo a passar pelo chão de ripas de madeira. A indústria defende esse confinamento, argumentando que ajuda o controle e o manuseio dos animais, mas o sistema torna mais difíceis as práticas que visam ao bem-estar porque é quase impossível identificar os animais fracos e doentes quando nenhum animal tem permissão para se mexer.

É difícil negar essa crueldade – e difícil disfarçar a atrocidade – depois que os militantes trouxeram essa realidade à discussão pública. Recentemente, três estados americanos – Flórida, Arizona e Califórnia – promulgaram a lenta extinção das celas de gestação através de eleição. No Colorado, sob ameaça de uma campanha da Humane Society, a própria indústria concordou em criar e apoiar uma legislação que bana as celas. É um sinal incrivelmente esperançoso. Uma proibição em quatro estados deixa de fora muitos outros onde a prática continua a prosperar, mas parece que a luta contra as celas para gestação está sendo ganha. É uma vitória que importa.

Cada vez mais, em vez de serem forçadas para dentro das celas de gestação, as porcas vivem em cercados, em pequenos grupos. Não podem correr no campo nem sequer desfrutar do sol, como fazem os porcos de Paul Willis, mas têm espaço para dormir e para se esticar. E não ficam cheias de feridas pelo corpo, não mordem frenéticas as barras de suas celas. Essa mudança mal chega a redimir ou a reverter o sistema industrial, mas melhora, de modo significativo, a vida das porcas.

Quer sejam mantidas em celas de gestação ou em cercados durante a gravidez, ao dar à luz – o que a indústria designa pelo termo "parição de leitões" – as porcas são quase invariavelmente confinadas numa cela tão apertada quanto a de gestação. Um funcionário disse que é preciso "dar uma surra nas [porcas grávidas] para fazê-las entrar nas celas, porque elas não querem ir". Outro empregado de uma granja diferente descreveu o uso rotineiro de bastões para bater nos porcos até tirar sangue: "Um sujeito esmagou o nariz de uma porca a tal ponto que ela acabou morrendo de fome."

Aqueles que defendem as granjas industriais argumentam que as celas de parição são necessárias porque às vezes elas acidentalmente esmagam seus leitões. Do mesmo modo com que o risco de incêndio pode ser reduzido derrubando-se preventivamente todas as árvores da floresta, há uma lógica torta nessa alegação. A cela de parição, assim como a de gestação, confina a mãe a um espaço tão pequeno que ela não consegue se virar. Às vezes, ela também é amarrada ao chão. Tais práticas de fato tornam mais difícil que as porcas esmaguem os filhotes. O que os defensores dessas práticas não salientam é que, em granjas como a de Willis, o problema não existe, para começo de conversa. Não é de se surpreender que, quando os criadores não selecionam as condições de "maternidade" e o olfato de uma porca mãe não é sobrepujado pelo fedor de suas próprias fezes liquefeitas debaixo dela, sua audição não está prejudicada pelo retinir das gaiolas de metal e lhe dão espaço para investigar onde estão seus leitões e para exercitar as pernas de modo a conseguir se deitar devagar, ela ache bastante fácil evitar esmagar seus filhotes.

É claro que não são só os filhotes que correm riscos. Um estudo feito pelo European Commission's Scientific Veterinary Committee (Comitê Veterinário Científico da Comissão Europeia) documentou que porcos em celas exibiam ossos enfraquecidos, maiores riscos de problemas nas pernas, doenças cardiovasculares, infecções urinárias e uma redução tão severa de massa muscular que afetava sua capacidade de se deitar. Outros estudos indicam que a genética fraca, a falta de movimento e a nutrição insuficiente deixa de 10 a 40% dos porcos estruturalmente doentes, com problemas de saúde tais como joelhos e patas tortos e pernas arqueadas. Um periódico da indústria de suínos, *National Hog Farmer,* relatou que 7% das porcas reprodutoras costumam ter mortes prematuras devido ao estresse do confinamento e à reprodução intensiva; em alguns casos, a taxa de mortalidade excede os 15%. Muitos porcos enlouquecem devido ao confinamento e mastigam obsessivamente as barras de sua gaiola, apertam incessantemente suas garrafas d'água ou bebem urina. Outros exibem um comportamento triste, que os cientistas de animais descrevem como "impotência assimilada".

E então vêm os bebês – a justificativa para o sofrimento das mães. Muitos leitões nascem com deformações. Doenças congênitas comuns incluem fenda palatina, hermafroditismo, mamilos invertidos, ausência de ânus, pernas deslocadas, tremores e hérnias. A hérnia inguinal é tão comum que é rotina corrigi-las cirurgicamente na hora da castração. Em suas primeiras semanas de vida, até mesmo leitões sem tais defeitos suportam um bombardeio de agressões corporais. Nas primeiras 48 horas, seus rabos e dentes mais finos, usados com frequência para dar mordidas de lado em outros leitões, são cortados sem nenhum tipo de anestésico, na tentativa de diminuir os ferimentos que os porcos causam uns aos outros enquanto competem pelas tetas da mãe em instalações industriais, onde mordidas no rabo são patológicas e os mais fracos não têm como fugir dos mais fortes. Em geral, o ambiente dos leitões é mantido aquecido (22 a 27 graus) e escuro, de modo que eles ficam mais letárgicos e menos inclinados a agir de acordo com "vícios sociais", como morder e chupar os umbigos, as caudas e as orelhas uns dos outros, devido à frustração. A criação tradicional, do modo como é praticada na granja de Paul Willis, evita esses problemas, dando mais espaço aos animais, fornecendo-lhes um ambiente rico e estimulando grupos sociais estáveis.

Do mesmo modo, no intervalo desses primeiros dois dias, leitões criados em granjas industriais recebem com frequência injeções de ferro devido à probabilidade de que o crescimento rápido e a reprodução intensiva da mãe tenha deixado seu leite deficiente. Num intervalo de dez dias, os machos têm os testículos arrancados, mais uma vez sem anestésico. Dessa vez, o propósito é alterar o gosto da carne – os consumidores nos Estados Unidos hoje em dia preferem o gosto de animais castrados. Nacos de carne do tamanho de uma moeda também podem ser cortados das orelhas visando à identificação. Quando os fazendeiros começarem a desmamá-los, entre 9 a 15% dos leitões terão morrido.

Quanto mais cedo os leitões começarem a se alimentar com comida sólida, mais cedo atingirão o peso do mercado (110 a 120 quilos). "Comida sólida" nesse caso inclui com frequência plasma sanguíneo seco, subproduto dos matadouros. (Isso de fato faz os leitões engordarem. Também causa um imenso dano à mucosa de seu trato gastrointestinal.) Por conta própria, os leitões tendem a ser desmamados com cerca de quinze semanas, mas nas granjas industriais eles serão desmamados com quinze dias e cada vez mais novos, podendo chegar a doze dias. Com essa idade, os leitões não conseguem digerir direito comida sólida, de modo que lhes são dados remédios adicionais para prevenir a diarreia. Os porcos desmamados serão então colocados à força em gaiolas de grades metálicas grossas, os "berçários". Essas gaiolas são empilhadas umas sobre as outras, e fezes e urina caem das gaiolas mais altas sobre os animais lá embaixo. Os criadores vão manter os leitões nessas gaiolas pelo máximo possível de tempo antes de transferi-los para seu destino final: cercados apinhados. Os cercados são deliberadamente superpovoados porque, como diz uma revista da indústria, "superpovoar é lucrativo". Sem muito espaço para se mover, os animais queimam menos calorias e ficam mais gordos com menos comida.

Em qualquer tipo de indústria, a uniformidade é essencial. Leitões que não crescem rápido o bastante – os nanicos – drenam recursos e portanto não têm lugar na granja. Erguidos pelas pernas traseiras, eles são girados no ar e então golpeados de cabeça no chão de concreto. Essa prática comum é chamada "batida". "Chegamos a bater até 120 num dia", conta o empregado de uma granja no Missouri.

> Nós só os giramos no ar, batemos contra o chão e jogamos para o lado. Então, depois que você já bateu dez, doze, catorze deles, você os leva à pocilga de chegada e os empilha para o caminhão dos mortos. Se for até a pocilga de chegada e alguns ainda estiverem vivos, então tem que bater de novo. Houve ocasiões em que entrei naquela sala e eles estavam correndo com um olho pendurado do lado do rosto, sangrando feito loucos, ou com o queixo quebrado.

"Eles chamam isso de 'eutanásia'", disse a esposa do empregado do Missouri.

Uma série de antibióticos, hormônios e outros produtos farmacêuticos na comida dos animais vai manter a maioria deles viva até o abate, a despeito das condições. As drogas são necessárias para combater os problemas respiratórios inerentes à criação em granjas industriais. As condições de umidade do confinamento, a densidade de animais com sistema imunológico enfraquecido, devido ao estresse e aos gases tóxicos formados pelo acúmulo de merda e urina, tornam esses problemas praticamente inevitáveis. De 30 a 70% dos porcos terão alguma doença respiratória no momento do abate, e a mortalidade por problemas desse tipo pode ficar, sozinha, entre 4 e 6%. Claro, essas doenças frequentes promovem o aparecimento de novos tipos de influenza, de modo que populações inteiras de porcos, de estados inteiros, às vezes têm taxas de infecção de cem por cento, causadas por vírus novos e mortais, surgidos em meio a essa superpopulação de animais doentes (cada vez mais, é claro, esses vírus estão afetando os humanos).

No mundo das criações industriais, as expectativas são viradas de cabeça para baixo. Os veterinários não trabalham buscando a melhor saúde possível, mas o maior lucro possível. As drogas não são usadas para curar doenças, mas como substitutos para sistemas imunológicos destruídos. Os criações não visam produzir animais saudáveis.

5.

Nosso sadismo debaixo d'água (um aparte central)

AS HISTÓRIAS DE MAUS-TRATOS a animais e poluição que relatei no contexto da criação de porcos são, na maioria dos sentidos relevantes, representativas das criações industriais como um todo. Galinhas, perus e gado criados nesse sistema não causam os mesmos exatos problemas nem sofrem com os mesmos exatos problemas, mas todos sofrem de maneiras fundamentalmente similares. Aliás, também os peixes. Tendemos a não pensar nos peixes e nos animais terrestres da mesma maneira, mas a "aquicultura" – a criação intensiva de animais marinhos confinados – é, em essência, uma granja industrial debaixo d'água.

Muitos dos animais marinhos que comemos, incluindo a maior parte do salmão, vêm da aquicultura. No início, ela se apresentou como solução ao esgotamento das populações de peixes selvagens. Mas, longe de reduzir a demanda por salmão selvagem, como alguns reivindicavam, a criação intensiva na verdade incentivou a exploração internacional e a demanda pelo peixe. A pesca de salmão selvagem no mundo todo subiu 27% entre 1988 e 1997, exatamente quando a aquicultura desse peixe explodiu.

As questões de bem-estar animal ligadas às criações de peixes parecerão familiares. O *Handbook of Salmon Farming* (Manual de criação de salmão), um manual da indústria, lista em detalhes seis "principais fontes de estresse no ambiente da aquicultura": "qualidade da água", "superpopulação", "manuseio", "tumulto", "nutrição" e "hierarquia". Para traduzir em linguagem simples, essas seis fontes de sofrimento para o salmão são: (1) água tão suja que torna difícil respirar; (2) superpopulação tão intensa que os animais começam a canibalizar uns aos outros; (3) manuseio tão invasivo que as consequências psicológicas do estresse são visíveis no dia seguinte; (4) tumulto causado pelos funcionários e por animais selvagens; (5) deficiências nutricionais que enfraquecem o sistema imunológico e (6) impossibilidade de formar uma hierarquia social estável, resultando em mais canibalização. Esses problemas são típicos. O manual os chama de "componentes integrais da criação intensiva de peixes".

Uma grande fonte de sofrimento para o salmão e outros peixes criados em sistema industrial é a presença abundante de parasitas que prosperam em água suja. Esses parasitas criam lesões abertas e às vezes comem o rosto do peixe até chegar ao osso – fenômeno tão comum que é chamado de "coroa da morte" na indústria. Um único salmão gera nuvens fervilhantes de parasitas em número trinta mil vezes maior do que ocorreriam normalmente.

Os peixes que sobrevivem nessas condições (uma taxa de morte entre 10 e 30% é vista como boa por muitos na indústria) provavelmente serão obrigados a passar fome de sete a dez dias para diminuir a excreção durante o transporte até o abate. Então, serão mortos tendo a guelra cortada antes de ser jogados num tanque para sangrar até morrer. Com frequência, os peixes são abatidos enquanto ainda estão conscientes e morrem em meio a convulsões de dor. Em outros casos, podem ser atordoados antes, mas os atuais métodos para isso não são confiáveis e podem levar alguns animais a sofrerem mais. Como acontece com as galinhas e os perus, nenhuma lei determina o abate humanitário de peixes.

Então, peixes capturados na natureza seriam uma alternativa mais humanitária? Com certeza, levam vidas melhores antes de ser capturados, já que não vivem em ambientes abarrotados e imundos. Essa é uma diferença importante. Mas considere as formas mais comuns de pescar os animais marinhos mais ingeridos nos Estados Unidos: atum, camarão e salmão. Três métodos prevalecem: espinhel, rede de arrasto e rede de cercar. O espinhel parece um fio telefônico passando dentro d'água, suspenso por boias em vez de postes. A intervalos regulares ao longo desse fio principal, fios menores de "ramais" são enfileirados – cada "ramal" lotado de anzóis. Agora, imagine não apenas um desses espinhéis cheios de anzóis, mas dezenas ou centenas, dispostos um atrás do outro por um único barco. Localizadores GPS e outros aparatos eletrônicos de comunicação são presos às boias, de modo que os pescadores possam voltar a elas mais tarde. E, claro, não há apenas um barco dispondo espinhéis, mas dezenas, centenas ou até mesmo milhares, nas maiores frotas comerciais.

Hoje, os espinhéis podem chegar a 120 quilômetros – linha suficiente para cruzar o Canal da Mancha mais de três vezes. Cerca de 27 milhões de anzóis são dispostos todos os dias. E os espinhéis não matam só sua "espécie alvo", mas também outras 145. Um estudo descobriu que cerca de 4,5 milhões de animais marinhos são mortos acidentalmente na pesca com espinhéis a cada ano, incluindo 3,3 milhões de tubarões, um milhão de marlins, 60 mil tartarugas marinhas, 75 mil albatrozes e 20 mil golfinhos e baleias.

Mas nem mesmo os espinhéis produzem a imensa pesca acidental associada à rede de arrasto. O tipo mais comum de rede de arrasto para pesca de camarão hoje varre uma área de cerca de 25 a 30 metros de largura. A rede é arrastada junto ao fundo do oceano numa velocidade de 4,5 a 6,5 quilômetros por hora, varrendo o camarão (e tudo o mais) para o fundo de uma rede em formato de funil. Quase sempre usada para camarão, ela é o equivalente marinho da derrubada de uma floresta tropical. Qualquer que seja seu alvo, as redes de arrasto capturam peixes, tubarões, arraias, caranguejos, lulas, vieiras – em geral, cerca de cem diferentes espécies de peixes e outras espécies. Praticamente todos morrem.

Há algo bastante sinistro nesse estilo de "colher" animais marinhos roçando o fundo da terra. As operações de pesca com rede de arrasto jogam em média de 80 a 90% dos animais marinhos que capturam de volta no oceano, mortos. As operações menos eficientes jogam, na verdade, mais de 98% dos animais marinhos capturados, mortos, de volta ao oceano.

Estamos literalmente reduzindo a diversidade e o vigor da vida oceânica *como um todo* (algo que só há pouco tempo os cientistas aprenderam a medir). As técnicas modernas de pesca estão destruindo ecossistemas que sustentam vertebrados mais complexos (como salmão e atum), deixando em sua esteira apenas as poucas espécies que conseguem sobreviver comendo plantas e plâncton, se tanto. Enquanto devoramos com gosto os nossos peixes mais desejados, que, em geral, são carnívoros do topo da cadeia alimentar, como o atum e o salmão, eliminamos predadores e causamos o curto florescimento de espécies um degrau abaixo na cadeia alimentar. A velocidade do processo de uma geração a outra torna difícil ver as mudanças (você sabe que peixes seus avós comiam?), e o fato de a pesca em si não diminuir de volume dá a falsa impressão de sustentabilidade. Ninguém planeja a destruição, mas a economia de mercado leva de modo inevitável à instabilidade. Não estamos exatamente esvaziando os oceanos; é mais como derrubar por completo uma floresta com milhares de espécies para criar imensos campos com um único tipo de soja.

A pesca com rede de arrasto e espinhéis não é apenas preocupante em termos ecológicos; também é cruel. Nas redes de arrasto, centenas de espécies diferentes ficam amontoadas juntas, sofrem cortes nos corais, são batidas com força contra pedras – durante horas – e então tiradas de dentro d'água, o que causa dolorosa descompressão (a descompressão, às vezes, faz os olhos dos animais saltarem e seus órgãos internos saírem pela boca). Nos espinhéis, também, a morte que os animais encontram em geral é lenta. Alguns simplesmente ficam presos lá e só morrem quando são removidos do fio. Alguns morrem dos ferimentos causados pelo anzol na boca, ou tentando fugir. Alguns não conseguem escapar do ataque de predadores.

As redes de cercar, o último método de pesca que vou discutir, são a principal tecnologia usada para capturar o número um dos Estados Unidos, em termos de frutos do mar: o atum. Uma parede feita de redes é disposta em torno de um cardume do peixe-alvo e, quando o cardume está cercado, o fundo da rede é franzido como se os pescadores puxassem o fio de uma gigantesca bolsa. Os peixes e todas as outras criaturas das vizinhanças que ficaram aprisionadas são então suspensos e levados até o convés. Peixes presos na rede podem ser lentamente dilacerados no processo. A maioria desses animais marinhos, porém, morre no próprio navio, onde sufoca lentamente ou tem as guelras cortadas enquanto ainda está consciente. Em alguns casos, os peixes são jogados no gelo, o que, na verdade, pode prolongar sua morte. De acordo com um estudo recente, publicado na *Applied Animal Behavior Science,* os peixes morrem lenta e dolorosamente durante um período que pode chegar a catorze minutos depois de jogados 100% conscientes numa massa de gelo (algo que acontece tanto com peixes pescados na natureza quanto com os criados em granjas).

Será que tudo isso importa – importa a ponto de mudarmos o que comemos? Talvez tudo de que precisamos sejam melhores rótulos para podermos tomar decisões mais sensatas sobre os peixes e os produtos derivados que compramos? A que conclusões os mais seletivos dos onívoros chegariam se, a cada peixe que comem, houvesse um rótulo dizendo que salmões com quase 80 centímetros de comprimento criados em granjas passam a vida numa quantidade de água equivalente à que cabe numa banheira e que seus olhos sangram por causa da intensidade da poluição? E se os rótulos mencionassem ainda as explosões de populações de parasitas, o aumento das doenças, a genética degradada e novas doenças resistentes a antibióticos que resultam da criação intensiva?

Para saber algumas coisas, porém, não precisamos de rótulos. Embora, em termos realistas, se possa esperar que pelo menos um percentual do gado e dos porcos seja abatido com rapidez e cuidado, nenhum peixe tem uma boa morte. Nem um único. Você não precisa se perguntar se o peixe em seu prato teve que sofrer. Teve.

Quer estejamos falando de espécies de peixes, porcos ou algum outro animal que comemos, será que esse sofrimento é a coisa mais importante do mundo? Claro que não. Mas essa não é a questão. Será que ele é mais importante do que sushi, do que bacon ou do que nuggets de frango? Essa é a questão.

6.

Comer animais

NOSSAS DECISÕES SOBRE A COMIDA se complicam com o fato de que não comemos sozinhos. A fraternidade à mesa vem forjando elos sociais até onde os registros arqueológicos nos permitem ver. Comida, família e memória estão ligados de modo primordial. Não somos meramente animais que comem, mas animais comedores.

Algumas de minhas mais caras memórias são de jantares semanais de sushi com meu melhor amigo, de comer hambúrgueres de peru preparados por meu pai com mostarda e cebola frita em festas no quintal e do gosto salgado do *gefilte fish* na casa de minha avó a cada Páscoa judaica. Essas ocasiões simplesmente não são as mesmas sem a comida – e isso importa.

Abrir mão do sabor do sushi ou do frango grelhado é uma perda que se estende para além de uma experiência gastronômica agradável. Mudar o que comemos e deixar os sabores sumirem gradualmente da nossa memória criam uma espécie de perda cultural, um esquecimento. Mas talvez valha a pena aceitar esse tipo de esquecimento e até mesmo cultivá-lo (o esquecimento também pode ser cultivado). Para me lembrar dos animais e da minha preocupação com seu bem-estar, eu talvez precise perder certos sabores e encontrar outros apoios para as memórias que eles um dia me ajudaram a carregar.

Recordar e esquecer são parte do mesmo processo mental. Escrever o detalhe de um evento é não escrever outro (a menos que você continue escrevendo para sempre). Recordar uma coisa é deixar outra cair no esquecimento (a menos que você continue recordando para sempre). Há o esquecimento ético e há também o esquecimento violento. Não temos como nos ater a tudo de que já tivemos experiência até hoje. Então, a questão não é se esquecemos, mas o que ou quem esquecemos – não se a nossa dieta muda, mas como muda.

Recentemente, meu amigo e eu começamos a comer sushi vegetariano e a ir ao restaurante italiano ao lado. Em vez dos hambúrgueres de peru que meu pai grelhava, meus filhos vão se lembrar de mim grelhando hambúrgueres vegetarianos no quintal. Na última Páscoa judaica, o *gefilte fish* teve um papel menos central, mas contamos histórias sobre ele (eu não parei, pelo visto). Junto com o Êxodo – a mais grandiosa das histórias a respeito de fracos prevalecendo sobre fortes da mais inesperada das maneiras – novas histórias sobre fracos e fortes foram acrescentadas.

A finalidade de compartilhar essas comidas especiais com pessoas especiais em ocasiões especiais era que estávamos fazendo algo intencional, separando aquelas refeições das outras. Acrescentar mais uma camada de intencionalidade foi enriquecedor. Sou cem por cento a favor de pôr de lado a tradição por uma boa causa. Mas, talvez nessas situações, a tradição não estivesse sendo posta de lado, mas sim, sendo cumprida.

Parece-me evidentemente errado comer porco de granjas industriais ou dá-lo à sua família. Talvez seja errado até mesmo sentar-se em silêncio com amigos que comem porco de granjas industriais, por mais difícil que seja dizer alguma coisa. Está claro que os porcos têm mentes ativas e igualmente claro que estão condenados a viver vidas infelizes em granjas industriais. A analogia de um cachorro mantido dentro de um armário é bem acurada, ainda que um tanto generosa. A causa ambiental contra comer carne de porco de granjas industriais é incontestável e condenatória.

Por motivos semelhantes, eu não comeria aves nem animais marinhos produzidos por métodos industriais. Olhar em seus olhos não gera o mesmo pathos de se olhar nos olhos de um porco, mas vemos com a mesma intensidade usando os olhos da mente. Tudo o que aprendi sobre a inteligência e a sofisticação social de aves e peixes em minhas pesquisas exige que eu leve a intensidade de seu sofrimento tão a sério quanto o sofrimento mais facilmente compreensível dos porcos de granjas industriais.

Com o gado que cresce nos pastos, a indústria me ofende menos (e o gado criado cem por cento no pasto, deixando de lado por um momento a questão do abate, é provavelmente a menos perturbadora das carnes – mais sobre isso no próximo capítulo). Ainda assim, dizer que algo é menos ofensivo do que uma granja industrial de suínos ou frangos é dizer o mínimo possível.

A questão, para mim, é esta: dado que comer animais não é em absoluto nem de nenhuma maneira necessário para mim nem para minha família – ao contrário de outras pessoas no mundo, temos acesso a uma variedade de outros alimentos – será que deveríamos comê-los? Respondo a esta pergunta como alguém que um dia adorou comer animais. Uma dieta vegetariana pode ser rica e muito saborosa, mas eu não poderia argumentar com honestidade, como muitos vegetarianos tentam argumentar, que ela é tão rica quanto uma dieta que inclui carne. (Aqueles que comem chimpanzé olham para a dieta ocidental como tristemente carente de um grande prazer.) Amo sushi, amo frango frito, amo um bom filé. Mas há um limite para o meu amor.

Desde que me deparei com as realidades da criação industrial, me recusar a comer carne convencional não foi uma decisão difícil. E se tornou difícil imaginar quem, além daqueles que lucram com ela, a defenderia.

Mas as coisas ficam complicadas para uma granja de porcos como a de Paul Willis ou uma granja de aves como a de Frank Reese. Admiro o que eles fazem e, dadas as alternativas, não é difícil pensar neles como heróis. Eles se importam com os animais que criam e os tratam tão bem quanto sabem tratar. Se nós, consumidores, pudermos limitar nosso desejo por carne de porco e aves à capacidade da terra (um grande se), não há argumentos devastadores contra esse tipo de criação.

A verdade é que seria possível observar que comer animais de qualquer tipo apoia necessariamente, ainda que de forma indireta, a criação industrial, ao aumentar a demanda pela carne. Isso não é trivial, mas não é a razão principal para eu não comer os porcos de Paul Willis ou as galinhas de Frank Reese – algo difícil de escrever, sabendo que Paul e Frank, agora meus amigos, vão ler estas palavras.

Embora Paul faça tudo o que pode, seus porcos ainda são castrados e ainda são transportados por longas distâncias até o matadouro. E, antes que Willis conhecesse Diane Halverson, a especialista em bem-estar animal que o ajudou em seu trabalho na Niman Ranch desde o início, ele decepava (cortava fora) os rabos dos porcos, o que mostra que até mesmo os mais gentis criadores às vezes não conseguem pensar no bem-estar de seus animais tanto quanto possível.

E há o matadouro. Frank é bastante sincero sobre os problemas que encontra para fazer com que seus perus sejam abatidos de um modo que ele considere aceitável, e um ótimo matadouro para suas aves continua sendo um trabalho em andamento para ele. No que diz respeito ao abate de porcos, a Paradise Locker Meats é de fato uma espécie de paraíso. Por causa da estrutura da indústria de carnes e das regulamentações do USDA, tanto Paul quanto Frank são obrigados a mandar seus animais para matadouros sobre os quais têm controle apenas parcial.

Todas as criações, como todas as outras coisas, têm falhas, estão sujeitas a acidentes, às vezes não funcionam como deveriam. A vida transborda de imperfeições, mas algumas são mais importantes do que outras. O quão imperfeitos têm que ser a criação e o abate de animais para ser imperfeitos demais? Pessoas diferentes traçam a linha em pontos diferentes no que diz respeito a granjas como a de Paul e Frank. Pessoas que eu respeito traçam de outro modo. Para mim, por ora – e agora para a minha família – minhas preocupações com a realidade do que a carne realmente é e se tornou são suficientes para me fazer abrir mão dela por completo.

É claro que consigo imaginar circunstâncias nas quais comeria carne – há até mesmo circunstâncias nas quais comeria um cachorro –, mas é improvável que me depare com elas. Ser vegetariano é uma estrutura flexível, e deixei um estado mental de ter que tomar constantes decisões sobre comer animais (quem consegue permanecer indefinidamente assim?) por um compromisso resoluto de não comer.

O que me leva de volta à imagem de Kafka de pé diante de um peixe no aquário de Berlim, um peixe sobre o qual seu olhar caiu numa paz recém-encontrada depois que ele decidiu não comer animais. Kafka reconheceu aquele peixe como membro de sua família invisível – não um igual, é claro, mas outro ser com o qual ele se relacionava. Tive uma experiência similar na Paradise Locker Meats. Não estava exatamente "em paz" quando o olhar de um porco a caminho da área de abate de Mario, com poucos segundos de vida, me pegou de surpresa. (Você já viu o último olhar de alguém?) Mas também não estava completamente envergonhado. O porco não era um receptáculo do meu esquecimento. O animal era um receptáculo da minha preocupação. Senti, e sinto, alívio com isso. Meu alívio não importa ao porco. Mas importa a mim. E isso é parte do meu modo de pensar sobre comer animais. Considerando, por ora, só o meu lado da equação – o do animal que come, em vez do que é comido – simplesmente não tenho como me sentir inteiro se esqueço de um modo tão consciente, tão *deliberado*.

E há a família visível também. Agora que minha pesquisa acabou, só em raras circunstâncias vou olhar nos olhos de um animal de criação. Mas muitas vezes por dia, durante muitos dias da minha vida, vou olhar nos olhos do meu filho.

Minha decisão de não comer animais é necessária para mim, mas também é limitada – e pessoal. É um compromisso assumido no contexto da minha vida, e na de mais ninguém. Até sessenta anos atrás ou coisa assim, grande parte da minha argumentação não seria inteligível, porque a criação industrial de animais que questiono não havia se tornado dominante. Se eu tivesse nascido numa época diferente, talvez tivesse chegado a conclusões diferentes. Concluir com firmeza que não vou comer animais não significa que eu me oponha ou que sequer tenha sentimentos confusos a respeito de comer animais *em geral*. Opor-se a bater numa criança para "ensinar uma lição" não é opor-se a forte disciplina paterna e materna. Decidir que vou disciplinar meu filho de um jeito e não de outro não é necessariamente uma decisão que imporia a outros pais. Decidir por si mesmo e por sua família não é decidir por um país ou pelo mundo.

Dito isso, embora veja utilidade em todos compartilharmos nossas reflexões e decisões pessoais sobre comer animais, não escrevi este livro apenas para chegar a uma conclusão pessoal. As criações de animais são moldadas não apenas por escolhas alimentares, mas por escolhas políticas. Escolher uma dieta pessoal é insuficiente. Mas até que ponto estou disposto a levar minhas próprias decisões e minhas próprias opiniões acerca da melhor pecuária alternativa? (Posso não comer seus produtos, mas meu compromisso em apoiar o tipo de criação que Paul e Frank fazem só tem se aprofundado.) O que espero dos outros? O que deveríamos esperar uns dos outros quando se trata da questão de comer animais?

Está bastante claro que as criações industriais são mais do que algo de que pessoalmente não gosto, mas não está claro que conclusões se seguem. Será que o fato de serem cruéis aos animais, ecologicamente prejudiciais e poluidoras significa que todo mundo precisa boicotá-las o tempo todo? Será que um afastamento parcial do sistema é suficiente – uma espécie de programa de compras que privilegie comida que não venha de criações industriais, mas que não chegue a ponto de ser um boicote? A questão não diria respeito às nossas escolhas pessoais de consumo, mas ao que precisa ser resolvido por meio de legislação e ação política coletiva?

Em que ponto eu deveria respeitosamente discordar de alguém e onde, em nome de valores mais profundos, deveria tomar uma posição firme e convidar os demais a fazerem o mesmo, junto comigo? Onde é que os fatos com os quais todos concordam deixam espaço para pessoas razoáveis discordarem, e onde é que eles exigem que tomemos uma atitude? Não insisti no fato de que comer carne é sempre errado para todo mundo, ou que a indústria da carne é irrecuperável apesar de seu lamentável estado atual. Que posições sobre comer animais eu *insistiria* como fundamentais para a decência moral?

O QUE EU FAÇO

Menos de 1% dos animais mortos para obtenção de carne nos Estados Unidos vem de criações familiares.

1.

Bill e Nicolette

AS ESTRADAS QUE LEVAVAM ao meu destino não eram sinalizadas, e placas bastante úteis tinham sido destruídas pela população local. "Não há razão alguma para vir a Bolinas", um residente resumiu numa reportagem mal recebida sobre a cidade no *New York Times*. "As praias são sujas, o corpo de bombeiros é terrível, os nativos são hostis e têm uma tendência ao canibalismo."

Não exatamente. Os 48 quilômetros da estrada litorânea de San Francisco eram puro fascínio – alternando entre vistas majestosas e enseadas naturais protegidas – e, quando cheguei a Bolinas (pop. 2.500), achei difícil lembrar por que um dia pensei no Brooklyn (pop. 2.500.000) como um lugar agradável para se viver. Também foi fácil entender por que aqueles que tropeçaram em Bolinas quiseram evitar que outros tropeçassem.

O que é metade da razão pela qual a disposição de Bill Niman para me levar à sua casa foi tão surpreendente. A outra metade tinha a ver com sua profissão: fazendeiro de gado.

Um dinamarquês cinza-chumbo, maior e mais calmo do que George, foi o primeiro a me receber, seguido por Bill e sua esposa, Nicolette. Depois dos usuais apertos de mão e palavras cordiais, eles me conduziram à sua casa modesta, encravada na encosta de uma colina, como um monastério nas montanhas. Rochas cobertas de musgos se projetavam no caminho de terra negra em meio a flores de cores vivas e plantas suculentas. Uma varanda reluzente se abria diretamente para a sala principal – a maior da casa, mas não grande. Uma lareira de pedras em frente a um sofá escuro e pesado (um sofá destinado ao relaxamento, não ao lazer) dominava a sala. Livros se empilhavam em estantes, alguns sobre comida e pecuária, a maioria não. Nós nos sentamos ao redor de uma mesa de madeira numa pequena copa que ainda cheirava a café da manhã.

– Meu pai era um imigrante russo – Bill explicou. – Cresci trabalhando no mercado da família em Minneapolis. Foi como fui apresentado à comida. Todos trabalhavam, a família toda. Minha vida não podia surgir como por um passe de mágica. – O que significava: *Como poderia um americano de primeira geração, um judeu da cidade, se tornar um dos mais importantes fazendeiros do mundo?* É uma boa pergunta, que tem uma boa resposta.

"O principal fator motivador na vida de todos, na época, era a guerra do Vietnã. Escolhi fazer trabalhos alternativos, ensinando em áreas federalmente declaradas de pobreza. Fui apresentado a certos elementos da vida rural e isso virou uma febre pra mim. Dei início a uma produção rural doméstica com minha esposa. (A primeira esposa de Niman, Amy, morreu num acidente na fazenda.) Adquirimos algumas terras, 4,5 hectares. Tínhamos cabras, galinhas e cavalos. Éramos bem pobres. Minha esposa dava aulas numa das grandes fazendas, e ganhamos algumas cabeças de gado nascido por engano de pequenas novilhas.

"Esses 'enganos' se tornaram a fundação da Niman Ranch. Hoje, a Niman Ranch tem um faturamento anual estimado em cem milhões de dólares, e o número está crescendo."

Quando eu os visitei, Nicolette passava mais tempo do que Bill administrando a empresa deles. Ele estava mais ocupado trabalhando para garantir as vendas de carnes bovina e suína produzidas pelas centenas de pequenos criadores que trabalham para sua companhia. Nicolette, que parece uma advogada da Costa Leste (o que de fato ela foi), conhecia cada novilha, vaca, boi e cada bezerro de suas terras, podia prever suas necessidades e satisfazê-las. Ela não parecia de modo algum parte daquilo, mas dava a impressão de se enquadrar perfeitamente. Bill, que com seu bigode espesso e pele grossa poderia ter sido escolhido pelo diretor de elenco de um filme, era agora basicamente um homem de marketing.

Eles não formam um par óbvio. Bill parece mais rústico e instintivo. Ele é o tipo de sujeito que, numa ilha com sobreviventes de um acidente de avião, conquistaria o respeito de todos e se tornaria o relutante líder. Nicolette é uma pessoa da cidade, falante mas reservada e cheia de energia e preocupação. Bill é receptivo mas estoico. Ele parece se sentir mais à vontade ouvindo – o que é bom, já que Nicolette parece mais à vontade falando.

– Quando eu e Bill começamos a sair – ela explicou –, foi sob pretextos falsos. Pensei que eram encontros de negócios.

– Na verdade, você estava com medo de que eu descobrisse que era vegetariana.

– Bem, eu não estava *com medo*. Já havia trabalhado com criadores de gado durante anos e sabia que a indústria da carne pinta os vegetarianos como terroristas. Se você está numa área rural do país, encontrando-se com pessoas que criam animais para alimentação, e eles percebem que você não come carne, endurecem. Eles têm medo que você os esteja julgando com severidade e que possa até mesmo ser alguém perigoso. Eu não tinha medo de que você descobrisse, mas não queria colocá-lo na defensiva.

– Da primeira vez que nos sentamos juntos para comer...

– Eu pedi uma pasta primavera e Bill disse: "Ah, você é vegetariana?" Eu disse sim. Então, ele falou algo que me surpreendeu.

2.

Sou uma pecuarista vegetariana

Cerca de seis meses depois que me mudei para o rancho em Bolinas, disse a Bill: "Não quero apenas morar aqui. Quero saber de verdade como esta fazenda funciona e ser capaz de tocar as coisas." Então, me envolvi bastante com o trabalho real. No começo, fiquei ansiosa com a possibilidade de me sentir incomodada por estar vivendo numa fazenda de gado, mas o que aconteceu foi exatamente o contrário. Quanto mais tempo passava aqui, quanto mais tempo passava na companhia dos nossos animais, vendo como eles viviam bem, me dava conta de que isso era uma responsabilidade verdadeiramente honrosa.

Não vejo como responsabilidade do fazendeiro a mera garantia de que não haverá sofrimento ou crueldade. Acredito que devemos a nossos animais o mais alto nível de existência. Por estarmos tirando suas vidas para obter comida, penso que eles têm o direito de viver os prazeres básicos da vida – coisas como se deitar ao sol, acasalar e criar seus filhotes. Acredito que eles merecem ter alegrias. E nossos animais têm! Um dos problemas que tenho com a maior parte dos padrões de produção "humanitária" de carne é que eles colocam o foco estritamente na ausência de sofrimento. Isso, para mim, deveria estar implícito. Nenhum sofrimento desnecessário deveria ser tolerado em fazenda ou granja alguma. Mas, se você vai criar um animal para tirar-lhe a vida, existem muito mais responsabilidades do que esta!

Não é uma ideia nova ou uma filosofia que eu tenha criado. No decorrer da história da criação de animais, muitos homens do campo se sentiram na obrigação de tratar bem seus animais. O problema é que essa criação tem sido substituída – ou foi substituída – por métodos industriais originados nos hoje conhecidos departamentos de "ciência animal". A familiaridade que os criadores tradicionais tinham com cada animal individualmente foi abandonada em favor de sistemas grandes e impessoais. É literalmente impossível conhecer cada animal numa unidade de confinamento de suínos ou numa área de engorda industrializada, com milhares ou centenas de milhares de animais. Em vez disso, os operadores lidam com problemas relativos a esgoto e automação. Os animais se tornam quase acidentais. A mudança trouxe uma mentalidade e uma ênfase totalmente diferentes. A responsabilidade dos homens do campo para com seus animais ficou esquecida, se não negada por completo.

Da maneira como eu vejo tudo isso, os animais entraram num acordo com os humanos, uma espécie de troca. Quando a criação é feita como deveria, os humanos podem proporcionar aos animais uma vida melhor do que eles poderiam esperar ter na natureza e, quase com certeza, uma morte melhor. Isso é bastante significativo. Por descuido, já deixei o portão aberto aqui em várias ocasiões. Nenhum animal foi embora. Eles não vão porque o que têm aqui é a segurança do rebanho, ótimos pastos, água, de vez em quando feno e muita previsibilidade. Seus amigos estão aqui. Num certo sentido, eles decidem ficar. Não é um contrato cem por cento voluntário, é claro. Eles não orquestraram seus próprios nascimentos, mas afinal nenhum de nós orquestrou.

Acredito que seja uma atividade nobre criar animais para servir de alimento saudável – e proporcionar ao animal uma vida de alegria e livre de sofrimento. Suas vidas são tiradas com um propósito. E penso que é isso que todos nós podemos desejar: uma vida boa e uma morte tranquila.

A ideia de que os humanos são parte da natureza também é importante aqui. Sempre olhei para os sistemas naturais em busca de modelos. A natureza é bastante econômica. Mesmo se um animal não for caçado, ele é consumido logo após sua morte. São invariavelmente devorados por outros animais na natureza, quer sejam predadores ou se alimentem de carniça. Ainda que sempre consideremos o gado como rigidamente herbívoros, já chegamos a perceber, ao longo dos anos, nosso gado mastigando às vezes ossos de cervos. Alguns anos atrás, um estudo da US Geological Survey descobriu que os cervos estavam comendo vários ovos de aves que faziam ninhos no chão. Os pesquisadores ficaram chocados! A natureza é bem mais fluida do que pensamos. Mas está claro que é natural para os animais comerem uns aos outros. E já que nós, humanos, somos parte da natureza, é muito natural que comamos animais.

Mas isso não significa que tenhamos *que comer animais. Sinto que posso fazer a escolha individual de evitar comer carne por minhas próprias razões. No meu caso, é por causa dessa conexão particular que sempre senti com os animais. Acho que comer carne iria me incomodar um pouco. Faria com que eu me sentisse desconfortável. Para mim, a criação industrial é errada não porque produz carne, mas porque priva cada animal do menor vestígio de felicidade. Para dizer de outro modo, se eu roubasse alguma coisa, isso pesaria na minha consciência porque seria errado de um modo inerente. Carne não é errado de modo inerente. E, se eu comesse, a minha reação provavelmente se limitaria a uma sensação de arrependimento.*

Antes eu pensava que ser vegetariana me eximia de perder tempo tentando mudar a maneira como os animais são tratados. Sentia que ao me abster de comer carne eu estava fazendo a minha parte. Isso agora me parece tolo. A indústria da carne afeta a todos, no sentido em que todos vivemos numa sociedade em que a produção de alimentos é baseada na criação industrial. Ser vegetariana não me exime da responsabilidade sobre como o nosso país cria animais, sobretudo numa época em que o consumo total de carne está crescendo em níveis nacional e global.

Tenho vários conhecidos veganos, alguns dos quais ligados à PETA ou ao Farm Sanctuary. Vários deles pressupõem que em algum ponto a humanidade vai resolver o problema das criações industriais fazendo com que as pessoas deixem de comer carne. Eu discordo. Pelo menos, não durante as nossas vidas. Se isso fosse possível, acho que seria daqui a muitas gerações. Então, nesse ínterim, alguma outra coisa precisa acontecer para acabar com o sofrimento intenso causado por essas criações. Alternativas precisam ser defendidas e apoiadas.

Felizmente, há lampejos de esperança para o futuro. Um retorno a métodos mais sensatos de criação está em ação. Está emergindo uma determinação coletiva – uma determinação política, e também por parte dos consumidores, comerciantes e restaurantes. Vários imperativos estão se reunindo. Um desses imperativos é o melhor tratamento dos animais. Estamos despertando para a ironia que é procurar um xampu que não seja testado em animais, enquanto ao mesmo tempo (e várias vezes por dia) compramos carne produzida por sistemas extremamente cruéis.

Há também as mudanças dos imperativos econômicos, com o custo do combustível, dos produtos químicos usados na pecuária, os grãos e cereais aumentando de preço. E os subsídios às fazendas e granjas, que promoveram a criação industrial durante décadas, estão se tornando cada vez mais insustentáveis, sobretudo à luz da atual crise financeira. As coisas estão começando a se realinhar.

Aliás, o mundo não precisa produzir tantos animais quanto produz hoje. A criação industrial não surgiu nem avançou a partir de uma necessidade de produzir mais comida – de "alimentar os famintos" –, mas de produzi-la de um modo que seja lucrativo às companhias do agronegócio. As criações industriais são movidas pelo dinheiro. Essa é a razão pela qual o sistema de criação industrial está fracassando e não vai funcionar a longo termo: criou uma indústria de alimentos cuja preocupação principal não é alimentar as pessoas. Será que alguém realmente duvida de que as corporações que controlam a maior parte da pecuária nos Estados Unidos estão nisso pelo lucro? Na maior parte delas, essa é uma força motriz bastante boa. Mas, quando os produtos são os animais, as fábricas são a própria terra e os produtos são consumidos fisicamente, os interesses não são os mesmos, e o pensamento não pode ser o mesmo.

Criar animais fisicamente incapazes de se reproduzir, por exemplo, não faz sentido se você quer alimentar pessoas, mas tem lógica se sua preocupação primária é ganhar dinheiro. Bill e eu temos alguns perus no rancho, aves "heritage", *as mesmas raças que eram criadas no começo do século vinte. Tivemos que ir tão longe em busca de animais para criar porque os perus modernos mal conseguem andar, para não falar em acasalar naturalmente ou criar seus filhotes. Isso é o que se obtém num sistema que só incidentalmente está interessado em alimentar pessoas e permanece cem por cento desinteressado dos próprios animais. A criação intensiva é o último sistema que você desenvolveria se sua preocupação fosse alimentar pessoas de modo sustentável e a longo termo.*

A ironia é que, embora fazendas e granjas industriais não tragam benefícios ao público, contam conosco não só para apoiá-las, mas também para pagar pelos seus erros. Repassam todo o custo da tarefa de se livrar dos excrementos dos animais ao meio ambiente e às comunidades onde operam. Os preços são artificialmente baratos. O que não aparece na caixa registradora dos supermercados é pago durante anos e por todo mundo.

O que precisa acontecer agora é um movimento rumo à criação nos pastos. Essa não é uma ideia estapafúrdia; há precedente histórico. Até a ascensão das criações industriais, em meados do século XX, a pecuária americana tinha uma relação bem próxima com o capim e era muito menos dependente de grãos e cereais, produtos químicos e máquinas. Animais criados no pasto têm vida melhor e são mais sustentáveis em termos de meio ambiente. O sistema de pastagem também faz cada vez mais sentido por fortes razões econômicas. O preço crescente do milho vai mudar a forma como nos alimentamos. O gado terá permissão para pastar mais, comendo capim conforme planejado pela natureza. E, à medida que o setor da criação industrial tiver que lidar com o problema da concentração de excrementos, em vez de apenas repassar o problema ao público, isso também tornará a criação baseada em pastos mais atraente em termos econômicos. E esse é o futuro: a criação verdadeiramente sustentável e humanitária.

Ela sabe que as coisas não são assim

Agradeço ter compartilhado a transcrição das reflexões de Nicolette comigo. Trabalho na PETA, e ela é produtora de carne, mas penso nela como minha colega na luta contra as criações industriais. Ela é minha amiga. Concordo com tudo o que ela disse sobre a importância de tratar bem os animais e sobre os preços artificialmente baixos da carne produzida na criação intensiva. Concordo, claro, que, se alguém vai comer animais, devia comer só aqueles alimentados com capim e criados no pasto, sobretudo o gado. Mas eis aqui o elefante na sala: afinal, por que comer animais?

Em primeiro lugar, considere o meio ambiente e a crise de alimentos: não há diferença ética entre comer carne e jogar enormes quantidades de comida na lata de lixo, já que os animais que comemos só têm condições de transformar uma pequena fração da comida que lhes é dada em calorias – para cada caloria de carne animal produzida, é necessário fornecer a esse animal de 20 a 26 calorias. A maior parte daquilo que plantamos nos Estados Unidos vai para alimentação de animais – terra e comida que poderiam ser usadas para alimentar seres humanos ou preservar a natureza. A mesma coisa está acontecendo no mundo inteiro, com consequências devastadoras.

O enviado especial da ONU para as questões alimentares chamou de "crime contra a humanidade" desviar cem milhões de toneladas de grãos e cereais para produzir etanol enquanto quase um bilhão de pessoas passam fome. Então, que tipo de crime é a agricultura animal, que usa 756 milhões de toneladas de grãos e cereais todos os anos, bem mais do que o suficiente para alimentar 1,4 bilhão de seres humanos que vivem em extrema pobreza? E esses 756 milhões de toneladas nem sequer incluem o fato de que 98% das colheitas globais de soja, 225 milhões de toneladas, também são dados a animais de criações industriais. Você está apoiando uma gigantesca ineficiên-

cia e empurrando para cima o preço da comida para as pessoas mais pobres do mundo, mesmo que coma só a carne da Niman Ranch. Foi essa ineficiência – não o prejuízo ambiental nem mesmo o bem-estar dos animais – que me fez parar de comer carne, em primeiro lugar.

Alguns criadores gostam de destacar que há habitats marginais onde não se tem como plantar, mas se tem como criar gado, ou que o gado pode fornecer nutrientes em épocas em que as colheitas fracassarem. Esses argumentos, porém, só podem ser aplicados com seriedade nos países em desenvolvimento. O principal cientista nessa questão, R. K. Pachauri, dirige o Painel Intergovernamental para Mudanças Climáticas. Ele ganhou o Prêmio Nobel da Paz por seu trabalho relacionado ao clima, e argumenta que o vegetarianismo é a dieta que todos no mundo desenvolvido deveriam adotar, baseando-se apenas em razões ambientais.

Claro que a questão dos direitos animais é o motivo para eu integrar a PETA; a ciência mais básica nos diz que, assim como nós, os outros animais são feitos de carne, sangue e ossos. Um criador de porcos no Canadá matou dezenas de mulheres, pendurando-as nos ganchos para carne onde as carcaças dos porcos normalmente são penduradas. Quando foi levado a julgamento, houve uma imensa e visceral repugnância e horror diante da revelação de que algumas das mulheres foram dadas como alimento a pessoas que pensavam estar comendo os porcos do criador. Os consumidores não conseguiam distinguir a carne de porco da carne humana. Claro que não. As diferenças entre a anatomia dos seres humanos e dos porcos (e das galinhas, e do gado etc.) são insignificantes se comparadas às similaridades – um cadáver é um cadáver, carne é carne.

Os outros animais têm os mesmos cinco sentidos que nós temos. E cada vez mais aprendemos que eles têm necessidades comportamentais, psicológicas e emocionais com que a evolução os dotou assim como nos dotou. Como os seres humanos, os animais sentem prazer e dor, felicidade e tristeza. O fato de os animais sentirem muitas das mesmas emoções que nós sentimos está agora bem estabelecido. Chamar a todas as suas complexas emoções e comportamentos de "instinto" é estupidez, como Nicolette visivelmente concorda. Ignorar as óbvias implicações morais dessas semelhanças é fácil de se fa-

zer no mundo atual – é conveniente, político e comum. Mas também é errado. E não basta sabermos o que é certo e errado; a ação é a outra (e a mais importante) metade da compreensão moral.

O amor de Nicolette pelos animais é nobre? É quando a leva a encará-los como indivíduos e a não querer lhes fazer mal. Mas, quando a leva a ser cúmplice em marcá-los a ferro, arrancar filhotes de suas mães e cortar-lhes a garganta, fica mais difícil de compreender. Eis o porquê: aplique seus argumentos em prol do consumo de carne na criação de cães e gatos – ou mesmo de seres humanos. A maioria de nós perde a simpatia. Na verdade, esses argumentos parecem ter uma semelhança sinistra com (e são estruturalmente idênticos) os argumentos de senhores de escravos que defendiam que eles deviam ser mais bem tratados, sem abolição da escravidão. Poderíamos forçar alguém à escravidão e lhe dar "uma boa vida e uma morte tranquila", como diz Nicolette, falando dos animais criados em fazendas e granjas. Isso é preferível a abusar deles como escravos? Claro. Mas ninguém quer isso.

Ou então tente fazer essa experiência de raciocínio: Você castraria os animais sem anestésico? Marcaria a ferro? Cortaria suas gargantas? Por favor tente assistir a essas práticas (o vídeo Meet Your Meat [Conheça a sua carne] *é facilmente encontrável na internet e um bom ponto de partida). A maioria das pessoas não faria essas coisas. A maioria de nós não quer nem mesmo assistir. Então, onde está a integridade básica de pagar a outros para fazê-lo por você? É crueldade por contrato, e morte por contrato, e para quê? Um produto de que ninguém precisa – carne.*

Comer carne pode ser "natural", e a maioria das pessoas pode achar aceitável. Os humanos sem dúvida vêm fazendo isso há muito tempo, mas esses não são argumentos morais. Na verdade, toda a sociedade humana e o progresso moral representam uma transcendência explícita do que é "natural". E o fato de que a maioria das pessoas no Sul dos Estados Unidos apoiava a escravidão nada tem a ver com sua moralidade. A lei da selva não é um padrão moral, por mais que faça aqueles que comem carne se sentirem melhor sobre seu hábito.

Depois de fugir da Polônia ocupada pelos nazistas, o prêmio Nobel Isaac Bashevis Singer comparou os preconceitos por outras es-

pécies às "mais extremas teorias racistas". Singer argumentou que os direitos animais eram a forma mais pura de defesa da justiça social, porque os animais são os mais vulneráveis de todos os oprimidos. Ele sentia que tratar mal os animais era a epítome do paradigma moral do "poder faz a força". Trocamos seus mais básicos e importantes interesses por efêmeros interesses humanos só porque podemos. É claro, o animal humano é diferente de todos os outros animais. Os humanos são únicos, só não de um modo que torna a dor animal irrelevante. Pense nisso: você come galinha porque está familiarizado com a literatura científica sobre elas e chegou à conclusão de que seu sofrimento não importa ou come porque é gostoso?

Em geral, tomar decisões éticas significa escolher entre inevitáveis e sérios conflitos de interesse. Neste caso, os interesses conflitantes são: o desejo do ser humano por um prazer do palato e o interesse do animal em não ter a garganta cortada. Nicolette vai lhe dizer que proporciona ao animal uma "vida boa e uma morte tranquila". Mas a vida que eles proporcionam aos animais não é nem de perto tão boa quanto a que a maioria de nós proporciona a seus cães e gatos. (Eles podem proporcionar aos animais uma vida e uma morte melhores do que a Smithfield, mas boas?) E, de todo modo, que tipo de vida acaba aos 12 anos, idade equivalente à humana dos animais mais velhos utilizados por fazendeiros como Bill e Nicolette?

Nicolette e eu concordamos sobre a importância da influência que nossas escolhas alimentares têm sobre os outros. Se você é vegetariano, essa é uma unidade de vegetarianismo em sua vida. Se influenciar outra pessoa, terá dobrado seu compromisso de vida inteira de ser vegetariano. E pode influenciar muitas mais, é claro. Os aspectos públicos da alimentação são críticos seja qual for a dieta de sua escolha.

A decisão de comer seja qual for o tipo de carne (mesmo se ela vier de produtores menos abusivos) vai fazer com que outros que você conhece comam carne de criações industriais quando poderiam não comer. O que significaria se os líderes da investida da "carne ética", como meus amigos Eric Schlosser e Michael Pollan e até mesmo os fazendeiros da Niman Ranch, tirassem regularmente dinheiro do bolso e mandassem para criações industriais? Para mim, significa que o "carnívoro ético" é uma ideia fracassada; até mesmo os mais *proeminentes defensores não fazem isso o tempo todo. Encontrei várias pessoas bastante comovidas pelos argumentos de Eric e Michael, mas nenhuma delas come apenas carne tipo Niman Ranch. Ou são vegetarianas ou continuam a comer pelo menos alguns animais de criações industriais.*

Dizer que o consumo de carne pode ser ético soa "bacana" e "tolerante" só porque a maioria das pessoas gosta de ouvir que fazer o que quer que tenham vontade de fazer é ético. É muito popular, claro, quando uma vegetariana como Nicolette dá aos amantes da carne cobertura para esquecer o verdadeiro desafio moral que ela representa. Mas os conservadores sociais de hoje são os "extremistas" de ontem em questões como direitos das mulheres, direitos civis, direitos das crianças e assim por diante. (Quem é que defende meias medidas na questão da escravidão?) Ora, quando se trata de comer animais, torna-se subitamente problemático indicar o que é, em termos científicos, óbvio e irrefutável: serão os animais mais parecidos conosco do que diferentes de nós? São nossos "primos", como diz Richard Dawkins. Até mesmo dizer "você está comendo um cadáver", o que é irrefutável, é considerado hiperbólico. Não, é apenas verdade.

Na verdade, não há nada de severo ou de intolerante na sugestão de que não devíamos pagar pessoas – e pagar todos os dias – para infligir queimaduras de terceiro grau, arrancar testículos ou cortar gargantas de animais. Vamos descrever a realidade: aquele pedaço de carne veio de um animal que, na melhor das hipóteses – e são muito poucos os que conseguem se safar sofrendo apenas isso –, foi queimado, mutilado e morto em nome de alguns minutos de prazer para os humanos. O prazer justifica os meios?

Ele sabe que as coisas não são assim

Respeito o ponto de vista daqueles que decidem – seja pela razão que for – abster-se de comer carne. Na verdade, foi o que eu disse a Nicolette em nosso primeiro encontro, quando ela me disse que era vegetariana. "Ótimo. Respeito isso", falei.

A maior parte de minha vida adulta foi passada tentando encontrar uma alternativa à criação de animais, mais nitidamente em meu trabalho com a Niman Ranch. Concordo cem por cento com o fato de que os métodos modernos e industrializados de produção de carne, que só começaram a ser utilizados na segunda metade do século XX, violam valores básicos durante muito tempo associados à criação e ao abate de animais. Em muitas culturas tradicionais, já foi amplamente reconhecido que os animais merecem respeito e que suas vidas só deveriam ser tiradas com reverência. Por causa desse reconhecimento, antigas tradições no judaísmo, islamismo, culturas indígenas americanas e outras ao redor do mundo mantinham rituais e práticas específicos relacionados ao modo como os animais usados na alimentação deviam ser tratados e abatidos. Infelizmente, o sistema industrial abandonou as noções de que os animais individuais têm direito a boas vidas e que sempre deveriam ser tratados com respeito. Foi por isso que me opus abertamente a muito do que acontece hoje em dia na produção industrializada.

Dito isso, vou explicar por que me sinto bem ao criar animais para alimentação usando métodos tradicionais e naturais. Como lhe disse há alguns meses, cresci em Minneapolis, filho de imigrantes judeus russos que deram início ao Niman's Grocery, um mercadinho de esquina. Era o tipo de lugar em que o serviço era prioridade máxima; os fregueses eram conhecidos pelo nome e vários pedidos eram feitos por telefone e entregues na porta da casa do cliente. Quando era criança, eu fazia muitas dessas entregas. Também ia com meu pai às feiras livres, guardava os produtos nas prateleiras, ensacava as compras e fazia muitos outros trabalhos eventuais. Minha mãe, que também trabalhava na loja, era cozinheira competente, que preparava quase tudo fresco, usando, claro, ingredientes que estocávamos para o negócio da família. A comida era sempre tratada como algo precioso e único, que não devia ser tida como garantida nem desperdiçada. Tampouco era considerada mero combustível para fazer nossos corpos funcionarem. A coleta, o preparo e o consumo de comida na nossa família envolvia tempo, cuidado e rituais.

Quando eu tinha meus vinte e poucos anos, cheguei a Bolinas e comprei uma propriedade. Minha falecida esposa e eu lavramos um bom pedaço de terra para fazer uma horta; plantamos árvores frutíferas; compramos algumas cabras, galinhas e porcos. Pela primeira vez na vida, a maior parte de minha comida era produto de meu próprio trabalho. E isso nos dava imensa satisfação.

Foi nessa época de minha vida também que tive que enfrentar, de modo direto, o peso de comer carne. Vivíamos literalmente ao lado de nossos animais, e eu conhecia pessoalmente cada um deles. Então, tirar suas vidas era algo muito real, e não era fácil de fazer. Lembro nitidamente de ter ficado acordado à noite depois que matamos nosso primeiro porco. Fiquei angustiado, me perguntando se tinha feito a coisa certa. Mas, nas semanas que se seguiram, enquanto nós, nossos amigos e nossa família comíamos a carne daquele porco, me dei conta de que ele havia morrido por um propósito importante – nos fornecer comida deliciosa, saudável e altamente nutritiva. Cheguei à conclusão de que, contanto que sempre me empenhasse em proporcionar a nossos animais vidas boas e naturais e mortes sem medo ou dor, criá-los para a alimentação seria moralmente aceitável para mim.

Claro, a maioria das pessoas jamais precisa se confrontar com o fato desagradável de que alimentos de origem animal (incluindo aí laticínios e ovos) envolvem matar os animais. Mantêm-se desligadas dessa realidade, comprando sua carne, seu peixe e seu queijo nos supermercados e restaurantes, já cozidos e apresentados em pedaços, tornando fácil pensar pouco, ou não pensar, nos animais dos quais esses alimentos vieram. Isso é um problema. Permitiu ao agronegócio transformar a criação de gado e aves em sistemas insalubres e desumanos, com pouco escrutínio público. Poucos já viram o interior de instalações de produção de laticínios, ovos ou carne de porco, e a maioria dos consumidores não tem ideia do que se passa nesses lugares. Estou convencido de que a grande maioria ficaria estarrecida com o que acontece ali dentro.

Em outras épocas, os americanos se relacionavam de perto com os modos e os locais onde sua comida era produzida. Essa relação e familiaridade garantiam que a produção de alimentos acontecesse de um modo coerente com os valores de nossos cidadãos. Mas a industrialização das fazendas e granjas quebrou esse vínculo e nos lançou na era moderna da falta de conexão. Nosso atual sistema de produção de alimentos, sobretudo o modo como os animais são criados em confinamento, viola a ética básica da maioria dos americanos, que acha o uso de animais na alimentação moralmente aceitável, mas acredita que cada um deles deveria ter uma vida decente e uma morte humanitária. Isso quase sempre foi parte do sistema de valores americano. Quando o presidente Eisenhower assinou a Lei dos Métodos Humanitários de Abate, em 1958, notou que, baseado nas cartas que havia recebido a respeito, seria de se imaginar que os americanos só estavam *interessados no abate humanitário.*

Ao mesmo tempo, a grande maioria dos americanos e dos povos de outros países sempre acreditou que comer carne era moralmente aceitável. Isso é cultural e também natural. É cultural no sentido de que pessoas criadas em casas onde carne e laticínios são consumidos em geral adotam os mesmos padrões. A escravidão é uma má analogia. A escravidão – ainda que muito comum em certas épocas e em certos lugares – nunca foi uma prática universal e diária, sustentando cada lar, como o consumo de carne, peixes ou laticínios sempre foi nas sociedades humanas em todo o mundo.

Digo que comer carne é natural porque um grande número de animais na natureza come a carne de outros animais. Isso inclui, é claro, os humanos e nossos ancestrais pré-humanos, que começaram a comer carne há mais de 1,5 milhão de anos. Na maior parte do mundo e durante a maior parte da história animal e humana, comer carne nunca foi apenas uma questão de prazer. Foi base para a sobrevivência.

O valor nutritivo da carne bem como a ubiquidade de seu consumo na natureza são fortes indicativos, para mim, de que ela é apropriada. Alguns tentam argumentar que é errado olhar para os sistemas naturais a fim de determinar o que é moralmente aceitável porque comportamentos como o estupro e o infanticídio foram observados na natureza. Mas esse argumento é furado porque aponta para aberrações. Tais eventos não acontecem como um padrão nas populações animais. Claro que seria tolice procurar aberrações para determinar o que é normal e aceitável. Mas as normas dos ecossistemas naturais têm uma infinita sabedoria sobre economia, ordem e estabilidade. E comer carne é (e sempre foi) a norma na natureza.

Mas e quanto aos argumentos de que nós, humanos, devíamos escolher não comer carne, independentemente das normas naturais, porque a carne é, de modo inerente, consumidora de recursos? Essa alegação também é furada. Esses números pressupõem que o gado seja criado em instalações de confinamento intensivo e recebam como alimento cereais e soja de plantações mantidas com fertilizantes. Esses dados não são aplicáveis a animais mantidos quase exclusivamente nos pastos, como o gado, as cabras, as ovelhas e os cervos que se alimentam de capim.

O principal cientista que investiga o uso de energia na produção de alimentos é há bastante tempo David Pimentel, da Universidade de Cornell. Pimentel não é um defensor do vegetarianismo. Ele até observa que "todas as provas disponíveis sugerem que os seres humanos são onívoros". Escreve com frequência sobre o importante papel do gado na produção mundial de alimentos. Por exemplo, em sua obra crucial Comida, energia e sociedade, ele observa que os rebanhos de gado desempenham "um importante papel... de fornecimento de alimentos para os seres humanos". Ele elabora isso, dizendo: "Primeiro, o gado converte de modo eficiente a forragem que cresce em seu habitat marginal em alimento adequado a seres humanos. Segundo, os rebanhos servem de estoque de recursos alimentares. Terceiro, o gado pode ser trocado por... grãos e cereais durante os anos de chuva inadequada e colheitas pobres."

Além disso, afirmar que a pecuária é prejudicial de um modo inerente ao meio ambiente peca por não compreender a produção nacional e mundial de alimentos a partir de uma perspectiva holística. Arar a terra e plantar é prejudicial de um modo inerente ao meio ambiente. Na verdade, muitos ecossistemas evoluíram tendo como componentes integrais animais pastando ao longo de dezenas de milhares de anos. Animais que pastam são a forma ecologicamente mais eficaz de manter a integridade dessas pradarias e campinas.

Como Wendell Berry explicou com eloquência em seus escritos, as fazendas ecologicamente mais íntegras plantam e criam animais em conjunto. Seu modelo são os ecossistemas naturais, com influência recíproca, contínua e complexa da flora e da fauna. Muitos fazen-

deiros que plantam frutas e vegetais orgânicos (talvez a maioria deles) dependem do adubo do gado e das aves como fertilizantes.

A realidade é que toda a produção de alimentos envolve uma alteração do meio ambiente, em algum nível. O objetivo do trabalho sustentável numa fazenda é minimizar a ruptura. A pecuária baseada em pastagens, sobretudo quando faz parte de uma fazenda diversificada, é a forma menos invasiva de produzir alimentos, minimizando a poluição da água e do ar, a erosão e os impactos sobre a fauna selvagem. Também permite que os animais de criação cresçam vigorosamente. Promover esses sistemas agrícolas e de criação de animais é o trabalho da minha vida inteira, e sinto orgulho dele.

3.

Será que nós sabemos que as coisas não são assim?

BRUCE FRIEDRICH, DA PETA (a voz que se seguiu à de Nicolette na seção anterior), de um lado, e os Niman, do outro, representam duas respostas institucionais dominantes ao nosso presente sistema pecuário. Essas duas visões são também duas estratégias. Bruce defende os *direitos dos* animais. Bill e Nicolette defendem o *bem-estar* animal.

Sob certo ponto de vista, as duas respostas parecem se unir: ambas buscam menos violência. (Quando os defensores dos direitos dos animais argumentam que *eles não estão aqui para que nós os usemos*, estão pedindo uma minimização do mal que infligimos.) Desse ponto de vista, a diferença mais importante entre as duas posições – a que está no núcleo do que nos motiva a escolher uma ou outra – é uma aposta em qual das duas formas de viver vai de fato resultar em menos violência.

Os defensores dos direitos animais que encontrei em minha pesquisa não perdem muito tempo criticando (muito menos fazendo campanhas contra) um cenário em que gerações e mais gerações de animais são criados por bons pastores, como Frank, Paul, Bill e Nicolette. Esse cenário – a ideia de uma pecuária firmemente humanitária – não é com frequência vista como objetável pela maioria daqueles que trabalham em nome dos direitos animais, pois é desesperançosamente romântica. Eles não acreditam nela. Do ponto de vista dos direitos dos animais, a posição que defende seu bem-estar é como propor que retiremos os direitos legais básicos das crianças, ofereçamos imensos incentivos financeiros para fazê-las trabalharem até morrer, não estabeleçamos qualquer tabu social para usar produtos feitos com trabalho infantil e de algum modo esperemos que leis ineficientes defendendo o "bem-estar infantil" garantam que sejam bem tratadas. O sentido da analogia não é que as crianças estejam no mesmo nível moral que os animais, mas que ambos são vulneráveis e quase infinitamente exploráveis se outros não intervierem.

Claro, aqueles que "acreditam na carne" e querem que seu consumo continue sem a criação industrial pensam que os defensores do vegetarianismo é que são pouco realistas. Com certeza, um grupo pequeno (ou até mesmo grande) pode querer se tornar vegetariano ou vegano, mas as pessoas, de um modo geral, querem carne, sempre quiseram, sempre vão querer, e ponto final. Os vegetarianos são, na melhor das hipóteses, gentis, mas não são realistas. Na pior, são sentimentais delirantes.

Sem dúvida, trata-se de conclusões diferentes sobre o mundo em que vivemos e sobre a comida que deveria estar no nosso prato. Mas quanta diferença essas diferenças fazem? A ideia de um sistema de fazendas enraizado nas melhores tradições do bem-estar animal *e* a ideia de um sistema vegetariano de fazendas enraizado na ética dos direitos animais são ambas estratégias para reduzir (jamais eliminar) a violência inerente ao fato de estarmos vivos. Não são apenas valores opostos, como, com frequência, é retratado. Representam modos diferentes de executar algo que ambos concordam que precisa ser executado. Refletem intuições diferentes sobre a natureza humana, mas ambos apelam à compaixão e à prudência.

Ambas as propostas requerem transições bastante significativas de crença, e ambas esperam um bocado de nós como indivíduos – e como sociedade. Ambos exigem uma posição ativa, não apenas tomar uma decisão e mantê-la para si mesmo. Ambas as estratégias, se forem atingir seus objetivos, sugerem que precisamos fazer mais do que apenas mudar nossa dieta; precisamos pedir aos outros que se juntem a nós. E, enquanto as diferenças entre essas duas posições são relevantes, são pequenas se comparadas à sua base comum, e irrelevantes se comparadas a distância de posições que defendem a criação industrial de animais.

Muito tempo depois de eu ter tomado a minha decisão pessoal de ser vegetariano, continuava confuso para mim até que ponto eu podia genuinamente respeitar uma decisão diferente. Será que as outras estratégias estão erradas, e isso é tudo?

4.

Não posso usar a palavra *errado*

BILL, NICOLETTE E EU CAMINHÁVAMOS do pasto, com seu capim ondulante, até os penhascos à beira-mar. Diante de nós, ondas quebravam sobre esculturais formações rochosas. O gado pastando entrou em nosso campo de visão, um de cada vez, pretos contra um mar de verde, cabeças baixas, músculos do rosto mastigando tufos de capim. Não era passível de discussão o fato de que, pelo menos enquanto pastavam, aquelas vacas levavam uma ótima vida.

– E quanto a comer um animal que você conhece como um indivíduo? – perguntei.

BILL: *Não é igual a comer um bicho de estimação. Pelo menos, eu consigo fazer a distinção. E parte disso talvez seja porque temos uma quantidade grande de animais, e há um ponto em que eles deixam de ser bichos de estimação individuais... Mas eu não os trataria de modo melhor ou pior se não fosse comê-los.*

Mesmo? Será que ele marcaria seu cachorro com ferro em brasa?

– E quanto a mutilações, como marcar a ferro?

BILL: *Parte disso é que eles simplesmente são animais caros, e há um sistema em funcionamento que talvez esteja arcaico hoje, ou não. Para podermos vender os animais, eles têm de ser marcados e inspecionados. E isso impede um bocado de roubo. Protege o investimento. Há melhores formas de fazer isso sendo pesquisadas no momento – leitura da retina ou colocação de chips. Marcamos com ferro em brasa e experimentamos queimar com gelo, mas ambos os processos são dolorosos para os animais. Até encontrarmos um sistema melhor, consideramos a marcação a ferro uma necessidade.*

NICOLETTE: *A única coisa que fazemos com a qual me sinto desconfortável é a marcação a ferro. Faz anos que falamos sobre isso... Há um problema real com o roubo de gado.*

Perguntei a Bernie Rollin, especialista em bem-estar animal da Universidade Estadual do Colorado, respeitado internacionalmente, o que ele pensava sobre o argumento de Bill de que marcar a ferro ainda era necessário para evitar o roubo.

> Deixe-me dizer a você como o gado é roubado hoje em dia: eles param com um caminhão e matam o animal ali mesmo – você acha que a marcação a ferro faz alguma diferença? Marcar a ferro é cultural. Essas marcas estão nas famílias há anos, e os fazendeiros não querem abrir mão delas. Sabem que é doloroso, mas fizeram isso com seus pais e com seus avós. Conheço um fazendeiro, um bom fazendeiro, que me contou que seus filhos não vêm para casa no dia de Ação de Graças e não vêm para casa no Natal, mas vêm para marcar o gado.

A Niman Ranch está lutando contra o paradigma vigente em várias frentes, e isso é talvez o melhor que qualquer um pode fazer se quiser criar um modelo que possa ser replicado de imediato. Mas essa preocupação com o imediato também significa uma opção pelo intermediário. Marcar a ferro é uma questão de compromisso – uma concessão não à necessidade ou à praticidade ou à demanda por um determinado sabor, mas um hábito de violência irracional e desnecessário, uma tradição.

O segmento da carne bovina ainda é de longe o de mais impressionante compromisso ético na indústria da carne, e então eu gostaria que a realidade não fosse tão feia nesse caso. Os protocolos de bem-estar animal que a Niman Ranch segue, aprovados pelo Animal Welfare Institute – mais uma vez, mais ou menos a melhor coisa disponível – também permite a retirada dos chifres (através do uso de ferro em brasa ou produtos cáusticos quando os chifres estão nascendo) e a castração. Não é um problema tão óbvio, mas pior do ponto de vista do bem-estar é o fato de o gado da Niman Ranch passar seus últimos meses em confinamento. Mais uma vez, o confinamento da Niman Ranch não é o mesmo que o confinamento industrial (devido à escala menor, à ausência de drogas, à comida melhor, ao melhor manejo e à maior atenção dedicada ao bem-estar de cada um dos animais). Mas Bill e Nicolette ainda colocam o gado numa dieta que não se adapta bem ao sistema digestivo da vaca e fazem isso durante meses. Sim, a Niman Ranch dá como alimento uma mistura melhor de grãos e cereais do que o padrão da indústria. Mas o comportamento "específico da espécie" mais básico dos animais ainda está sendo trocado por uma preferência do paladar.

BILL: *O que é importante para mim agora é que sinto de fato que podemos mudar a maneira como as pessoas se alimentam e a maneira como esses animais se alimentam. Será necessário um esforço conjunto de mentes que pensam da mesma forma. Para mim, quando avalio minha vida e penso onde quero estar quando ela chegar ao fim, se eu puder olhar para trás e dizer "Criamos um modelo que todos podem copiar", mesmo que isso esmague a nossa presença no mercado, pelo menos levamos a cabo essa mudança.*

Essa era a aposta de Bill e ele empenhava sua vida nela. Qual seria a de Nicolette?

– Por que você não come carne? – perguntei. – Isso está me incomodando a tarde inteira. Você argumenta que não há nada de inerentemente errado, mas está claro que para você é errado. Não estou fazendo uma pergunta sobre outras pessoas, mas sobre você.

NICOLETTE: *Sinto que posso fazer uma escolha e não quero isso na minha consciência. Mas isso por causa da minha ligação pessoal com os animais. Isso iria me incomodar. Acho que me sentiria desconfortável.*

– Você consegue explicar o que faz com que se sinta assim?

NICOLETTE: *Acho que é porque eu sei que não é necessário. Mas não vejo nada de errado nisso. Veja, não posso usar a palavra* errado.

BILL: *Aquele momento do abate, para mim, na minha experiência – e suspeito de que para os mais sensíveis criadores de animais – é quando você compreende o destino e a dominação. Porque você levou aquele animal à morte. Ele está vivo, e você sabe que, quando aquela porta se abrir e ele entrar ali, será o fim. É o momento mais perturbador para mim, aquele momento em que eles estão enfileirados no abatedouro. Não sei muito bem como explicar. É o casamento da vida e da morte. É quando você se dá conta: "Deus, será que eu quero mesmo exercer dominação e transformar essa maravilhosa criatura viva em produto, em comida?"*

– E como você resolve isso?

BILL: *Bem, você só respira fundo. Não fica mais fácil quando eles são muitos. As pessoas pensam que fica mais fácil.*

Você respira fundo? Por um momento, parece uma resposta bastante razoável. Soa romântica. Por um momento, a atividade da fazenda parece *mais* honesta: enfrentar as questões difíceis da vida e da morte, da dominação e do destino.

Ou será que esse respirar fundo é na verdade apenas um suspiro resignado, uma promessa não muito sincera de pensar no assunto mais tarde? Será que o respirar fundo é uma confrontação ou um modo superficial de evitar a questão? E quanto ao ar que vai ser exalado em seguida? Não basta inspirar a poluição do mundo. Não responder é uma resposta – somos igualmente responsáveis pelo que não fazemos. No caso da matança de animais, lavar as mãos significa fechar os dedos em torno do cabo de uma faca.

5.

Respire fundo

PRATICAMENTE TODAS AS VACAS têm o mesmo fim: a viagem final à sala de abate. O gado criado para virar carne ainda é adolescente quando sua vida termina. Enquanto os primeiros fazendeiros americanos mantinham o gado no pasto durante quatro a cinco anos, hoje ele é abatido com doze a catorze meses. Embora não possamos ser mais íntimos com o produto final dessa jornada (está em nossas casas, em nossas bocas e na boca de nossos filhos...), para a maioria de nós a jornada em si não é sentida nem vista.

O gado parece vivenciar a viagem como uma série de estresses distintos: os cientistas identificaram um conjunto diferente de reações hormonais ao estresse do manejo, do transporte e do abate em si. Se a sala de abate estiver funcionando em condições ideais, o "estresse" inicial do manejo, conforme indicado pelos níveis hormonais, pode, na verdade, ser maior do que o transporte ou do que o abate.

Embora seja bastante fácil reconhecer a dor aguda, o que conta como vida boa para os animais não é óbvio até você conhecer a espécie – ou mesmo o rebanho, ou mesmo o animal individual – em questão. O abate pode ser feio para os seres urbanos contemporâneos, mas, se você considerar o ponto de vista da vaca, não é difícil imaginar como, depois de uma vida em comunidades de vacas, a interação com criaturas estranhas, ruidosas e eretas, que infligem dor, pode ser mais assustador do que o instante controlado da morte.

Enquanto eu andava em meio ao rebanho de Bill, acabei tendo alguma ideia de por que isso é assim. Se ficasse a uma boa distância do gado que pastava, eles pareciam nem mesmo se dar conta de que eu estava ali. Não é bem assim: as vacas têm quase 360 graus de visão e vigiam em caráter constante seus arredores. Conhecem os outros animais a seu redor, selecionam líderes e defendem seu rebanho. Sempre que me aproximava de um animal à distância de um braço esticado, era como se eu tivesse cruzado alguma fronteira invisível e a vaca se afastava rápida, com um movimento brusco. O gado tem, em geral, uma forte dose de instinto de fuga de seus predadores, e muitos procedimentos comuns do manejo – amarrar com cordas, gritar, torcer o rabo, dar choques com aguilhões elétricos e bater – deixam os animais aterrorizados.

De um jeito ou de outro, são conduzidos para dentro de caminhões ou trens. Uma vez lá dentro, o gado enfrenta uma viagem de até 48 horas, durante as quais é privado de comida e água. Como resultado, praticamente todos os animais perdem peso e muitos mostram sinais de desidratação. Com frequência, são expostos a extremos de calor e frio. Alguns animais vão morrer devido a essas condições ou chegar ao matadouro doentes demais para serem considerados adequados ao consumo humano.

Não consegui chegar nem perto do interior de um grande matadouro. Praticamente a única maneira de alguém de fora da indústria ver o abate industrial de gado é fazendo isso de maneira clandestina, o que não apenas é um projeto que leva meio ano ou mais, como pode colocar sua vida em risco. Então, a descrição do abate que vou fornecer aqui vem de relatos de testemunhas e das próprias estatísticas do setor. Vou tentar deixar os trabalhadores da sala de abate, tanto quanto possível, contarem a realidade com suas próprias palavras.

Em seu bestseller *O dilema do onívoro,* Michael Pollan acompanha a vida de uma vaca criada em regime industrial e destinada ao corte, a nº 534, que ele comprou pessoalmente. Pollan fornece um relato detalhado e extenso da criação do gado mas se detém antes de uma análise mais séria do abate, discutindo sua ética de uma distância segura e abstrata e assinalando uma falha essencial em sua jornada, com frequência lúcida e reveladora.

"O abate", relata Pollan, foi "o único evento em sua vida (do animal nº 534) que não tive permissão para testemunhar e a respeito do qual não tive permissão de ficar sabendo de nada, exceto sua provável data. Isso não chega a me surpreender: a indústria da carne compreende que, quanto mais gente souber o que acontece no matadouro, menos carne provavelmente vamos comer." Bem colocado.

Mas Pollan continua: "Não é porque o abate seja necessariamente pouco humanitário, mas porque a maioria de nós apenas preferiria não ser lembrado do que a carne é na realidade, e o que é necessário para trazê-la ao nosso prato." Isso me parece algo entre uma meia verdade e uma evasiva. Como Pollan explica: "Comer carne industrial requer um ato quase heroico de não saber ou, agora, de esquecer." Esse heroísmo é necessário justamente porque as pessoas têm que esquecer muito mais do que o mero *dado* da morte dos animais: têm que esquecer não apenas *que* os animais são mortos, mas *como*.

Até mesmo entre autores com muitos méritos por trazer a realidade das fazendas e granjas industriais a público, há geralmente uma insípida refutação do horror real que infligimos. Em sua provocativa e com frequência brilhante resenha de *O dilema do onívoro,* B. R. Myers explica esse padrão intelectual aceito:

> A técnica funciona assim: debate-se com o outro lado de uma forma racional até ser colocado contra a parede. Então, simplesmente abandona-se a discussão e vai-se embora, fingindo que o que aconteceu não foi falta de argumentos, mas a *transcendência* deles. O caráter inconciliável das crenças que se tem com a razão é então apresentado como um grande mistério, e a humilde disposição de conviver com ele coloca a pessoa acima de mentes inferiores e suas certezas baratas.

Há uma regra nesse jogo: nunca, mas nunca mesmo, enfatize que praticamente o tempo inteiro a escolha que se tem é entre a crueldade e a destruição ecológica, de um lado, e não comer animais, do outro.

Não é difícil imaginar por que a indústria da carne não deixa nem mesmo um entusiasmado carnívoro chegar perto de seus matadouros. Até mesmo em abatedouros onde a maior parte do gado morre rapidamente, é difícil imaginar que algum dia se passe sem que vários animais (dezenas, milhares?) não encontrem um fim horripilante. Uma indústria de carne que siga a ética à qual a maioria de nós se atém (proporcionar uma boa vida e uma morte tranquila para os animais, com pouca perda) não é uma fantasia, mas não pode fornecer a imensa quantidade de carne barata *per capita* de que hoje desfrutamos.

Num matadouro típico, o gado é conduzido por uma rampa até um "boxe de atordoamento" – em geral, um grande compartimento cilíndrico com um dispositivo para firmar a cabeça do animal. O operador desse boxe atira com uma grande pistola pneumática entre os olhos da vaca. Uma estaca de aço penetra no crânio do animal e recua de volta para dentro da arma, em geral levando o animal à inconsciência ou causando sua morte. Às vezes, o tiro só o atordoa, e ele permanece consciente ou acorda mais tarde enquanto está sendo "processado". A eficácia da pistola pneumática depende de sua fabricação e manutenção, assim como da perícia com que é utilizada. Um pequeno vazamento na mangueira ou se ela for disparada antes que a pressão seja alta o bastante pode reduzir a força com que a estaca é liberada, deixando os animais perfurados de um modo grotesco, mas dolorosamente conscientes.

A eficácia do atordoamento é também reduzida porque alguns administradores acreditam que os animais podem ficar "mortos demais" e, portanto, como o coração não estará mais batendo, sangrarão muito devagar ou de forma insuficiente. (É "importante" para os matadouros terem um tempo de sangria rápido, por questões de eficiência básica e porque o sangue deixado na carne promove o crescimento de bactérias e reduz a vida da carne nas prateleiras dos mercados.) Como resultado, alguns matadouros optam deliberadamente por métodos de atordoamento menos eficientes. O efeito colateral é que um percentual mais alto de animais necessita de vários golpes, permanece consciente ou acorda durante o processamento.

Sem piadas e sem virar o rosto. Vamos colocar os pingos nos i: animais são sangrados, esfolados e esquartejados enquanto ainda estão conscientes. Isso acontece o tempo todo, a indústria e o governo sabem. Vários matadouros intimados por sangrar, esfolar ou esquartejar animais vivos defenderam suas ações como comuns na indústria e perguntaram, talvez com razão, por que estavam sendo tratados de maneira diferente.

Quando Temple Gandin fez uma auditoria na indústria, em 1996, seus estudos revelaram que a grande maioria dos abatedouros de gado não tinha condições de deixar o gado inconsciente com um único golpe. O USDA, a agência federal encarregada de fazer cumprir o abate humanitário, respondeu a esses números não pela verificação de seu cumprimento, mas mudando as regras para parar de contabilizar o número de violações e removendo da lista de tarefas de seus inspetores qualquer menção ao abate humanitário. A situação melhorou desde então, o que Grandin atribui em grande parte às auditorias solicitadas por companhias de fast-food (depois de serem alvejadas por grupos de direitos dos animais), mas permanece perturbadora. Nas estimativas mais recentes de Grandin – que se baseiam, de modo otimista, nos dados de auditorias anunciadas – ainda descobriu-se que um em cada quatro matadouros não tem como deixar os animais inconscientes no primeiro golpe. Em instalações menores, praticamente não há estatísticas disponíveis, e os peritos concordam que eles podem ser bastante piores em seu tratamento ao gado. Nenhum deles é impecável.

Na outra ponta das filas que levam à sala de abate, o gado não parece compreender o que está por vir. Mas, se sobreviverem ao primeiro golpe, com absoluta certeza saberão que estão lutando por suas vidas. Um trabalhador se lembra de que "eles levantam a cabeça bem alto; olham ao redor, tentando se esconder. Já foram atingidos uma vez por aquela coisa e não vão deixar que chegue perto deles outra vez".

A combinação de velocidade da linha de produção – que aumentou 800% nos últimos cem anos – e funcionários com pouco treinamento, trabalhando sob terríveis condições, é garantia de erros. (Funcionários de matadouros têm a mais alta taxa de acidentes de trabalho do que qualquer outro tipo de ocupação – 27% a cada ano – e recebem um pagamento baixo para matar até 2.050 animais por turno.)

Temple Grandin argumentou que pessoas comuns podem virar sádicos com o trabalho desumanizante do abate constante. Esse é um problema persistente, ela relata, para o qual a administração deve ficar muito atenta. Às vezes, os animais não chegam *em absoluto* a ser atordoados com a pistola. Num matadouro, um vídeo secreto foi feito por funcionários (não por ativistas de defesa animal) e entregue ao jornal *The Washington Post*. A fita revelou animais conscientes seguindo pela linha de processamento e um incidente em que um aguilhão elétrico ficou preso na boca de um novilho. De acordo com o *Post*, "mais de vinte funcionários assinaram declarações, alegando que as violações mostradas na fita são comuns e que os supervisores têm consciência delas". Numa das declarações, um funcionário explicou: "Vi milhares e milhares de vacas passarem pelo processo de abate conscientes... As vacas podem ficar por sete minutos na linha de produção e ainda estar vivas. Já estive algumas ocasiões no esfolador lateral vendo que elas ainda estavam vivas. Ali, todo o couro é puxado pescoço abaixo." E, quando os funcionários que reclamam chegam a ser escutados, com frequência são demitidos.

> Eu ia para casa e ficava de mau humor... Ia direto para o andar de baixo, dormir. Gritava com as crianças, coisas assim. Uma vez, eu fiquei muito zangado – [minha esposa] sabe disso. Uma novilha de três anos estava andando pelo corredor de abate. E estava tendo um bezerro bem ali, ele estava metade dentro e metade fora. Eu sabia que ela ia morrer, então puxei o bezerro para

> fora. Uau, como meu chefe ficou danado... Eles chamam esses bezerros de "prematuros". Usam o sangue para pesquisas contra o câncer. E ele queria aquele bezerro. O que eles costumam fazer é quando as entranhas da vaca caem na mesa das vísceras, os funcionários vão lá e abrem o útero e tiram esses bezerros. Não significa nada ter uma vaca pendurada na sua frente e ver o bezerro ali dentro, chutando, tentando escapar... Meu chefe queria o bezerro, mas eu o mandei de volta ao curral... [Reclamei] com os capatazes, com os inspetores, com o superintendente da sala de abate. Até mesmo com o superintendente na divisão de carne. Um dia, na lanchonete, tivemos uma longa conversa sobre essas coisas que estavam acontecendo. Como eles não queriam fazer nada a respeito, eu ficava tão furioso que alguns dias esmurrava a parede... Nunca vi um veterinário do USDA perto do cercado onde eles são atordoados. Ninguém quer ir lá atrás. Veja, sou um ex-fuzileiro naval. Não me importo com sangue e com vísceras. É o tratamento desumano. E simplesmente porque isso acontece demais.

Em doze segundos ou menos, a vaca que recebeu o tiro de pistola – inconsciente, semiconsciente, cem por cento consciente ou morta – segue em frente na linha de produção, para o próximo funcionário, que amarra uma corrente em volta de uma de suas pernas traseiras e a levanta no ar.

Dali, agora dependurado por uma das pernas, o animal é mecanicamente transportado até um "sangrador", que corta as artérias da carótida e a veia jugular de seu pescoço. Mais uma vez, a vaca é transportada mecanicamente até uma "esteira de sangria", onde seu sangue será drenado durante vários minutos. Como uma vaca tem cerca de vinte litros de sangue, isso leva tempo. Cortar o fluxo de sangue ao cérebro do animal vai matá-lo, mas não de maneira instantânea (e é por isso que os animais deveriam, em tese, estar inconscientes). Se estiver parcialmente consciente ou se o corte tiver sido feito de forma errada, isso pode restringir o fluxo de sangue, prolongando ainda mais a consciência. "Elas ficam piscando os olhos e esticando o pescoço para um lado e para o outro, olhando ao redor, completamente frenéticas", explicou um funcionário da linha de produção.

Em tese, a vaca já deveria agora ser uma carcaça, que seguirá pela linha até a "esfola da cabeça": uma parada onde a pele é arrancada da cabeça do animal. A porcentagem de gado ainda consciente nesse estágio é baixa, mas não é zero. Em algumas instalações, esse é um problema regular – tanto que há normas informais sobre como lidar com esses animais. Explica um funcionário familiar com tais práticas: "Muitas vezes o esfolador percebe que o animal ainda está consciente quando fatia a lateral de sua cabeça e ele começa a chutar enlouquecidamente. Se isso acontecer, ou se uma vaca estiver dando chutes quando chega até ali, os peladores enfiam uma faca na parte de trás da cabeça do animal para cortar-lhe a medula espinhal."

Essa prática, na verdade, o imobiliza, mas não o torna insensível. Não tenho como lhes dizer com quantos animais isso acontece porque ninguém tem permissão de investigar a fundo. Só sabemos que é um subproduto inevitável do atual sistema de abate e que isso vai continuar acontecendo.

Depois do pelador de cabeças, a carcaça (ou a vaca) segue até os removedores de patas e cascos, funcionários que cortam as partes inferiores das pernas do animal. "Os animais que voltam à vida nessa parte do processo", disse um dos funcionários, "parece que estão tentando escalar as paredes... E quando chegam até esses funcionários, bem, eles não vão querer esperar até que chegue alguém para atordoar os animais de novo, então simplesmente cortam a ponta das pernas com um tesourão. Quando fazem isso, o gado fica maluco, chutando pra todos os lados."

O animal então segue adiante para ser completamente esfolado, eviscerado e cortado ao meio, e a essa altura, enfim, já parece a imagem estereotipada do bife – pendurado em freezers numa sinistra imobilidade.

6.

Propostas

NA NÃO-TÃO-DISTANTE HISTÓRIA das organizações de proteção aos animais nos Estados Unidos, aqueles que defendem o vegetarianismo, pequenos em número mas bem organizados, estavam definitivamente em desigualdade com aqueles que defendiam uma postura *coma com cuidado*. A ubiquidade da criação intensiva e do abate industrial mudou isso, fechando um outrora amplo vão entre organizações sem fins lucrativos, como a PETA, que defendem o veganismo, e aquelas como a HSUS, que dizem coisas bonitas sobre o veganismo, mas, em princípio, defendem o bem-estar.

Entre todos os fazendeiros que conheci em minha pesquisa, Frank Reese tem um status especial. Digo isso por dois motivos. O primeiro é que ele é o único que não faz nada em sua fazenda que seja evidentemente cruel. Não castra os animais, como Paul, nem os marca a ferro, como Bill. Onde outros fazendeiros teriam dito "Precisamos fazer isso para sobreviver" ou "Os consumidores exigem", Frank correu muitos riscos (perderia sua casa se sua fazenda fracassasse por completo), pedindo a seus consumidores que comessem de outro modo: suas aves precisam ser cozidas por mais tempo ou não apuram o sabor; também são mais saborosas e portanto podem ser usadas com mais parcimônia em sopas e numa variedade de outros pratos. Assim, Frank provê receitas e, de vez em quando, prepara refeições para seus fregueses, a fim de reeducá-los nas antigas formas de cozinhar. Seu trabalho requer uma tremenda compaixão e uma tremenda paciência. E seu valor não é apenas moral, mas, quando uma nova geração de onívoros exige real bem-estar para os animais, econômico.

Frank é o único dos granjeiros que conheço que foi bem-sucedido em preservar a genética das aves *heritage* (ele é o primeiro e o *único* autorizado pelo USDA a chamar suas aves de *heritage*). A preservação que ele faz da genética tradicional é tremendamente importante porque o único fator relevante que impede o crescimento de granjas razoáveis para a criação de galinhas e perus é a atual dependência de incubadeiras industriais para fornecer pintos aos criadores – praticamente as únicas incubadeiras que existem. Quase nenhuma das aves disponíveis ao comércio é capaz de se reproduzir, e graves problemas de saúde desenvolveram-se em seus genes no processo da engenharia genética (as galinhas que comemos, assim como os perus, são animais no fim da linha – pelo modo como foram projetados, não têm condições de viver tempo suficiente para se reproduzir). Devido ao fato de um dono comum de granja não poder ter sua própria incubadeira, o controle da genética, concentrado nas mãos da indústria, os prende e a seus animais ao sistema industrial. Com exceção de Frank, a maioria dos outros pequenos criadores de aves – até mesmo os poucos bons criadores que pagam pela genética *heritage* e criam suas aves com grande preocupação por seu bem-estar –, em geral, precisam que as aves que criam lhes sejam enviadas todos os anos por correio desde incubadeiras industriais. Como podemos imaginar, enviar pintos pelo correio cria vários problemas de bem-estar, mas a preocupação ainda maior é a relativa ao bem-estar e às condições sob as quais os pais e os avós das aves são criados. A confiança nessas incubadeiras, onde o bem-estar de aves de reprodução pode ser tão ruim quanto nas piores granjas industriais, é o calcanhar de aquiles de muitos pequenos produtores que, de outra maneira, são excelentes. Por esse motivo, a genética e as habilidades tradicionais de Frank no que diz respeito à criação lhe dão o potencial de criar uma alternativa às granjas industriais de um modo como quase ninguém mais pode.

Mas Frank, assim como muitos proprietários de fazendas e granjas que detêm um conhecimento vivo de técnicas tradicionais de criação, nitidamente não vai conseguir desenvolver seu potencial sem ajuda. Integridade, habilidade e genética sozinhas não criam uma granja bem-sucedida. Quando o conheci, a demanda por seus perus (ele agora também cria galinhas) não poderia ser maior – ele os vendia seis meses antes do abate. Embora seus fregueses mais fiéis habitualmente fossem trabalhadores braçais, suas aves foram elogiadas por *chefs* e *gourmets*, de Dan Barber e Mario Batali a Martha Stewart. Apesar disso, Frank estava perdendo dinheiro e subsidiando sua granja com outro trabalho.

Frank tem sua própria incubadeira, mas ainda precisa ter acesso a outros serviços, sobretudo a um abatedouro bem administrado. A ausência não só de incubadeiras locais, mas também de abatedouros, estações de pesagem, de estocagem de grãos e cereais e outros serviços de que os criadores necessitam é uma imensa barreira ao crescimento das granjas com incubadeiras próprias. Não que os consumidores não venham a comprar os animais que essas granjas criam; é que elas não têm como produzi-los sem reinventar uma agora destruída infraestrutura rural.

Mais ou menos quando estava na metade deste livro, telefonei para Frank, como fiz de tempos em tempos com várias perguntas sobre a criação de aves (como fazem muitas outras pessoas no mundo da avicultura). Sua voz suave, sempre paciente, sempre estilo está-tudo-bem, havia desaparecido. No lugar dela, havia pânico. O único abatedouro que conseguira encontrar para matar suas aves de acordo com padrões que ele considerava toleráveis (embora ainda não ideais) tinha, depois de mais de cem anos, sido comprado e fechado por uma companhia do setor. Não era apenas uma questão de conveniência; não havia na região, literalmente falando, outras instalações que pudessem dar conta do abate pré-Ação de Graças. Frank estava diante da perspectiva de uma imensa perda econômica e, o que o assustava ainda mais, da possibilidade de ter que matar suas aves fora de um abatedouro aprovado pelo USDA, o que significava que suas aves não poderiam ser vendidas e iriam literalmente apodrecer.

O fechamento daquele abatedouro não era incomum. A destruição da infraestrutura básica que dava apoio aos pequenos avicultores foi quase completa, nos Estados Unidos. Num certo nível, é o resultado do processo normal de corporações em busca de lucro, garantindo que terão acesso a recursos que a concorrência não terá. Há, é claro, um bocado de dinheiro em jogo: bilhões de dólares, que poderiam ser distribuídos entre um punhado de megacorporações ou entre centenas de milhares de pequenos avicultores. Mas a questão sobre se gente como Frank será esmagada ou começará a mordiscar os 99% da fatia de mercado que têm as granjas industriais é mais do que financeiro. O que está em jogo é o futuro de uma herança ética que gerações antes de nós trabalharam para construir. Em jogo, está tudo que é feito em nome do "homem do campo americano" e dos "valores rurais americanos" – e a evocação desses ideais tem uma influência enorme. Bilhões de dólares em fundos do governo destinados à pecuária; políticas federais para o setor que mudam a paisagem, o ar e a água de nosso país; e políticas estrangeiras que afetam questões globais, que vão desde a fome até mudanças climáticas, são, em nossa democracia, executadas em nome de nossos homens do campo e dos valores que os guiam. Exceto pelo fato de que eles não são mais exatamente homens do campo; são corporações. E essas corporações não são apenas magnatas dos negócios (ainda bastante capazes de ter consciência). Em geral, são imensas corporações com obrigações legais de maximizar os lucros. Em nome das vendas e da imagem pública, promovem o mito de que são Frank Reese, mesmo que se esforcem para levar o verdadeiro Frank Reese à extinção.

A alternativa é que pequenos proprietários e seus amigos – defensores da agricultura sustentável e do bem-estar – venham a ser proprietários dessa tradição. Poucos são de fato homens do campo, mas, de acordo com a frase de Wendell Berry, somos todos criadores por procuração. A quem vamos passar a nossa procuração? No cenário anterior, entregamos imensa força moral e financeira a um pequeno número de homens que têm, mesmo eles próprios, um controle limitado sobre burocracias mecânicas do agronegócio que eles administram em nome de um enorme ganho pessoal. No segundo cenário, nossa procuração será passada não apenas a verdadeiros homens do campo, mas a milhares de especialistas cujas vidas têm estado centralizadas em questões cívicas básicas mais do que corporativas – com gente como o dr. Aaron Gross, fundador da Farm Forward, uma organização de defesa da pecuária animal sustentável e dos animais de fazendas e granjas, que está agora mapeando novos caminhos rumo a um sistema de comida que reflita nossos diversificados valores.

As fazendas e granjas industriais foram bem-sucedidas em separar as pessoas de sua comida, eliminando os fazendeiros e administrando a agricultura a partir das ordens das corporações. Mas e se fazendeiros como Frank e aliados antigos, como o American Livestock Breeds Conservancy (Instituto de Conservação das Raças de Gado Americanas), se unirem a grupos mais recentes como o Farm Forward, que estão conectados a redes de onívoros entusiasticamente seletivos e ativistas vegetarianos: estudantes, cientistas e acadêmicos; pais, artistas e líderes religiosos; advogados, *chefs*, homens e mulheres de negócios e fazendeiros? E se, em vez de Frank perder seu tempo se virando para garantir um abatedouro, novas alianças como essas lhe permitissem empenhar uma energia cada vez maior no uso do melhor da moderna tecnologia e da criação tradicional para reinventar um sistema de criação mais humanitário e sustentável – e *democrático*?

Sou um vegano que constrói matadouros

Tenho sido vegano durante mais da metade da minha vida, e, ainda que muitas outras preocupações tenham me mantido comprometido com o veganismo – sobretudo questões relacionadas com a sustentabilidade e o trabalho, mas também preocupações com a saúde pessoal e pública –, são os animais que estão no centro das minhas preocupações. E é por isso que as pessoas que me conhecem bem ficam surpresas com o trabalho que venho fazendo para desenvolver projetos para um matadouro.

Já defendi dietas baseadas em vegetais em inúmeros contextos e ainda diria que comer o mínimo possível de produtos animais – em termos ideais, nenhum – é uma forma poderosa de ser parte da solução. Mas minha compreensão das prioridades do ativismo mudaram, assim como a compreensão que tenho de mim mesmo. Outrora, eu gostava de ser vegano como uma afirmativa radical, de contracultura. Agora está bastante claro que os valores que me levaram a uma dieta vegana vêm, mais do que de qualquer outro lugar, do histórico familiar de pequenas criações de animais.

Se você está a par do que são as criações industriais e herdou algo como uma ética tradicional sobre como criar os animais, é difícil que alguma coisa fundo dentro de você não recue diante do que a pecuária se tornou. Também não estou falando de uma ética santa: falo de uma ética que tolerava a castração e a marcação a ferro, significava matar os animais nanicos e um belo dia pegar os animais que o conheciam como aquele que lhes trazia comida e cortar seus pescoços. Há um bocado de violência nas técnicas tradicionais. Mas também havia compaixão, algo que tende a ser menos lembrado, talvez por necessidade. A fórmula para uma boa fazenda ou granja foi subvertida. Em vez de falar de cuidado, você com frequência ouve uma resposta automática quando o tópico do bem-estar animal é trazido à tona: "Ninguém entra para este ramo de negócio porque odeia os animais." É uma afirmativa curiosa. É uma afirmativa que diz algo não dizendo. A implicação, claro, é de que, com frequência, esses homens queriam ser fazendeiros ou granjeiros porque gostavam *dos animais, gostavam de cuidar deles e de protegê-los. Não estou dizendo que isso não tenha suas contradições, mas há uma verdade aí. É também uma afirmativa que subentende uma apologia inexistente. Por que, afinal de contas, é necessário ser dito que eles não* odeiam *os animais?*

É triste, mas é cada vez mais improvável que as pessoas na pecuária animal hoje mantenham os tradicionais valores rurais. Muitos dos integrantes de organizações de defesa dos animais sediadas nas cidades são, de uma perspectiva estritamente histórica, quer saibam disso, quer não, bem melhores representantes dos valores rurais, como respeito pelos vizinhos, franqueza, administração da terra e, claro, respeito pelas criaturas que lhes chegam às mãos. Já que o mundo mudou tanto, os mesmos valores não levam mais às mesmas escolhas.

Eu tinha muita esperança de ver fazendas de criação de gado mais sustentáveis e baseadas na criação de animais no pasto e vi um vigor novo em meio às pequenas granjas familiares de criação de porcos, mas, no que dizia respeito à criação de aves, quase tinha perdido as esperanças quando conheci Frank Reese e visitei sua incrível propriedade. Frank e o punhado de avicultores aos quais ele tinha dado algumas de suas aves são os únicos em posição de desenvolver uma alternativa ao modelo de granja industrial digna do nome, desde a questão genética – e é disso que precisamos.

Quando falei com Frank sobre as barreiras que enfrentava, sua frustração com meia dúzia de questões que não podiam ser facilmente abordadas sem um afluxo de dinheiro significativo veio à tona. Outra coisa importante era que a demanda por seu produto não era apenas significativa, mas, na verdade, imensa – o sonho de um empreendedor. O tempo todo, Frank recusava mais pedidos do que o número de aves que havia criado durante a vida inteira porque não tinha condições de atendê-los. A organização que fundei, a Farm Forward, se ofereceu a ajudá-lo a criar um plano de ação. Poucos meses depois, nosso diretor e eu estávamos na sala de Frank com o primeiro possível investidor.

Fomos, então, tratar do trabalho hercúleo de reunir toda a considerável influência de muitos dos já existentes admiradores de Frank – repórteres, acadêmicos, gourmets, *políticos – e coordenar sua energia de maneiras que dessem resultado o mais rapidamente possível. Planos para expansão caminhavam. Frank tinha acrescentado várias raças de galinha* heritage *a seus bandos de perus. A primeira de uma série de novas instalações de que ele precisava estava sendo construída e ele negociava com um grande comerciante um contrato significativo. E foi nesse momento que o abatedouro que ele usava foi comprado e fechado.*

Tínhamos, na verdade, previsto isso. Ainda assim, os avicultores que criam muitas das aves que Frank obtém em sua incubadeira, e que estavam prestes a perder a maior parte de um ano de salário, ficaram assustados. Frank chegou à conclusão de que a única solução a longo prazo era construir um abatedouro que fosse seu: em termos ideais um abatedouro móvel que pudesse ficar na própria granja e assim eliminar o estresse do transporte. É claro que ele estava certo. Então, começamos a estudar a mecânica e o lado econômico de fazer isso. Era um território novo para mim – intelectualmente, claro, e também emocionalmente. Pensei que o trabalho exigiria sermões regulares a mim mesmo para corrigir minha resistência em matar animais. Mas se algo me deixou desconfortável foi a minha falta de desconforto.

Por que, eu me perguntava, não estou pelo menos um pouco incomodado com isso?

Meu avô materno queria continuar no ramo da criação de animais. Foi obrigado a desistir, como tantos outros, mas minha mãe já tinha crescido numa fazenda em funcionamento. Criou-se numa cidadezinha do Meio-Oeste e formou-se na escola com uma turma de quarenta pessoas. Durante algum tempo, meu avô criou porcos. Ele os castrava e até usava um pouco do sistema de confinamento, o que seguia na direção das granjas industriais de suínos atuais. Ainda assim, eram animais para ele, e, se um ficasse doente, ele garantia que recebesse cuidado e atenção extras. Ele não pegava uma calculadora e avaliava se seria mais lucrativo deixar o animal se acabar. A ideia lhe teria parecido pouco cristã, covarde e indecente.

A pequena vitória do cuidado sobre a calculadora é tudo de que você precisa para entender por que sou vegano hoje. E por que ajudo a construir matadouros. Não é paradoxal nem irônico. O mesmo exato impulso que dita meu compromisso pessoal em evitar carne, ovos e laticínios me levou a devotar meu tempo à criação de um abatedouro de que Frank fosse o proprietário e que pudesse servir de modelo para outros. Se não pode derrotá-los, junte-se a eles? Não. É uma questão de identificar com propriedade quem são eles.

7.

A minha aposta

Depois de passar quase três anos aprendendo sobre a pecuária, minha decisão fortaleceu-se em duas direções. Tornei-me um vegetariano comprometido, quando antes transitava em meio a inúmeras dietas. É difícil agora imaginar isso mudando. Apenas não quero ter nada a ver com fazendas e granjas industriais, e parar de comer carne é a única maneira realista, para mim, de fazer isso.

Em outro sentido, porém, a visão de criações sustentáveis, que proporcionam uma vida boa aos animais (tão boa quanto a que proporcionamos aos nossos cães e gatos) e uma morte tranquila (tão tranquila quanto a que proporcionamos aos nossos animais de companhia quando eles estão sofrendo ou com doenças terminais) me sensibilizou. Paul, Bill, Nicolette e, sobretudo, Frank não são apenas boas pessoas, são pessoas extraordinárias. Deveriam estar entre aquelas que um presidente consulta quando escolhe um secretário da agropecuária. Suas fazendas e granjas são aquilo que quero que nossos representantes eleitos se empenhem em criar, e nossa economia, em apoiar.

A indústria da carne procurou pintar aqueles que assumem essa posição dupla como vegetarianos absolutistas escondendo uma agenda radical. Mas fazendeiros podem ser vegetarianos, veganos podem construir matadouros e eu posso ser um vegetariano que apoia o que há de melhor na pecuária.

Tenho certeza de que a granja de Frank vai ser administrada de forma honrosa, mas que certeza posso ter da administração diária das outras granjas que seguem seu modelo? Que grau de certeza preciso ter? Será a estratégia do onívoro seletivo "ingênua" de um modo que o vegetarianismo não é?

Quão fácil é admitir a responsabilidade pelos seres que mais estão sob nosso poder e ao mesmo tempo criá-los apenas para matá-los? Marlene Halverson coloca de forma eloquente a estranha situação do criador animal:

> A relação ética dos criadores com os animais de criação é singular. O criador precisa criar um ser vivo que é destinado ao abate para virar alimento, ou à engorda e à morte depois de uma vida de produção, sem ficar emocionalmente vinculado a ele. E, ao mesmo tempo, não se tornar um cínico diante das necessidades que esse animal tem de uma vida decente enquanto está vivo. O criador precisa *de algum modo* criar o animal como um empreendimento comercial sem considerá-lo um mero produto.

É algo razoável de se pedir aos criadores? Dadas as pressões de nossa era industrial, será a carne necessariamente uma rejeição, uma frustração, se não uma negação completa da compaixão?

A pecuária contemporânea nos deu motivos para ficar céticos, mas ninguém sabe como serão as fazendas e granjas de amanhã.

O que sabemos, porém, é que, se você comer carne hoje, sua escolha típica é entre animais criados com maior (galinhas, perus, peixes e porcos) ou menor (gado) crueldade. Por que tantos de nós acham que precisam escolher entre opções como essas? O que tornaria irrelevante esses cálculos utilitaristas da opção menos horrível? Em que momento as escolhas absurdas hoje disponíveis darão lugar à simplicidade de uma linha traçada com firmeza: *isso é inaceitável?*

O quão destrutiva uma preferência culinária precisa ser antes que decidamos comer outra coisa? Se contribuir para o sofrimento de bilhões de animais que levam vidas miseráveis e (com muita frequência) morrem de formas horrendas não é motivo suficiente, o que mais seria? Se ser o contribuinte número um à mais séria ameaça ao planeta (o aquecimento global) não é suficiente, o que é? E se você se sente tentado a protelar essas questões de consciência, a dizer *agora não,* então *quando*?

Deixamos as fazendas e granjas industriais substituírem as criações tradicionais pelos mesmos motivos que fizeram nossa sociedade banir as minorias ao posto de cidadãos de segunda classe e manter as mulheres sob o poder dos homens. Tratamos os animais do jeito como tratamos porque queremos e podemos. (Alguém realmente quer continuar negando isso?) O mito do consentimento é talvez *a* história da carne, e muita coisa se resume a se essa história, quando somos realistas, é plausível.

Não é. Não mais. Não satisfaria ninguém que não tivesse interesse em comer animais. No fim das contas, a criação industrial não diz respeito a alimentar pessoas. Barrando algumas mudanças leigas e econômicas radicais, só pode dizer respeito a fazer dinheiro. E, se é correto ou não matar animais para alimentação, sabemos que, no atual sistema dominante, é impossível matá-los sem (pelo menos) infligir tortura ocasional. É por isso que Frank – o mais bem-intencionado criador que se poderia imaginar – pede desculpas aos animais quando eles são enviados ao matadouro. Assumiu um compromisso mais do que entrou num acordo justo.

Faz pouco tempo, algo que não é particularmente engraçado aconteceu na Niman Ranch. Pouco antes de este livro ir para a gráfica, Bill foi afastado da companhia que leva seu nome. Conforme ele relata, seus próprios diretores o obrigaram a sair, apenas porque desejavam fazer as coisas de modo mais lucrativo e menos ético do que ele permitia enquanto permanecia no comando. Parece que até mesmo sua companhia – literalmente, a mais impressionante fornecedora de carne dos Estados Unidos – se esgotou. Incluí a Niman Ranch neste livro porque era a melhor prova de que os onívoros seletivos têm uma estratégia viável. O que devo – o que nós devemos – deduzir desse declínio?

Por ora, a Niman Ranch continua sendo a única marca disponível em escala nacional que eu posso afirmar que representa uma melhora significativa na vida dos animais (a dos porcos muito mais do que a do gado). Mas como você se sente mandando seu dinheiro a eles? Se a pecuária animal se tornou uma piada, talvez a graça esteja no seguinte: até mesmo Bill Niman disse que não vai mais comer a carne da Niman Ranch.

Fiz minha aposta numa dieta vegetariana *e* tenho respeito suficiente por gente como Frank, que aposta numa criação mais humanitária, para apoiar o tipo de trabalho que eles fazem. Não é, no fim das contas, uma posição complicada. Não é uma defesa velada do vegetarianismo. *É* uma defesa do vegetarianismo, mas também a defesa de uma forma mais sensata de pecuária, e um onivorismo mais honrado.

Se não nos é dada a opção de viver sem violência, nos é dada a escolha entre concentrar nossas refeições em torno da colheita ou do abate, do cultivo agrícola ou da guerra. Escolhemos o abate. Escolhemos a guerra. Essa é a versão mais correta de nossa história do uso de animais para comer.

Será que podemos contar uma nova história?

Contando histórias

Onde é que isso termina?

1.

O último dia de Ação de Graças da minha infância

DURANTE TODA A MINHA INFÂNCIA, celebrávamos o dia de Ação de Graças na casa de meus tios. Meu tio, o irmão mais novo de minha mãe, foi a primeira pessoa daquele lado da família a nascer deste lado do Atlântico. Minha tia é capaz de remontar suas origens até o *Mayflower*. Esse par improvável de histórias era parte significativa do que tornava aqueles dias de Ação de Graças tão especiais e memoráveis e, no melhor sentido da palavra, americanos.

Chegávamos às duas horas. Os primos jogavam futebol americano na faixa estreita do declive do pátio da frente até meu irmão mais novo se machucar. Desse ponto em diante, íamos para o sótão jogar futebol americano em diversos tipos de videogames. Dois pisos abaixo, Maverick salivava na janela do forno, meu pai falava de política e colesterol, os Detroit Lions quase se matavam num jogo na tevê a que ninguém assistia e minha avó, cercada pela família, pensava na língua de seus parentes mortos.

Duas dúzias de cadeiras descasadas, ou coisa assim, circunscreviam quatro mesas de diferentes alturas e larguras, reunidas e cobertas com toalhas combinando. Não se pretendia convencer ninguém de que aquele arranjo era perfeito, mas ele era. Minha tia colocava uma pequena pilha de milho de pipoca em cada prato, que, ao longo da refeição, devíamos transferir para a mesa como símbolos das coisas pelas quais estávamos gratos. Os pratos vinham num movimento contínuo; alguns em sentido horário, outros em sentido anti-horário, alguns ziguezagueando pela mesa: caçarolas de batata-doce, pãezinhos caseiros, vagens com amêndoa, bebidas à base de arando, inhame, purê de batata com manteiga, o *kudos* violentamente incongruente da minha avó, bandejas de picles e azeitonas e cogumelos marinados, e um peru imenso como nos desenhos animados, que havia sido colocado no forno ao retirarem o do ano passado. Falávamos sem parar: sobre os Orioles e os Redskins, as mudanças na vizinhança, nossos feitos e a angústia dos outros (nossa própria angústia era proibida). O tempo todo a minha avó ia de neto a neto certificar-se de que ninguém estava passando fome.

O dia de Ação de Graças é o feriado que abarca todos os outros. Todos eles, desde o dia de Martin Luther King até o dia da árvore, o Natal e o dia dos namorados se referem, de um modo ou de outro, à gratidão. Mas o dia de Ação de Graças é isento de qualquer coisa específica pela qual estejamos gratos. Não estamos celebrando os peregrinos, mas o que os peregrinos celebraram. (Os peregrinos não eram nem mesmo um aspecto do feriado até o final do século XIX.) O dia de Ação de Graças é um feriado americano, mas não há nada de especificamente americano nele – não celebramos os Estados Unidos, mas seus ideais. Essa abertura o torna disponível a qualquer um que sinta vontade de dizer obrigado e aponta para além dos crimes que tornaram os Estados Unidos algo possível, a comercialização, o kitsch e o ultranacionalismo que foram erguidos sobre os ombros do feriado.

Ação de Graças é a refeição com que aspiramos que todas as outras refeições se pareçam. É claro que a maioria de nós não pode (e não ia querer) cozinhar o dia inteiro todos os dias, e é claro que essa comida seria fatal se consumida regularmente. E quantos de nós querem estar cercados por nossa família, em seu sentido mais amplo, a cada noite? (Já pode ser desafio suficiente ter que comer em minha própria companhia.) Mas é bacana imaginar todas as refeições sendo tão deliberadas. Das mil que comemos a cada ano, ou algo nessa ordem, o jantar de Ação de Graças é aquele em que mais nos esforçamos para fazer bem-feito. Tem a esperança de ser uma *boa* refeição, em que ingredientes, esforço, arrumação e consumo são expressões do que há de melhor em nós. Mais do que qualquer outra, ela se pauta por boa comida e bons pensamentos.

E mais do que qualquer outro alimento, o peru do dia de Ação de Graças incorpora os paradoxos de se comer animais: o que fazemos com os perus vivos é tão ruim quanto qualquer coisa que os humanos jamais fizeram a qualquer animal na história do mundo.

E, no entanto, o que fazemos com seus corpos mortos parece tão bom e tão correto. O peru de Ação de Graças é a carne de instintos rivais – o da lembrança e o do esquecimento.

Escrevo essas últimas palavras dias antes do feriado de Ação de Graças. Moro em Nova York e agora, só de vez em quando – de acordo com a minha avó, pelo menos –, volto a Washington. Ninguém que era jovem continua sendo. Alguns daqueles que transferiam milho para a mesa faleceram. E há novos membros na família. (*Eu* agora sou *nós*.) É como se a dança das cadeiras da qual eu participava nas festas de aniversário fosse uma preparação para todo este acabar e começar.

Será o primeiro ano em que comemoremos na minha casa, o primeiro ano em que vou preparar a comida e o primeiro dia de Ação de Graças em que meu filho terá idade suficiente para comer junto conosco. Se todo este livro pudesse ser decantado numa única pergunta – não algo fácil, pesado ou formulado com má-fé, mas uma pergunta que capturasse por completo o problema de comer e não comer animais –, poderia ser esta: será que devíamos servir peru no dia de Ação de Graças?

2.

O que os perus têm a ver com o dia de Ação de Graças?

O QUE SE ACRESCENTA AO TER um peru na mesa de Ação de Graças? Talvez ele seja gostoso, mas o gosto não é o motivo, nesse caso – a maioria das pessoas não come muito peru durante o ano. (O dia de Ação de Graças responde por 18% do consumo anual de peru.) E, apesar do prazer que temos em comer muito, o dia de Ação de Graças não se refere a sermos glutões – é mais ou menos o oposto.

Talvez porque o peru seja fundamental ao ritual; é assim que comemoramos o dia de Ação de Graças. Por quê? Porque talvez os peregrinos o tenham comido em seu primeiro dia de Ação de Graças? É mais provável que não tenham. Sabemos que eles não tinham milho nem maçãs, batatas ou arando, e os dois únicos registros escritos do lendário dia de Ação de Graças, em Plymouth, mencionam carne de veado e aves de caça. Embora seja concebível que eles tenham comido peru selvagem, sabemos que a ave ainda não tinha sido incorporada ao ritual até o fim do século XIX. Os historiadores descobriram um dia de Ação de Graças até mesmo anterior à celebração de Plymouth, em 1621, que ficou famoso graças a historiadores anglo-americanos. Meio século antes de Plymouth, os primeiros colonizadores americanos celebraram Ação de Graças com os índios Timucua no que é hoje a Flórida. As provas mais confiáveis sugerem que os colonizadores eram católicos e não protestantes e falavam espanhol, não inglês. Comeram sopa de feijão no jantar.

Mas vamos fazer de conta que os peregrinos inventaram o dia de Ação de Graças e que comeram peru. Deixando de lado o fato óbvio de que eles faziam muitas coisas que não íamos querer fazer (e que queremos fazer muitas coisas que eles não queriam), os perus que *nós* comemos têm tanto em comum com os perus que os peregrinos poderiam ter comido quanto o sempre ironizado tofurkey.* No centro das *nossas* mesas de Ação de Graças, está um animal que nunca respirou ar fresco nem viu o céu até ser enviado para o abate. Na ponta de *nossos* garfos, está um animal incapaz de se reproduzir sexualmente. Em *nossa* barriga, está um animal que tem antibióticos na dele. A própria genética das aves é radicalmente diferente. Se os peregrinos pudessem enxergar o futuro, o que teriam pensado dos perus em nossa mesa? Sem exagero, é improvável que o reconhecessem como peru.

E o que aconteceria se não houvesse peru? A tradição seria rompida ou seria prejudicada, se em vez de ave comêssemos apenas a caçarola de batatas, os pãezinhos caseiros, a vagem com amêndoas, a bebida de arando, o inhame, o purê de batatas com manteiga, as tortas de abóbora e noz pecã? Talvez pudéssemos acrescentar um pouco de sopa de feijão ao estilo dos Timucua. Não é tão difícil imaginar. Veja seus entes queridos ao redor da mesa.

* Alimento feito de tofu que imita em gosto e aparência o peito de peru. (N. da T.)

Ouça os sons, sinta os cheiros. Não há peru. O feriado foi prejudicado? Será que o dia de Ação de Graças não é mais o mesmo?

Ou será que nossa Ação de Graças ficaria melhor? Será que a escolha de não comer peru seria uma forma mais ativa de celebrar o quanto nos sentimos gratos? Tente imaginar a conversa que se desenrolaria. *É por isso que nossa família comemora o dia de Ação de Graças desse modo.* A conversa seria frustrante ou inspiradora? Seriam transmitidos mais ou menos valores? A alegria seria diminuída pela ânsia em comer aquele animal em particular? Imagine os dias de Ação de Graças de sua família depois que você se for, quando a pergunta já não for mais: "Por que não comemos isso?", mas a mais óbvia: "Por que eles comiam?" Será que o olhar imaginado das futuras gerações pode nos envergonhar, no sentido kafkiano da palavra, a ponto de fazer com que nos lembremos?

O segredo que permitiu a existência das fazendas e granjas industriais está ruindo. Os três anos que passei escrevendo este livro, por exemplo, viram o primeiro registro documentado de que a criação industrial de animais contribui mais para o aquecimento global do que qualquer outra coisa; viram o primeiro instituto de pesquisa (a Pew Commission) recomendar a completa descontinuação de várias das principais práticas de confinamento; viram o primeiro estado (Colorado) tornar ilegais práticas comuns da criação industrial (celas de gestação e baias para vitelas) como resultado de negociações com a indústria (e não de campanhas contra a indústria); viram a primeira cadeia de supermercados (WholeFoods) comprometer-se com um programa sistemático e extensivo de indicar nos rótulos os cuidados com o bem-estar animal e viram o primeiro grande jornal nacional (o *New York Times*) publicar editoriais contra fazendas e granjas industriais como um todo, argumentando que "a criação transformou-se em maus-tratos aos animais" e "o estrume se tornou detrito tóxico".

Quando Celia Steele criou o primeiro bando de galinhas confinadas, não poderia prever os efeitos de seu gesto. Quando Charles Vantress cruzou uma Cornish de penas vermelhas e uma New Hampshire para produzir a "Galinha do Futuro", em 1946, a antepassada das atuais aves de corte criadas em granjas industriais não teria conseguido compreender com o que estava contribuindo.

Nós não podemos alegar ignorância, apenas indiferença. As gerações que vivem hoje são gerações a par dos erros. Temos o fardo e a oportunidade de viver no momento em que a crítica à criação industrial chegou à consciência popular. Somos aqueles a quem será perguntado, com justiça, *o que você fez quando ficou sabendo a verdade sobre comer animais?*

3.

A verdade sobre comer animais

DESDE 2000 – *DEPOIS* QUE TEMPLE GRANDIN divulgou melhoras nas condições dos matadouros –, vêm sendo documentadas cenas de funcionários usando bastões como os de beisebol para acertar filhotes de peru, pisoteando galinhas para vê-las "estourar", batendo em porcos fracos com canos de metal e desmembrando deliberadamente o gado cem por cento consciente. Não precisamos nos fiar em vídeos feitos às escondidas por organizações de direitos de animais para saber dessas atrocidades – embora eles existam em número suficiente. Eu poderia ter escrito vários livros – uma enciclopédia de crueldades – com testemunhos de funcionários.

Gail Eisnitz chega perto de criar uma enciclopédia dessas em seu livro *Slaughterhouse* (*Matadouro*). Fruto de pesquisas realizadas ao longo de dez anos, é cheio de entrevistas com trabalhadores que, no total, representam mais de dois milhões de horas de experiência em matadouros; nenhuma obra de jornalismo investigativo sobre o tópico é tão abrangente.

> Uma vez em que a pistola pneumática ficou quebrada o dia todo, eles pegavam uma faca e cortavam a parte de trás do pescoço da vaca, enquanto ela ainda estava de pé. Elas caíam e ficavam tremendo. E eles apunhala-

vam a bunda da vaca para fazê-las andar. Quebravam seus rabos... Batiam tanto nelas... E as vacas ficavam berrando com a língua para fora.

É difícil falar sobre isso. Você está sob um bocado de estresse, toda essa pressão. Parece muito malvado, mas já peguei aguilhões [elétricos] e enfiei nos olhos deles. E fiquei segurando lá.

No boxe de sangria, eles dizem que o cheiro de sangue deixa você agressivo. E deixa mesmo. Você começa a pensar: se aquele porco me chutar eu vou descontar. De todo modo, já vai matar o porco, mas isso não é suficiente. Ele tem que sofrer... Você pega pesado, empurra com força, corta a traqueia, faz ele se afogar em seu próprio sangue. Corta o nariz ao meio. Um porco vivo está correndo pelo boxe. Só está olhando para mim e eu sou o sangrador, então, pego minha faca e... Corto seu olho enquanto ele está ali parado. O porco só grita. Uma vez, peguei minha faca – ela é bem afiada – e cortei fora a ponta do nariz de um porco, como se fosse um pedaço de salsichão. Ele ficou enlouquecido por alguns segundos. Depois, só ficou sentado ali, com cara de idiota. Então, peguei um punhado de salmoura e joguei no nariz dele. O bicho ficou maluco de verdade, esfregando o nariz por toda parte. Eu ainda tinha um pouco de sal na mão – estava usando uma luva de borracha – e enfiei o sal bem no rabo do porco. O pobre porco não sabia se cagava ou ficava cego... E eu não era o único cara que fazia esse tipo de coisa. Um cara com quem trabalho persegue os porcos até eles caírem no tanque de escaldar. E todo mundo – os que conduzem os porcos, os que os prendem, o pessoal dos serviços – usa canos de metal nos porcos. Todo mundo sabe disso, de tudo isso.

Essas declarações são perturbadoramente representativas do que Eisnitz descobriu em suas entrevistas. Os eventos descritos não são sancionados pela indústria, mas não deveriam ser considerados incomuns.

Investigações secretas revelaram de modo consistente que trabalhadores de fazendas e granjas, submetidos ao que o Human Rights Watch descreve como "violação sistemática dos direitos humanos", com frequência descontam suas frustrações nos animais ou simplesmente sucumbem às exigências dos supervisores de manter as linhas de abate funcionando, a qualquer custo e sem pensar duas vezes. Alguns trabalhadores são sádicos no sentido literal do termo. Mas nunca conheci alguém assim. As várias dezenas de trabalhadores que encontrei eram pessoas boas, inteligentes e honestas, fazendo o melhor que podiam numa situação impossível. A responsabilidade reside na mentalidade da indústria da carne, que trata tanto os animais quanto o "capital humano" como máquinas. O que um trabalhador colocou nos seguintes termos:

> A pior coisa, pior do que qualquer risco físico, é o preço emocional que você paga. Se trabalhar no boxe de atordoamento durante um período, você desenvolve uma atitude que permite que mate, mas não que se importe. Você é capaz de olhar nos olhos de um porco que anda pelo boxe e pensar: "Meu Deus, esse animal até que não é feio." Pode querer fazer festa neles. Porcos na sala de abate já vieram me cheirar como se fossem cachorrinhos. Dois minutos depois, tive que matá-los – espancá-los até a morte com um cano... Quando eu trabalhava no andar de cima, eviscerando os porcos, podia ter a atitude de quem trabalha numa linha de produção, ajudando a alimentar pessoas. Mas, lá no boxe de atordoamento, eu não estava alimentando pessoas. Estava matando animais.

O quanto essas selvagerias precisam ser comuns para que uma pessoa decente não tenha mais condições de tolerá-las? Se você soubesse que um a cada mil animais usados como alimento sofrem maus-tratos como os descritos acima, continuaria a comê-los? Um a cada cem? Um a cada dez? Em *O dilema do onívoro,* Michael Pollan escreve: "Preciso dizer que uma parte minha inveja a clareza moral dos vegetarianos... Mas parte de mim também tem pena deles. Sonhos de inocência são apenas isso; em geral, dependem de uma negação da realidade que pode ser sua própria forma de arrogância." Ele tem razão ao dizer que respostas emocionais podem nos levar a uma presunçosa separação. Mas será que alguém que faz um esforço para agir de acordo com o sonho da inocência é de fato quem merece pena? E quem, nesse caso, está negando a realidade?

Quando Temple Grandin começou a quantificar a escala de maus-tratos nos matadouros, relatou ter testemunhado "atos deliberados de crueldade acontecendo com regularidade" em 32% das instalações que supervisionou durante visitas anunciadas nos Estados Unidos. É uma estatística tão estarrecedora que tive que lê-la três vezes. Atos *deliberados,* acontecendo *com regularidade,* testemunhados por uma *auditora,* durante auditorias *anunciadas,* ou seja, que davam ao matadouro tempo para dar um jeito nos piores problemas. E quanto às crueldades que não foram testemunhadas? E quanto aos acidentes que devem ter sido bem mais comuns?

Grandin enfatizou que as condições melhoraram conforme mais comerciantes de carne exigiam auditorias no abate por seus fornecedores, mas quanto? Revendo a mais recente auditoria no abate de galinhas conduzida pelo National Chicken Council, Grandin descobriu que 26% dos abatedouros revelaram maus-tratos tão graves que *deveriam* ter sido reprovados. (A própria indústria achou os resultados da auditoria perfeitamente aceitáveis, o que é perturbador, e aprovou todos os matadouros até mesmo quando aves vivas eram batidas contra o chão, jogadas no lixo e encontradas escaldadas vivas.) De acordo com a inspeção mais recente de Grandin nos matadouros de bovinos, 25% deles tinha maus-tratos tão graves que automaticamente foram reprovados em sua auditoria ("pendurar um animal consciente na esteira de sangria" é apresentado como exemplo paradigmático do tipo de maus-tratos que determina uma reprovação automática). Em inspeções recentes, Grandin testemunhou um trabalhador desmembrando uma vaca cem por cento consciente, vacas despertando na esteira de sangria e trabalhadores "dando estocadas nas vacas na área do ânus com um aguilhão elétrico". O que acontecia quando ela não estava olhando? E a maioria de instalações que não abre as portas a auditorias, em primeiro lugar?

Os criadores perderam – foram destituídos de – uma relação direta e humana com seu trabalho. Cada vez mais, eles deixam de ser donos dos animais, não podem determinar seus métodos, não têm permissão de aplicar seus conhecimentos, não têm alternativas ao abate industrial em alta velocidade. O modelo industrial os afastou não apenas do modo como trabalham (corte, fatie, serre, crave, decepe, talhe), mas também do que produzem (comida repugnante e insalubre) e de como o produto é vendido (de maneira anônima e barata). Seres humanos não têm como ser humanos (e muito menos humanitários) nas condições de uma fazenda ou granja industrial ou num matadouro. É a mais perfeita alienação do local de trabalho no mundo, no momento. A menos que você leve em consideração o que os animais vivenciam.

4.

A mesa americana

NÃO DEVÍAMOS NOS ILUDIR QUANTO ao número de opções alimentares éticas disponíveis à maioria de nós. Não há galinha caipira produzida nos Estados Unidos em quantidade suficiente para alimentar a população da Staten Island, e fora das granjas industriais não há porcos suficientes para abastecer a cidade de Nova York, quanto menos o país. A ética é uma nota promissória, não uma realidade. Qualquer defensor da carne ética vai comer um bocado de alimentos vegetarianos.

Um número grande de consumidores parece tentado a continuar apoiando as criações industriais, mas também comprando carne fora desse sistema quando disponível. Isso é bom. Mas se nossa imaginação moral só vai até aí, é difícil ser otimista quanto ao futuro. Qualquer plano que envolva afunilar o dinheiro dado às fazendas e granjas industriais não vai acabar com a prática. O quão eficaz teria sido o boicote aos ônibus em Montgomery se os envolvidos no protesto tivessem voltado a usá-los quando se tornou inconveniente não usar? O quão eficaz seria uma greve se os trabalhadores anunciassem que voltariam ao trabalho assim que ficasse difícil manter a greve? Se alguém encontrar neste livro encorajamento para comprar um pouco de carne de fontes alternativas enquanto continua comprando carne de criações industriais, encontrou algo que não está aqui.

Se formos de fato sérios quanto a acabar com fazendas e granjas industriais, o mínimo que podemos fazer é parar de mandar cheques para os que cometem os piores abusos. Para alguns, a decisão de evitar produtos da criação industrial será fácil. Para outros, a decisão será difícil. Para aqueles a quem a decisão parece difícil (eu me teria incluído nesse grupo), a questão final é se vale a pena o inconveniente. *Sabemos,* pelo menos, que a decisão vai ajudar a evitar o desmatamento, a curva do aquecimento global, reduzir a poluição, preservar as reservas de petróleo, diminuir o fardo da parte rural dos Estados Unidos, diminuir os abusos dos direitos humanos, melhorar a saúde pública e ajudar a eliminar o mais sistemático abuso de animais na história do mundo. O que não sabemos, porém, talvez seja igualmente importante. Como é que tomar uma decisão dessas nos mudaria?

Deixando de lado as mudanças materiais diretas iniciadas com a opção por não consumir produtos de criações industriais, uma decisão de comer de modo tão deliberado seria uma força com enorme potencial. Que tipo de mundo criaríamos se, três vezes por dia, quando nos sentamos para comer, ativássemos a nossa compaixão e a nossa razão, se tivéssemos imaginação moral e força de vontade pragmática para mudar nosso mais fundamental ato de consumo? É famosa a afirmação de Tolstói de que as existências de matadouros e campos de batalha estão relacionadas. Certo, não fazemos guerras porque comemos animais. Algumas guerras precisam ser feitas – para não mencionar o fato de que Hitler era vegetariano. Mas a compaixão é um músculo que fica mais forte com o uso, e o exercício regular da escolha da gentileza, em vez da crueldade, nos modificaria.

Pode parecer ingênuo sugerir que o fato de se pedir um hambúrguer de frango ou um hambúrguer vegetal é uma decisão de profunda importância. Então, com certeza teria soado fantástico se, nos anos 1950, lhe dissessem que o local onde você se senta num restaurante ou num ônibus poderia começar a erradicar o racismo. Teria soado igualmente fantástico no começo dos anos 1970, antes das campanhas de César Chávez pelos direitos dos trabalhadores, que recusar-se a comer uvas poderia começar a libertar os trabalhadores de condições que eram quase de escravidão. Pode parecer fantástico, mas, quando nos damos ao trabalho de olhar, é difícil negar que nossas escolhas diárias moldam o mundo. Quando os primeiros colonizadores nos Estados Unidos resolveram se juntar para tomar um chá em Boston, forças poderosas o suficiente para criar uma nação foram libertadas. Decidir o que comer (e o que jogar de volta no mar) é o ato fundador da produção e do consumo que molda todos os outros. Escolher folha ou carne, criação industrial ou criação familiar de animais não muda, em si, o mundo, mas ensinar a nós mesmos, a nossos filhos, à nossa comunidade local e à nossa nação escolher a consciência em vez da comodidade pode mudar. Uma das maiores oportunidades de viver de acordo com nossos valores – ou traí-los – está na comida que colocamos em nosso prato. E vamos viver de acordo com nossos valores, ou traí-los, não apenas como indivíduos, mas como nações.

Temos legados maiores do que a busca de produtos baratos. Martin Luther King Jr. escreveu de forma apaixonada sobre o momento em que "é preciso tomar uma posição que não é segura, nem política, nem popular". Às vezes, simplesmente temos que tomar uma decisão porque "a consciência diz que está correto". Essas famosas palavras de King e os esforços da United Farm Worker de Chávez também são nosso legado. Talvez queiramos dizer que esses movimentos de justiça social nada têm a ver com a situação das fazendas e granjas industriais. Opressão humana não é abuso de animais. King e Chávez eram movidos por uma preocupação pela humanidade que sofria, não pelas galinhas que sofriam ou pelo aquecimento global. Muito bem. É possível que as pessoas venham a recusar (ou até mesmo enfurecer-se com) a comparação implícita ao evocá-los aqui. Mas é digno de nota o fato de que César Chávez e a esposa de King, Coretta Scott King, eram veganos, assim como o filho de King, Dexter. Interpretamos o legado de Chávez e King – interpretamos o legado americano – de uma forma demasiadamente estreita se partimos do pressuposto de que eles não podem falar contra a opressão das criações industriais.

5.

A mesa global

DA PRÓXIMA VEZ QUE SE SENTAR para uma refeição, imagine que há nove pessoas com você à mesa e que juntos vocês representam todos os povos do planeta. Organizados por países, dois dos seus companheiros são chineses, dois são indianos e um quinto representa todos os outros países da Ásia central, nordeste e sul. Um sexto representa as nações do sudeste da Ásia e da Oceania. Um sétimo representa a África subsaariana e um oitavo, o restante da África e o Oriente Médio. Um nono representa a Europa. O último assento, representando os países da América do Sul, Central e do Norte, é você.

Se distribuirmos os assentos por língua nativa, só os falantes de chinês teriam seu próprio representante. Todos os que falam inglês e espanhol juntos teriam que dividir uma cadeira.

Organizados por religião, três pessoas são católicas, duas são muçulmanas e três praticam o budismo, religiões tradicionais chinesas ou o hinduísmo. As duas restantes pertencem a outras tradições religiosas ou se identificam como não religiosas. (Minha própria comunidade judaica, que é menor do que a margem de erro do censo chinês, não tem nem como espremer metade do traseiro numa das cadeiras.)

Se distribuídas por nutrição, uma pessoa tem fome e duas são obesas. Mais da metade come uma dieta essencialmente vegetariana, mas esse número está diminuindo. Os vegetarianos estritos e os veganos só têm um assento na mesa, mas é por pouco. E em mais da metade das ocasiões em que um de vocês estender o braço para pegar ovos, frango ou porco, eles terão vindo de granjas industriais. Se os padrões atuais continuarem assim por mais vinte anos, a carne bovina e a de carneiro que você servir também virão.

Os Estados Unidos não estão nem perto de ter seu próprio assento quando a mesa é organizada por população, mas teriam entre dois e três assentos quando as pessoas fossem organizadas pela quantidade de comida que consomem. Ninguém gosta de comer tanto quanto nós, e, quando mudamos o que comemos, o mundo muda.

Limitei-me a discutir sobretudo como nossas escolhas alimentares afetam a ecologia do planeta e a vida de seus animais, mas poderia, com a mesma facilidade, ter dedicado o livro inteiro a saúde pública, direitos dos trabalhadores, comunidades rurais em decadência ou pobreza global – todas essas questões são profundamente afetadas pelas criações industriais. Claro, elas não causam todos os problemas do mundo, mas é notável quantos deles chegam a uma interseção aqui. É igualmente notável, e completamente improvável, que gente como você e eu tenha influência real sobre as criações industriais. Mas ninguém pode duvidar com seriedade da influência dos consumidores americanos sobre as práticas globais de criação de animais.

Eu me dou conta de que estou chegando perigosamente perto daquela sugestão exótica de que cada um pode fazer diferença. A realidade é mais complicada, é claro. Como "consumidor solitário" de alimentos, suas decisões em si e por si não farão nada para mudar a indústria. Dito isso, a menos que você obtenha secretamente sua comida e coma dentro do armário, você não come sozinho. Comemos como filhos e filhas, como famílias, como comunidades, gerações, nações e cada vez mais como um globo. Não temos como impedir que nossos hábitos alimentares irradiem influência mesmo que assim o desejemos.

Como qualquer um que seja vegetariano há alguns anos pode lhe dizer, a influência que essa simples escolha dietética tem no que os outros ao seu redor comem pode ser surpreendente. A entidade que representa os restaurantes nos Estados Unidos, a National Restaurant Association (Associação Nacional de Restaurantes), aconselhou que todos os restaurantes do país tenham pelo menos uma opção vegetariana. Por quê? Simples: suas próprias pesquisas indicam que mais de um terço dos operadores de restaurantes observaram um aumento na demanda de refeições desse tipo. Um dos principais periódicos do setor de restaurantes, o *Nation's Restaurant News,* recomenda "acrescentar pratos veganos ou vegetarianos ao cardápio. Além de serem menos caros, os pratos vegetarianos também abrandam o voto do veto. Em geral, se você tem um vegano no grupo, isso vai determinar onde todos vão comer".

Milhões e milhões de dólares de propaganda são gastos simplesmente para garantir que vejamos pessoas bebendo leite ou comendo carne nos filmes, e milhões mais são gastos para garantir que, quando tenho uma garrafa de refrigerante na mão, você seja capaz de dizer (provavelmente a certa distância) se é Coca ou Pepsi. A National Restaurant Association não faz essas recomendações, e as multinacionais não gastam milhões na disposição dos produtos, para que nos sintamos bem com a influência que temos sobre os outros ao nosso redor. Eles apenas reconhecem que comer é um ato social.

Quando levantamos o garfo, nos colocamos de algum modo. Colocamo-nos num tipo ou noutro de relação com animais de criação, com os trabalhadores dessas criações, com economias nacionais e mercados globais. Não tomar uma decisão – comer "o mesmo que todo mundo" – é tomar a decisão mais fácil, aquela que é cada vez mais problemática. Sem dúvida, na maioria dos lugares e na maioria dos casos, decidir a dieta que se segue não decidindo – comer o mesmo que todo mundo – foi provavelmente uma boa ideia. Hoje, comer o mesmo que todo mundo é acrescentar mais uma palha às costas do camelo. Pode ser que não seja a nossa palha que vai quebrar-lhe as costas, mas o ato será repetido – todos os dias de nossa vida, e talvez todos os dias da vida de nossos filhos e dos filhos de nossos filhos...

A disposição dos assentos e dos pratos na mesa global da qual todos comemos muda. Os dois chineses têm quatro vezes a quantidade de carne em seus pratos do que tinham há algumas décadas – e a pilha continua aumentando. Enquanto isso, as duas pessoas na mesa sem água limpa para beber estão de olho na China. Hoje, os produtos animais respondem por mais de 50% do consumo de água na China, num momento em que a falta d'água naquele país já é motivo de preocupação global. A pessoa desesperada em nossa mesa, que luta para encontrar alimento suficiente para comer, poderia com razão se preocupar ainda mais com o quanto a marcha do mundo rumo ao consumo de carne ao estilo americano vai tornar os grãos e cereais de que ele ou ela depende para viver ainda menos disponíveis. Mais carne significa maior demanda por grãos e cereais, e mais mãos brigando por eles. Em 2050, os rebanhos no mundo consumirão tanta comida quanto quatro bilhões de pessoas. As tendências sugerem que a pessoa faminta à nossa mesa poderia com facilidade se tornar duas (270 mil pessoas começam a passar fome a cada dia). É quase certo que isso vá acontecer, enquanto os obesos ganham outro assento. É tão fácil imaginar um futuro próximo em que a maioria dos assentos na mesa global esteja ocupada ou por pessoas obesas ou por pessoas malnutridas.

Mas não tem que ser assim. A melhor razão para pensar que poderia haver um futuro melhor é o fato de sabermos o quanto esse futuro poderia ser ruim.

Em termos racionais, a criação industrial é tão obviamente errada, de muitas maneiras. Em todas as minhas leituras e conversas, ainda não encontrei uma defesa digna de crédito dessa prática. Mas a comida não é racional. Comida é cultura, hábito e identidade. Para alguns, essa irracionalidade leva a uma espécie de resignação. Escolhas alimentares são comparadas a escolhas de moda ou preferências de estilos de vida – não respondem a julgamentos sobre como deveríamos viver. E eu concordaria que o caráter impreciso da comida, os significados quase infinitos que aí proliferam, torna de fato a questão da alimentação – e em particular do uso de animais na alimentação – surpreendentemente tensa. Ativistas com os quais falei ficavam muito intrigados e frustrados com a falta de conexão entre o pensamento claro e as escolhas alimentares das pessoas. Eu me solidarizo, mas também me pergunto se não é justo a irracionalidade da comida que guarda seu maior potencial.

A comida nunca é um cálculo sobre que dieta consome menos água ou causa menor sofrimento. E é aqui, talvez, que reside nossa maior esperança de nos motivarmos a mudar. Em parte, a criação industrial requer que eliminemos a consciência em favor do desejo. Mas, em outro nível, a capacidade de rejeitar a criação industrial pode ser exatamente aquilo que mais desejamos.

O colapso das criações industriais não é, acabei por concluir, só um problema de ignorância. Não é, como os ativistas muitas vezes dizem, um problema que existe porque "as pessoas não estão a par dos fatos". Essa é nitidamente uma das causas. Enchi este livro com um bocado de dados horríveis porque eles são um ponto de partida necessário. E apresentei o conhecimento científico que temos sobre o legado que estamos criando com nossas escolhas alimentares diárias porque isso também importa muito. Não estou sugerindo que nossa razão não deveria nos guiar de vários modos importantes, mas apenas que ser humano, ser humanitário, é mais do que o exercício da razão. Responder às criações industriais requer uma capacidade de se importar que está além da informação e além das oposições entre desejo e razão, fatos e mitos, e até mesmo entre humano e animal.

As fazendas e granjas industriais chegarão a um fim, em algum momento, por causa de sua absurda economia. São radicalmente insustentáveis. A terra algum dia as sacudirá como um cachorro sacode as pulgas do corpo; a única pergunta é se seremos sacudidos junto.

Pensar sobre comer animais, sobretudo em público, liberta forças inesperadas no mundo. As questões são carregadas como poucas. De certo ponto de vista, a carne é só mais uma outra coisa que consumimos e tem tanta importância quanto o consumo de guardanapos de papel ou caminhonetes utilitárias – mesmo que num grau maior. Tente trocar os guardanapos de papel no dia de Ação de Graças e até faça isso de um jeito bombástico, acompanhado de um sermão sobre a imoralidade de tal e tal fabricante de guardanapos, e terá dificuldades em despertar reações emocionadas. Porém, traga à tona o assunto de um jantar de Ação de Graças vegetariano, e não terá problemas em evocar opiniões fortes – *no mínimo* opiniões fortes. A questão de comer animais toca em pontos que ressoam fundo em nossa ideia do eu – nossas memórias, desejos e valores. Essas ressonâncias são potencialmente controversas, potencialmente ameaçadoras, potencialmente inspiradoras, mas sempre cheias de significado. A comida importa, os animais importam, e comer animais importa mais ainda. A questão de comê-los é, em última instância, guiada por nossas intuições acerca do que significa alcançar um ideal a que chamamos, talvez de modo incorreto, "ser humanos".

6.

O primeiro dia de Ação de Graças da infância dele

Pelo que, no dia de Ação de Graças, estou agradecendo? Quando criança, o primeiro milho que transferi para a mesa simbolizava minha gratidão por minha saúde e pela saúde da minha família. Estranha escolha para uma criança. Talvez fosse o sentimento nascido na sombra projetada pela ausência de uma árvore genealógica ou a resposta ao mantra de minha avó, "Você precisa ser saudável" – que não tinha como não soar como uma acusação, como se significasse "Você não é saudável, mas precisa ser". Seja qual for a causa, mesmo quando era uma criança pequena, eu pensava na saúde como algo em que não se pode confiar. (Não foi só por causa do pagamento e do prestígio que muitos filhos e netos de sobreviventes se tornaram médicos.) O milho seguinte representava minha felicidade. O seguinte, meus entes queridos – a família ao meu redor, é claro, mas também meus amigos. E aqueles seriam os meus primeiros grãos de milho hoje – saúde, felicidade, entes queridos. Mas não é mais por minha própria saúde e felicidade e pelos meus próprios entes queridos que dou graças. Talvez seja diferente quando meu filho tiver idade suficiente para participar do ritual. Por ora, porém, dou graças por ele, através dele e em nome dele.

Como a Ação de Graças pode ser um veículo para expressar a mais sincera gratidão? Que rituais e símbolos facilitariam uma demonstração de apreço pela saúde, pela felicidade e por nossos entes queridos?

Celebramos juntos, e isso faz sentido. E não apenas nos reunimos, nós comemos. Não foi sempre assim. O governo federal pensou pela primeira vez em promover o dia de Ação de Graças como um dia de jejum, já que era desse modo que ele havia sido observado durante décadas. De acordo com Benjamin Franklin, em quem penso como uma espécie de santo padroeiro do feriado, foi um "fazendeiro de senso comum" quem propôs que fazer um banquete "seria mais adequado à gratidão". A voz daquele fazendeiro, que, suspeito, tenha sido um dublê do próprio Franklin, é agora a convicção de uma nação.

Produzir e comer a própria comida foi, historicamente e em grande parte, o que fez os americanos não ficarem sujeitos a poderes europeus. Enquanto outras colônias precisavam de um volume imenso de importações para sobreviver, graças à ajuda dos americanos nativos, os primeiros imigrantes americanos tornaram-se quase cem por cento autossuficientes. A comida não é tanto um símbolo de liberdade quanto seu primeiro requisito. Comemos alimentos nativos dos Estados Unidos no jantar de Ação de Graças para reconhecer esse fato. De várias formas, o jantar de Ação de Graças inicia um ideal distintamente americano de consumo ético. A refeição de Ação de Graças é o ato fundador do consumo consciente.

Mas e quanto à comida com que nos banqueteamos? Será que o que consumimos faz sentido?

Todos os 45 milhões de perus que chegam às mesas de Ação de Graças, à exceção de um número irrisório, foram doentios, infelizes e – isso é um grande eufemismo – pouco amados. Se chegamos a diferentes conclusões sobre o lugar do peru na mesa de Ação de Graças, pelo menos podemos concordar sobre essas três coisas.

Os perus de hoje são insetívoros naturais, alimentados com uma dieta grosseiramente artificial, que pode incluir "carne, serragem, subprodutos de curtumes" e coisas cuja menção, ainda que amplamente documentada, talvez exigisse demais de sua crença. Dada sua vulnerabilidade a doenças, o peru é talvez o animal menos adequado às granjas industriais. Então, recebem mais antibióticos do que qualquer outro animal criado em regime intensivo. O que estimula a resistência aos antibióticos. E torna essas drogas indispensáveis menos eficazes aos seres humanos. De uma maneira bem direta, os perus em nossa mesa tornam mais difícil curar doenças humanas.

Não deveria ser responsabilidade do consumidor descobrir o que é cruel e o que é bondoso, o que é destrutivo e o que é sustentável em termos de meio ambiente. Produtos alimentares cruéis e destrutivos deveriam ser ilegais. Não precisamos optar na hora de comprar brinquedos infantis com tinta que contém chumbo, ou aerosol com clorofluorcarbono, ou remédios sem efeitos colaterais descritos. E não precisamos da opção de comprar animais criados em fazendas e granjas industriais.

Por mais que confundamos ou ignoremos, sabemos que essas fazendas e granjas são desumanas no sentido mais profundo da palavra. E sabemos que há algo que importa de modo profundo com relação às vidas que criamos para os seres que mais estão sob nosso poder. Nossa resposta à criação industrial é, em última instância, um teste do modo como respondemos aos destituídos de poder, aos mais distantes, aos que não têm voz. É um teste de como agimos quando não há ninguém nos forçando a agir de um jeito ou de outro. Não se exige coerência, mas compromisso com o problema.

Os historiadores contam que, quando Abraham Lincoln estava voltando a Washington de Springfield, ele obrigou a todos que o acompanhavam a pararem para ajudar uns passarinhos que viu em dificuldades. Quando o repreenderam, ele respondeu, de modo bastante simples: "Eu não teria conseguido dormir hoje à noite se tivesse deixado essas pobres criaturas no chão e não as tivesse devolvido à sua mãe." Ele não argumentou (embora pudesse ter feito) em favor do valor moral dos pássaros, de seu valor para si mesmos, para o ecossistema, ou para Deus. Em vez disso, observou, de modo bem simples, que, uma vez tendo visto os pássaros que sofriam, um compromisso moral havia sido assumido. Não poderia ser ele mesmo se fosse embora. Lincoln era uma personalidade muito incoerente, e é claro que comia as aves muito mais do que as ajudava. Mas, diante do sofrimento de uma outra criatura, ele agiu.

Quer eu me sente à mesa global, com minha família ou com minha consciência, as criações industriais, para mim, não parecem apenas desarrazoadas. Aceitá-las parece desumano. Aceitá-las – dar a comida que produzem à minha família, apoiá-las com meu dinheiro – faria com que eu fosse menos eu mesmo, menos o neto de minha avó, menos o filho de meu pai.

Foi *isso* o que minha avó quis dizer quando falou: "Se nada importa, não há nada a salvar."

Agradecimentos

A Little Brown foi a casa perfeita para este livro e para mim. Quero agradecer a Michael Pietsch, por sua antecipada e duradoura confiança em *Eating Animals*; a Geoff Shandler, por sua sabedoria, precisão e humor; a Liese Meyer, por meses de ajuda profunda e diversificada; a Michelle Aielli, Amanda Tobier e Heather Fain, por sua criatividade, energia e abertura aparentemente infinitas.

Lori Glazer, Bridget Marmion, Debbie Engel e Janet Silver encorajaram muito *Eating Animals* quando o livro ainda era apenas uma ideia, e não sei se teria tido confiança para trabalhar em algo fora da minha zona de conforto se não fosse por seu apoio inicial.

Seria impossível mencionar todos aqueles que compartilharam seus conhecimentos e perícia comigo, mas devo agradecimentos especiais a Diane e Marlene Halverson, Paul Shapiro, Noam Mohr, Miyun Park, Gowri Koneswaran, Bruce Freidrich, Michael Greger, Bernie Rollin, Daniel Pauly, Bille e Nicolette Niman, Frank Reese, a família Fantasma, Jonathan Balcombe, Gene Baur, Patrick Martins, Ralph Meraz, à Liga de Trabalhadores Independentes do San Joaquin Valley e a todos os trabalhadores rurais que pediram para permanecer anônimos.

Danielle Krauss, Matthew Mercier, Tori Okner e Johanna Bond ajudaram nas pesquisas (e no cotejo das pequisas) ao longo dos últimos três anos e foram parceiros indispensáveis.

O olho legal de Joseph Finnerty me deu a confiança necessária para compartilhar minhas explorações. O olho de Betsy Uhrig para erros grandes e pequenos tornou este livro melhor e mais exato – qualquer erro é somente meu.

A abertura dos capítulos concebida por Tom Manning ajuda a dar às estatísticas um caráter urgente e pungente que os números por si sós não teriam conseguido. Sua visão foi de uma ajuda imensa.

Como sempre, Nicole Aragi foi uma amiga atenciosa, uma leitora atenciosa e a melhor agente imaginável.

Fui acompanhado em minha viagem à criação industrial de animais por Aaron Gross. Ele foi o Chewbacca do meu Han, meu Bullwinkle, meu Grilo Falante. Mais do que qualquer outra coisa, ele foi um colega extraordinário e erudito de conversas, e se por um lado este livro é o registro de uma busca bastante pessoal, eu não poderia tê-lo escrito sem ele. Não há apenas uma imensa quantidade de informações estatísticas a considerar quando se escreve sobre o uso de animais na alimentação, mas uma complexa história cultural e intelectual. Há um bocado de gente inteligente que escreveu sobre esse tópico antes – de antigos filósofos a cientistas contemporâneos. O auxílio de Aaron me ajudou a trazer mais vozes, a ampliar o horizonte do livro e a aprofundar suas investigações individuais. Ele foi nada menos do que meu parceiro. Com frequência, se diz que isso ou aquilo não teria sido possível sem aquilo ou aquilo outro. Mas, no sentido mais literal destas palavras, eu não teria escrito este livro, não teria podido escrever este livro, sem Aaron. Ele é uma grande mente, um grande defensor da criação mais sensível e humanitária de animais e um grande amigo.

Notas

Contando histórias

Página

9 ***Os americanos optam por...*** calculado com base nas informações fornecidas por François Couplan e James Duke, *The Encyclopedia of Edible Plants of North America* (CT: Keats Publishing, 1998); "Edible Medicinal and Useful Plants for a Healthier World", Plants for a Future, http://www.pfaf.org/leaflets/edible_uses.php (acessado em 10 de setembro de 2009).

20 ***99% dos animais...*** Esses são meus próprios cálculos, baseados nos mais recentes dados disponíveis. Há muito mais galinhas criadas para consumo do que qualquer outro animal de criação, e praticamente todas são criadas em sistema industrial. Este é o percentual de cada segmento da criação industrial:

Galinhas criadas para produção de carne: 99,94% (censo de 2007 e normas da EPA, Environmental Protection Agency – Agência de Proteção Ambiental)

Galinhas criadas para produção de ovos: 96,57% (censo de 2007 e normas da EPA)

Perus: 97,43% (censo de 2007 e normas da EPA)

Porcos: 95,41% (censo de 2007 e normas da EPA)

Vacas criadas para produção de carne: 78,2% (relatório de 2008 da NASS, National Agricultural Statistics Service – Serviço Nacional de Estatísticas para a Agropecuária)

Vacas criadas para produção de leite: 60,16% (censo de 2007 e normas da EPA)

Tudo ou nada ou alguma outra coisa

Página

25 ***As modernas linhas de pesca industrial...*** Ver página 195.

28 ***63% das casas americanas...*** American Pets Products Manufacturers Association (Associação Americana de Fabricantes de Produtos para Animais de Estimação APPMA), 2007-2008, como citado em S. C. Johnson, "Photos: Americans Declare Love for Pets in National Contest", Thomson Reuters, 15 de abril de 2009, http://www.reuters.com/article/pressRelease/idUS127052+15Apr-2009+PRN20090415 (acessado em 5 de junho de 2009).

Ter animais de companhia... Keith Vivian Thomas, *Man and the Natural World: A History of the Modern Sensibility* (Nova York: Pantheon Books, 1983), 119.

34 bilhões de dólares com seus animais de estimação... "Pets in America", PetsinAmerica.org, 2005, http://www.petsinamerica.org/thefutureofpets.htm (acessado em 5 de junho de 2009). Nota: o projeto Pets in America é "apresentado em conjunto com" a exposição Pets in America no McKissick Museum, Universidade da Carolina do Sul.

a propagação da manutenção de animais de estimação... Thomas, *Man and the Natural World*, 119.

30 ***eletrocutaria seus filhos...*** "Meu pior pesadelo seria se as crianças algum dia viessem me dizer: 'Pai, sou vegetariano.' Eu ia sentá-los em cima da cerca e eletrocutá-los." Victoria Kennedy, "Gordon Ramsay's Shocking Recipe for Raising Kids", Daily Mirror, 25 de abril de 2007, http://www.mirror.co.uk/celebs/news/2007/04/25/gordon-ramsay-s-shocking-recipe-for-raising-kids-115875-18958425/ (acessado em 9 de junho de 2009).

31 ***às vezes comem seus cachorros...*** "Pesquisas revelaram que a carne de cachorro é um item muito valorizado na alimentação, aqui", conforme citado em "Dog meat, a delicacy in Mizoram", *The Hindu*, 20 de dezembro de 2004, http://www.hindu.com/2004/12/20/stories/2004122003042000.htm (acessado em 9 de junho de 2009).

32 ***tumbas do século IV...*** "Pinturas rupestres num túmulo do império Koguryo retratam cachorros sendo abatidos junto com porcos e carneiros." Rolf Potts, "Man Bites Dog", Salon.com, 28 de outubro de 1999, http://www.salon.com/wlust/feature/1998/10/28feature.html (acessado em 30 de junho de 2009).

o caractere sino-coreano... Ibid.

Os romanos comiam... Calvin W. Schwabe, *Unmentionable Cuisine* (Charlottesville: University of Virginia Press, 1979), 168.

os índios dakota gostavam... Hernán Cortés, *Letters from Mexico*, tradução de Anthony Pagden (New Haven, CT: Yale University Press, 1986), 103, 398.

não faz muito tempo que os havaianos comiam... S. Fallon e M. G. Enig, "Guts and Grease: The Diet of Native Americans", Weston A. Price Foundation, 1º de janeiro de 2000, http://www.westonaprice.org/traditional_diets/native_americans.html (acessado em 23 de junho de 2009).

O pelado mexicano... Schwabe, *Unmentionable Cuisine*, 168, 176.

O capitão Cook comeu cachorro... Captain James Cook, *Explorations of Captain James Cook in the Pacific: As Told by Selections of His Own Journals, 1768-1779*, editado por Grenfell Price (Mineola, NY: Dover Publications, 1971), 291.

cachorros ainda são comidos... "Philippines Dogs: Factsheets", Global Action Network, 2005, http://www.gan.ca/campaigns/philippines+dogs/factsheets.en.html (acessado em 7 de julho de 2009); "The Religious History of Eating Dog Meat", dogmeattrade.com, 2007, http://www.dogmeattrade.com/facts.html (acessado em 7 de julho de 2009).

como fonte medicinal na China e na Coreia... Kevin Stafford, *The Welfare of Dogs* (Nova York: Springer, 2007), 14.

para aumentar a libido na Nigéria... Senan Murray, "Dogs' dinners prove popular in Nigeria", BBC News, 6 de março de 2007, http://news.bbc.co.uk/1/hi/world/africa/6419041.stm (acessado em 23 de junho de 2009).

Durante séculos, os chineses... Schwabe, *Unmentionable Cuisine*, 168.

e muitos países europeus... Ibid., 173.

Três a quatro milhões de cachorros e gatos... Humane Society of the United States, "Pet Overpopulation Estimates", http://www.hsus.org/pets/issues_affecting_our_pets/pet_overpopulation_and_ownership_statistics/hsus_pet_overpopulation_estimates.html.

33 ***Quase o dobro do número de cachorros...*** "Animal Shelter Euthanasia", American Humane Association, 2009, http://www.americanhumane.org/about-us/newsroom/fact-sheets/animal-shelter-euthanasia.html (acessado em 23 de junho de 2009).

34 ***Cachorro ensopado...*** "Ethnic Recipes: Asian and Pacific Island Recipes: Filipino Recipes: Stewed Dog (Wedding Style)", Recipe Source, http://www.recipesource.com/ethnic/asia/filipino/00/rec0001.html (acessado em 10 de junho de 2009).

35 ***mais de 31 mil espécies diferentes...*** O impressionante Fishbase.org cataloga 31.200 espécies conhecidas com 276.500 nomes comuns ao redor do globo. Fishbase, 15 de janeiro de 2009, http://www.fishbase.org (acessado em 10 de junho de 2009).

Estou entre... "Quase todas as mulheres que responderam (99%) relatam que falavam com frequência com seus bichos de estimação (contra 95% dos homens) e um surpreendente percentual de 93% das mulheres acha que seus bichos de estimação se comunicam com elas (contra 87% dos homens)." Business Wire, "Man's Best Friend Actually Woman's Best Friend; Survey Reveals That Females Have Stronger Affinity for Their Pets Than Their Partners", bnet, 30 de março de 2005, http://findarticles.com/p/articles/mi_m0EIN/is_2005_March_30/ai_n13489499/ (acessado em 10 de junho de 2009).

respondem ao som em distâncias de até... "Peixes jovens seguem o crepitar e chiar de um recife de corais para ajudá-los a encontrá-lo. O som de 'bacon fritando' que fazem os camarões, por exemplo, pode ser percebido a vinte quilômetros de distância." Staff, "Fish Tune Into the Sounds of the Reef", *New Scientist*, 16 de abril de 2005, http://www.newscientist.com/article/mg18624956.300-fish-tune-into-the-sounds-of-the-reef.html (acessado em 23 de junho de 2009).

36 ***A enorme força...*** Richard Ellis, *The Empty Ocean* (Washington, DC: Island Press, 2004), 14. Ellis cita Robert Morgan, *World Sea Fisheries* (Nova York: Pitman, 1955), 106.

"Se possível..." J. P. George, *Longline Fishing* (Rome: Food and Agriculture Organization of the United Nations, 1993), 79.

Antigamente... Ellis, *The Empty Ocean*, 14, 222.

38 ***uma indústria de mais de 140 bilhões de dólares anuais...*** "Somando-se aos 142 bilhões de dólares em vendas, há produtos e serviços no valor de milhões de dólares gerados pelo efeito dominó da indústria, incluindo-se empregos no setor de embalagem, transporte, processamento e varejo." American Meat Institute, "The United States Meat Industry at a Glance: Feeding Our Economy", meatAMI.com, 2009, http://www.meatami.com/ht/d/sp/i/47465/pid/47465/#feedingoureconomy (acessado em 29 de maio de 2009).

que ocupa perto de um terço de todo o território... Food and Agriculture Organization of the United Nations, Livestock, Environment and Development Initiative, "Livestock's Long Shadow: Environmental Issues and Options", Rome, 2006, xxi, ftp://ftp.fao.org/docrep/fao/010/a0701e/a0701e00.pdf (acessado em 11 de agosto de 2009).

molda os ecossistemas dos oceanos... A saúde de um oceano não é fácil de medir, mas através de uma poderosa nova estatística, chamada the Marine Trophic Index (MTI), os cientistas têm agora uma forma de obter uma imagem aproximada do estado da vida oceânica. Não é um retrato bonito. Imagine que cada ser vivo no oceano tenha um "nível trófico" particular, entre um e cinco, e um marcador de seu lugar na cadeia alimentar. O número um é designado às plantas, já que elas formam a base das redes alimentares marinhas. As criaturas que comem as plantas, como os minúsculos animais conhecidos como plâncton, recebem o nível trófico número dois. As criaturas que comem o plâncton recebem o nível trófico número três, e assim por diante. Os predadores do topo da cadeia alimentar receberiam o número cinco. Se pudéssemos contar todas as criaturas do oceano e designar-lhes um número, calcularíamos um nível trófico médio da vida nos oceanos – uma espécie de retrato instantâneo da vida oceânica como um todo. Esse total é, na verdade, exatamente a estimativa do MTI. Um MTI mais alto indica cadeias alimentares mais longas e mais diversificadas, e oceanos mais vibrantes. Se os oceanos estivessem, por exemplo, cheios de plantas e nada mais, teriam um MTI de um. Se estivessem cheios de plantas e plâncton, o MTI ficaria em algum lugar entre um e dois. Se tiverem cadeias alimentares mais extensas com criaturas mais diversificadas, o MTI será, de modo correspondente, mais alto. Não há MTI certo e errado, mas quedas constantes no MTI são óbvias más notícias: más notícias para aqueles que comem peixes e más notícias para os próprios peixes. O MTI tem caído de modo constante desde os anos 1950, quando técnicas industriais de pesca se tornaram a norma. Daniel Pauly e Jay McLean, *In a Perfect Ocean* (Washington, DC: Island Press, 2003), 45-53.

38 ***e pode determinar o futuro...*** O setor pecuarista é o maior contribuinte isolado à emissão de gases estufa. Food and Agriculture Organization, "Livestock's Long Shadow", xxi, 112, 267; Pew Charitable Trusts, Johns Hopkins Bloomberg School of Public Health, and Pew Commission on Industrial Animal Production, "Putting Meat on the Table: Industrial Farm Animal Production in America", 2008, http://www.ncifap.org/ (acessado em 11 de agosto de 2009).

39 ***Para cada dez atuns...*** R. A. Myers e B. Worm, "Extinction, Survival, or Recovery of Large Predatory Fishes", Philosophical Transactions of the Royal Society of London Series B – Biological Sciences, 29 de janeiro de 2005, 13-20, http://www.pubmedcentral.nih.gov/articlerender.fcgi?artinstid=163 (acessado em 24 de junho de 2009).

Muitos cientistas preveem o colapso... Boris Worm e outros autores, "Impacts of Biodiversity Loss on Ocean Ecosystem Services", *Science*, 3 de novembro de 2006, http://www.sciencemag.org (acessado em 26 de maio de 2009).

pesquisadores do Centro de Atividades de Pesca... D. Pauly e outros autores, "Global Trends in World Fisheries: Impacts on Marine Ecosystems and Food Security", Royal Society, 29 de janeiro de 2005, http://www.pubmedcentral.nih.gov/articlerender.fcgi?artid=1636108 (acessado em 23 de junho de 2009).

40 ***aproximadamente 450 bilhões de animais terrestres...*** De acordo com estatísticas da FAO (disponíveis em http://faostat.fao.org/ site/569/DesktopDefault.aspx?PageID=569#ancor), dos cerca de sessenta bilhões de animais criados em fazendas e granjas a cada ano, mais de cinquenta bilhões são galinhas criadas para produção de carne, e quase com certeza criadas em regime industrial. Isso fornece uma estimativa bruta do número de animais criados em fazendas e granjas industriais em todo o mundo.

40 **99%...** Ver nota à página 20.
transmitem informação para as salas de controle... Stephen Sloan, *Ocean Bankruptcy* (Guilford; CT: Lyons Press, 2003), 75.

41 **os 1,4 *bilhão* de anzóis...** R. L. Lewison e outros autores, "Quantifying the effects of fisheries on threatened species: the impact of pelagic longlines on loggerhead and leatherback sea turtles", *Ecology Letters* 7, nº 3 (2004): 225.
em cada qual... "Essa linha secundária é equipada com um anzol e uma isca que pode ser lula, peixe ou, em casos que descobrimos, carne fresca de golfinho", conforme citado em "What is a Longline?", Sea Shepherd Conservation Society, 2009, http://www.seashepherd.org/sharks/longlining.html (acessado em 10 de junho de 2009).
as 1.200 redes... Ellis, *The Empty Ocean* , 19.
a capacidade de um único barco... J. A. Koslow e T. Koslow, *The Silent Deep: The Discovery, Ecology and Conservation of the Deep Sea* (Chicago: University of Chicago Press, 2007), 131, 198.
As tecnologias de guerra... Ibid., 199.
na última década do... Sloan, *Ocean Bankruptcy*, 75.

42 ***VERGONHA...*** A discussão de Benjamin, Derrida e Kafka nesta parte deve muito às conversas com o professor de religião e teórico crítico Aaron Gross.
De repente, ele começou... Max Brod, *Franz Kafka* (Nova York: Schocken, 1947), 74.

44 ***uma luta desigual...*** Jacques Derrida, *The Animal That Therefore I Am*, edited by Marie-Louise Mallet and translated by David Wills (Nova York: Fordham University Press, 2008), 28, 29. [Publicado no Brasil com o título de *O animal que logo sou*. Trad. Fábio Landa. São Paulo: UNESP, 2002]

45 ***Cavalos-marinhos não vêm somente...*** Ellis, *The Empty Ocean*, 78.
Queremos tanto olhar... Ibid., 77-79.
Cavalos-marinhos, mais do que a maioria dos animais... Compilei todos esses vários dados sobre os cavalos-marinhos em "Sea Horse", Encyclopaedia Britannica Online, 2009, http://www.britannica.com/EBchecked/topic/664988/sea-horse (acessado em 7 de julho de 2009); Environmental Justice Foundation Charitable Trust, *Squandering the Seas: How Shrimp Trawling Is Threatening Ecological Integrity and Food Security Around the World* (Londres: Environmental Justice Foundation, 2003), 18; Richard Dutton, "Bonaire's Famous Seahorse Is the Holy Grail of Any Scuba Diving Trip", http://bonaireunderwater.info/imgpages/bonaire_seahorse.html (acessado em 7 de julho de 2009).

46 ***20 entre o número aproximado de 35...*** Conforme listado em Environmental Justice Foundation, *Squandering the Seas*, 18.
os cavalos-marinhos estão... "Report for Biennial Period, 2004–2005", parte I, vol. 2, International Commission for the Conservation of Atlantic Tunas, Madri, 2005, http://www.iccat.int/en/pubs_biennial.htm (acessado em 12 de junho de 2009).
a pesca de arrastão do camarão devasta... Environmental Justice Foundation, *Squandering the Seas*, 19.

O significado das palavras

Página

49 ***A pecuária faz uma contribuição...*** Ver página 51.

51 ***Um estudo da Universidade de Chicago...*** "Foi demonstrado que a emissão de gases causadores do efeito estufa das várias dietas varia tanto quanto a diferença entre um sedã comum e um veículo utilitário esportivo, em condições típicas de condução." G. Eshel e P. A. Martin, "Diet, Energy, and Global Warming", *Earth Interactions* 10, nº 9 (2006): 1-17.

Estudos mais recentes e acurados... Food and Agriculture Organization of the United Nations, Livestock, Environment and Development Initiative, "Livestock's Long Shadow: Environmental Issues and Options", Rome, 2006, xxi, 112, 267, ftp://ftp.fao.org/docrep/fao/010/a0701e/a0701e00.pdf (acessado em 11 de agosto de 2009).

e da Pew Commission... Pew Charitable Trusts, Johns Hopkins Bloomberg School of Public Health, and Pew Commission on Industrial Animal Production, "Putting Meat on the Table: Industrial Farm Animal Production in America", 2008, 27, http://www.ncifap.org/ (acessado em 11 de agosto de 2009).

18% das emissões de gás estufa... Este número na verdade é sabidamente baixo, já que a ONU não incluiu os gases estufa associados com o transporte de animais vivos. Food and Agriculture Organization, "Livestock's Long Shadow", xxi, 112.

cerca de 40% a mais... Cientistas no Painel Intergovernamental sobre Mudanças Climáticas relatam que o transporte constitui 13,1% das emissões de gás estufa; 18% (ver acima) é 38% mais do que 13,1%. H. H. Rogner, D. Zhou, R. Bradley. P. Crabbé, O. Edenhofer, B. Hare (Australia), L. Kuijpers, and M. Yamaguchi, introdução a *Climate Change 2007: Mitigation. Contribution of Working Group III to the Fourth Assessment Report of the Intergovernmental Panel on Climate Change*, editado por B. Metz, O. R. Davidson, P. R. Bosch, R. Dave, e L. A. Meyer (Nova York: Cambridge University Press).

A pecuária é responsável... Food and Agriculture Organization, "Livestock's Long Shadow", xxi.

os onívoros contribuem com um volume... AFP, "Going veggie can slash your carbon footprint: Study", 26 de agosto, 2008, http://afp.google.com/article/ALeqM5gb6B3_ItBZn0mNPPt8J5nxjgtllw .

"é um dos dois ou três que mais..." Food and Agriculture Organization, "Livestock's Long Shadow", 391.

52 ***Em outras palavras, se alguém se preocupa...*** Food and Agriculture Organization, "Livestock's Long Shadow"; FAO Fisheries and Aquaculture Department, "The State of World Fisheries and Aquaculture 2008", Food and Agriculture Organization of the United Nations, Rome, 2009, http://www.fao.org/fishery/sofia/en (acessado em 11 de agosto de 2009).

Painel Intergovernamental de Mudanças Climáticas... P. Smith, D. Martino, Z. Cai, D. Gwary, H. Janzen, P. Kumar, B. McCarl, S. Ogle, F. O'Mara, C. Rice, B. Scholes e O. Sirotenko, "Agriculture", em *Climate Change 2007: Mitigation.*

Center for Science in the Public Interest... Michael Jacobsen e outros autores, "Six Arguments for a Greener Diet", Center for Science in the Public Interest, 2006, http://www.cspinet.org/EatingGreen/ (acessado em 12 de agosto de 2009).

52 ***Pew Commission...*** Pew Charitable Trusts e outros, "Putting Meat on the Table".

Union of Concerned Scientists... Doug Gurian-Sherman, "CAFOs Uncovered: The Untold Costs of Confined Animal Feeding Operations", Union of Concerned Scientists, 2008, http://www.ucsusa.org/food_and_agriculture/science_and_impacts/impacts_industrial_agriculture/cafos-uncovered.html; Margaret Mellon, "Hogging It: Estimates of Antimicrobial Abuse in Livestock", Union of Concerned Scientists, janeiro de 2001, http://www.ucsusa.org/publications/#Food_and_Environment .

Worldwatch Institute... Sara J. Scherr e Sajal Sthapit, "Mitigating Climate Change Through Food and Land Use", Worldwatch Institute, 2009, https://www.worldwatch.org/node/6128.; Christopher Flavin et al., "State of the World 2008", Worldwatch Institute, 2008, https://www.worldwatch.org/node/5561#toc.

"acesso ao ar livre"... "Meat and Poultry Labeling Terms", United States Department of Agriculture, Food Safety and Inspection Service, 24 de agosto de 2006, http://www.fsis.usda.gov/FactSheets/Meat_&_Poultry_Labeling_Terms/index.asp (acessado em 3 de julho de 2009). O USDA nem sequer tem uma definição... *Federal Register* 73, nº 198 (10 de outubro de 2008): 60228-60230, Federal Register Online via GPO Access (wais.access.gpo.gov), http://www.fsis.usda.gov/OPPDE/rdad/FRPubs/2008-0026.htm (acessado em 6 de julho de 2009).

galinhas poedeiras "criadas soltas" (ou "criadas fora de gaiolas") têm os bicos decepados... Para uma revisão lúcida do que um rótulo particular do USDA significa, ver HSUS, "A Brief Guide to Egg Carton Labels and Their Relevance to Animal Welfare", março de 2009, http://www.hsus.org/farm/resources/pubs/animal_welfare_claims_on_egg_cartons.html (acessado em 11 de agosto de 2009).

54 ***O antropólogo Tim Ingold...*** Timothy Ingold, *What Is an Animal?* (Boston: Unwin Hyman, 1988), 1. Um exemplo surpreendente dos diversos modos como o mundo animal é conceitualizado em outras culturas se encontra no notável trabalho etnográfico de Eduardo Batalha Viveiros de Castro sobre a tribo araweté da América do Sul: "A diferença entre os homens e os animais não é clara... Não consigo encontrar uma forma simples de caracterizar o lugar da 'Natureza' na cosmologia arawaeté [;]... não há um táxon para 'animal'; há poucos termos genéricos, tais como 'peixe', 'pássaro' e inúmeras metonímias para outras espécies de acordo com seu habitat, seus hábitos alimentares, funções para os homens (*do pi*, 'para comer', *temina pi*, 'animais domésticos potenciais'), e a relação com o xamanismo e os tabus alimentares. As distinções com o domínio dos animais são em essência as mesmas que se aplicam a outras categorias de seres... [assim como] os humanos... e os espíritos." Eduardo Viveiros de Castro, *From the Enemy's Point of View: Humanity and Divinity in an Amazonian Society*, tradução de Catherine V. Howard (Chicago: University of Chicago Press, 1992), 71. [Publicado no Brasil com o título *Araweté: Os deuses canibais*. Rio de Janeiro: Jorge Zahar, 1995. Esgotado e fora de catálogo.]

Perguntar "O que é um animal?"... Recentes pesquisas interdisciplinares no campo das ciências humanas documentaram uma variedade estonteante de maneiras pelas quais nossas interações com os animais refletem ou moldam a forma como entendemos a nós mesmos. Estudos de histórias infantis sobre cachorros e apoio público ao bem-estar foram dados como exemplos, entre outros, em *Animal Others and the Human Imagination*, edited by Aaron Gross and Anne Vallely (Nova York: Columbia University Press, no prelo).

54 ***O antropomorfismo é um risco...*** E. Cenami Spada, "Amorphism, mechanomorphism, and anthropomorphism", in *Anthropomorphism, Anecdotes, and Animals*, editado por R. W. Mitchell e outros (Albany, NY: SUNY Press, 1997), 37-49.

55 ***Antroponegação...*** A palavra *antroponegação* foi cunhada por Frans de Waal. Frans de Waal, *Anthropodenial* (Nova York: Basic Books, 2001), 63, 69.

57 ***estimativas colocam nessa situação um número em torno de duzentas mil vacas...*** D. Hansen and V. Bridges, "A survey description of downcows and cows with progressive or non-progressive neurological signs compatible with a TSE from veterinary client herd in 38 states", *Bovine Practitioner* 33, nº 2 (1999): 179-187.

59 ***Em média, a operação de pesca de camarão com rede de arrastão...*** Environmental Justice Foundation Charitable Trust, *Squandering the Seas: How Shrimp Trawling Is Threatening Ecological Integrity and Food Security Around the World* (Londres: Environmental Justice Foundation, 2003), 12.

O camarão constitui apenas... Ibid.

o camarão pescado em redes de arrastão na Indonésia... Ibid.

145 espécies mortas regularmente... "Report for Biennial Period, 2004-2005", parte I, vol. 2, International Commission for the Conservation of Atlantic Tunas, Madri, 2005, 206, http://www.iccat.int/en/pubs_biennial.htm (acessado em 12 de junho de 2009).

arraia-jamanta, arraia-diabo... International Commission for the Conservation of Atlantic Tunas, "Bycatch Species", March 2007, http://www.iccat.int/en/bycatchspp.htm (acessado em 10 de agosto de 2009).

60 ***De acordo com as CFEs de Nevada...*** Nevada CFE, "Chapter 574 – Cruelty to Animals: Prevention and Punishment," NRS 574.200, 2007, http://leg.state.nv.us/NRS/NRS-574.html#NRS574Sec200 (acessado em 26 de junho de 2009).

61 ***Certos estados excluem...*** D. J. Wolfson and M. Sullivan, "Foxes in the Henhouse", in *Animal Rights: Current Debates and New Directions*, editado por C. R. Sunstein e M. Nussbaum (Oxford: Oxford University Press, 2005), 213.

67 ***espaço de cerca de 930 centímetros quadrados...*** A extensão é de 650 a 930 centímetros quadrados. É assim com os frangos de corte americanos e europeus; na Índia (e em outros lugares) eles com frequência são mantidos em gaiolas. Ralph A. Ernst, "Chicken Meat Production in California", University of California Cooperative Extension, junho de 1995, http://animalscience.ucdavis.edu/avian/pfs20.htm (acessado em 7 de julho de 2009); D. L. Cunningham, "Broiler Production Systems in Georgia: Costs and Returns Analysis", thepoultrysite.com, julho de 2004, http://www.thepoultrysite.com/articles/234/broiler-productionsystems-in-georgia (acessado em 7 de julho de 2009).

68 ***produção de ovos mais do que dobrou...*** American Egg Board, "History of Egg Production", 2007, http://www.incredibleegg.org/egg_facts_history2.html (acessado em 10 de agosto de 2009).

68 ***a engenharia genética projetou-as para crescer...*** Frank Gordy, "Broilers", in *American Poultry History, 1823-1973*, editado por Oscar August Hanke e outros (Madison, WI: American Poultry Historical Society, 1974), 392; Mike Donohue, "How Breeding Companies Help Improve Broiler Industry Efficiency", thepoultrysite.com, fevereiro de 2009, http://www.thepoultrysite.com/articles/1317/how-breeding-companies-help-improve-broiler-industry-efficiency (acessado em 10 de agosto de 2009).

expectativa de vida de quinze a vinte anos... Frank Reese, Good Shepherd Poultry Ranch, correspondência pessoal, julho de 2009.

taxa diária de crescimento aumentou cerca de 400%... "de 25 gramas a cem gramas por dia." T. G. Knowles e outros, "Leg Disorders in Broiler Chickens: Prevalence, Risk Factors and Prevention", PLoS ONE, 2008, http://www.plosone.org/article/info:doi/10.1371/journal.pone.0001545 (acessado em 12 de junho de 2009).

mais de 250 milhões de pintos... M. C. Appleby e outros autores, *Poultry Behaviour and Welfare* (Wallingford, UK: CABI Publishing, 2004), 184.

A maioria dos filhotes machos é destruída... Ibid.

Alguns são jogados... Gene Baur, *Farm Sanctuary* (Nova York: Touchstone, 2008), 150.

com consciência para maceradores... G. C. Perry, ed., *Welfare of the Laying Hen*, vol. 27, Poultry Science Symposium Series (Wallingford, UK: CABI Publishing, 2004), 386.

De acordo com o USDA... "Para os consumidores, 'fresco' significa aves e cortes que nunca chegaram a ficar abaixo de –3 graus Celsius." United States Department of Agriculture, Food Safety and Inspection Service, "The Poultry Label Says Fresh", www.fsis.usda.gov/PDF/Poultry_Label_Says_Fresh.pdf (acessado em 15 de junho de 2009).

69 ***432 centímetros quadrados...*** O United Egg Producers recomenda que as galinhas tenham pelo menos 432 centímetros quadrados por animal. A HSUS relata que é esse mínimo o usado habitualmente. "United Egg Producers Animal Husbandry Guidelines for U.S. Egg Laying Flocks", United Egg Producers Certified (Alpharetta, GA: United Egg Producers, 2008), http://www.uepcertified.com/program/guidelines/ (acessado em 24 de junho de 2009); "Cage-Free Egg Production vs. Battery-Cage Egg Production", Humane Society of the United States, 2009, http://www.hsus.org/farm/camp/nbe/compare.html (acessado em 23 de junho de 2009).

Essas gaiolas ficam enfileiradas... Roger Pulvers, "A Nation of Animal Lovers – As Pets or When They're on a Plate", *Japanese Times*, 20 de agosto de 2006, http://search.japantimes.co.jp/cgi-bin/fl 20060820rp.html (acessado em 24 de junho de 2009).

72 ***Os pombos seguem as autoestradas...*** O estudo de pombos foi conduzido na Universidade de Oxford e é discutido no livro de Jonathan Balcombe *Pleasurable Kingdom: Animals and the Nature of Feeling Good* (Nova York: Macmillan, 2007), 53.

Gilbert White... Lyall Watson, The Whole Hog (Washington, DC: Smithsonian Books, 2004), 177.

Os cientistas documentaram... Porcos se comunicam movimentando ruidosamente as mandíbulas, batendo os dentes, grunhindo, rugindo, guinchando, rosnando e bufando. De acordo com o conceituado etólogo Marc Bekoff, os porcos indicam sua intenção de brincar uns com os outros usando linguagem corporal, "com indicativos tais como corridas, saltitos e giros da cabeça". Marc Bekoff, *The Emotional Lives of Animals* (Novato, CA: New World Library, 2008), 97; Humane Society of the United States, "About Pigs", http://www.hsus.org/farm/resources/animals/pigs/pigs.html?print=t (acessado em 23 de junho de 2009).

72 ***dos porcos, que com frequência atendem quando são chamados...*** Também sabemos que as porcas grunhem para seus leitões quando está na hora de mamar e que os próprios leitões têm um grito especial para chamar suas mães quando estão separados delas. Peter-Christian Schön e outros autores, "Common Features and Individual Differences in Nurse Grunting of Domestic Pigs (*Sus scrofa*): A Multi-Parametric Analysis", *Behaviour* 136, nº 1 (janeiro de 1999): 49-66, http://www.hsus.org/farm/resources/animals/pigs/pigs.html?print=t (acessado em 12 de agosto de 2009).

gostam de brinquedos... Temple Grandin demonstrou não apenas que os porcos gostam de brinquedos, mas que têm "preferências definidas entre os brinquedos". Temple Grandin, "Environmental Enrichment for Confinement Pigs", Livestock Conservation Institute, 1988, http://www.grandin.com/references/LCIhand.html (acessado em 26 de junho de 2009). Para mais discussões sobre as brincadeiras em meio aos porcos e outros animais, ver Bekoff, *The Emotional Lives of Animals*, 97.

indo em ajuda... Porcos selvagens também foram observados correndo para ajudar porcos adultos estranhos a eles, gritando em sofrimento. Bekoff, *The Emotional Lives of Animals*, 28.

Eles não apenas... Lisa Duchene, "Are Pigs Smarter Than Dogs?". Research Penn State, 8 de maio de 2006, http://www.rps.psu.edu/probing/pigs.html (acessado em 23 de junho de 2009).

73 ***abrem os trincos...*** Ibid.

apenas setenta artigos científicos, revisados por pares... K. N. Laland e outros autores, "Learning in Fishes: From three-second memory to culture", Fish and Fisheries 4, nº 3 (2003): 199-202.

hoje, o número chega a 640... Esta é uma estimativa aproximada, baseada numa rápida pesquisa da ISI Web of Knowledge e do exame de mais de 350 resumos.

Os peixes constroem ninhos complexos... "Muitos peixes constroem ninhos para ter seus filhotes, exatamente como fazem os pássaros; outros têm tocas permanentes ou esconderijos prediletos. Mas como você faz quando está constantemente à procura de comida? O *dragon wrasse* constrói uma casa nova a cada noite, catando pequenos pedregulhos no fundo do mar. Uma vez a construção está concluída, *ele* se instala para dormir e abandona a casa na manhã seguinte." Culum Brown, "Not Just a Pretty Face", *New Scientist*, nº 2451 (2004): 42.

formam relações monogâmicas... Por exemplo, "a maioria das espécies *goby* forma pares reprodutores monogâmicos". M. Wall e J. Herler, "Postsettlement movement patterns and homing in a coral-associated fish", *Behavioral Ecology*, 2009, http://beheco.oxfordjournals.org/cgi/content/full/arn118/DC1 (acessado em 25 de junho de 2009).

caçam de modo cooperativo com outras espécies... Laland e outros autores, "Learning in Fishes", 199-202. Laland e outros autores citam M. Milinski e outros autores, "Tit for Tat: Sticklebacks, *Gasterosteus aculeatus*, 'trusting' a cooperative partner", *Behavioural Ecology* 1 (1990): 7-11; M. Milinski e outros autores, "Do sticklebacks cooperate repeatedly in reciprocal pairs?". *Behavioral Ecology and Sociobiology* 27 (1990): 17-21; L. A. Dugatkin, *Cooperation Among Animals* (Nova York: Oxford University Press, 1997).

73 ***usam ferramentas...*** "O uso de uma bigorna para esmagar mariscos conforme descrito acima é nitidamente um caso de uso de substrato. Não serve de exemplo, porém, à definição restrita do uso de uma ferramenta – que um animal deva manejar diretamente um agente a fim de atingir um objetivo (Beck 1980). Um exemplo que se encaixa melhor na definição estrita é o uso de folhas como placas para carregar ovos a um local seguro quando importunados, como foi documentado entre os peixes da família *Cichlidae* na América do Sul (Timms and Keenleyside 1975; Keenleyside and Prince 1976). O bagre *Hoplosternum thoracatum* também gruda os ovos a folhas e com essa 'carruagem para bebês' pode levá-los até seu ninho de espuma se as folhas se soltarem (Armbrust 1958)." R. Bshary e outros autores, "Fish Cognition: A primate eye's view", *Animal Cognition* 5, nº 1 (2001): 1-13.

Reconhecem-se uns aos outros... P. K. McGregor, "Signaling in territorial systems – a context for individual identification, ranging and eavesdropping", *Philosophical Transactions of the Royal Society of London Series B – Biological Sciences* 340 (1993): 237-244; Bshary e outros autores, "Fish cognition", 1-13; S. W. Griffiths, "Learned recognition of conspecifics by fishes", *Fish and Fisheries* 4 (2003): 256-268, como foi citado em Laland e outros autores, "Learning in Fishes", 199-202.

Tomam decisões individualmente... "Os peixes são tão inteligentes quanto os ratos... O dr. Mike Webster, da Universidade de St Andrews, descobriu que os peixes revelam um alto nível de inteligência quando estão correndo perigo... O dr. Webster fez uma série de experimentos para mostrar como certos peixinhos de água doce escapam de ser comidos por predadores usando técnicas de aprendizagem compartilhada. Descobriu que um peixe solitário separado do cardume por uma divisória de plástico transparente toma suas próprias decisões quando não há perigo. Mas quando um predador foi colocado dentro do tanque compartilhado, o peixe isolado decidiu o que fazer observando os outros peixes. O biólogo disse: 'Esses experimentos fornecem provas nítidas de que os peixinhos de água doce cada vez mais contam com o aprendizado social como base para suas decisões ao buscar alimentos à medida que aumenta a ameaça perceptível de um predador.'" Sarah Knapton, "Scientist finds fish are as clever as mammals", telegraph.co.uk, 29 de agosto de 2008, http://www.telegraph.co.uk/earth/main.jhtml?view=DETAILS&grid=&xml=/earth/2008/08/29/scifi sh129.xml (acessado em 23 de junho de 2009).

monitoram o prestígio social... Laland e outros autores, "Learning in Fishes", 199-202. Laland e outros autores citam McGregor, "Signaling in territorial systems", 237-244; Bshary e outros autores, "Fish Cognition", 1-13; Griffiths, "Learned recognition of conspecifics by fishes", 256-268.

"estratégias maquiavélicas..." Laland e outros autores, "Learning in Fishes", 199-202. Laland e outros autores citam Bshary e outros autores, "Fish Cognition", 1-13; R. Bshary and M. Wurth, "Cleaner fish *Labroides dimidiatus* manipulate client reef fish by providing tactile stimulation", *Proceedings of the Royal Society of London Series B – Biological Sciences* 268 (2001): 1495-1501.

73 ***significativa memória de longo prazo...*** "Em 2001, publiquei um artigo na *Animal Cognition* (vol. 4, p. 109), discutindo a memória de longa duração no peixe arco-íris australiano. Os peixes foram treinados para localizar um buraco numa rede conforme ela se aproximava do tanque. Depois de cinco tentativas, eles conseguiam encontrar o buraco. Cerca de onze meses mais tarde, sua habilidade para escapar foi testada outra vez e não tinha diminuído, mesmo eles não tendo visto o aparato durante todo esse período. Nada mau para um peixe que só vive de dois a três anos na natureza." Brown, "Not Just a Pretty Face", 42.

habilidade para transmitir conhecimento... Laland e outros autores, "Learning in Fishes", 199-202.

Têm até mesmo... Ibid.

lateralização do cérebro das aves... Lesley J. Rogers, *Minds of Their Own* (Boulder, CO: Westview Press, 1997), 124-129; Balcombe, *Pleasurable Kingdom*, 31, 33-34.

74 ***Os cientistas agora concordam...*** Rogers, *Minds of Their Own*, 124-129.

Rogers argumenta que o nosso atual conhecimento... Lesley J. Rogers, *The Development of Brain and Behavior in the Chicken* (Oxford: CABI, 1996), 217. Uma recente revisão da literatura científica a apoia. O renomado etólogo Peter Marley revisou recentemente as pesquisas existentes sobre cognição social em primatas não humanos e pássaros; sua revisão confirmou as observações de Rogers e o levaram a argumentar que a literatura científica revela mais similaridades do que diferenças entre as mentes de pássaros e primatas. Balcombe, *Pleasurable Kingdom*, 52.

Argumenta ainda que eles têm memórias sofisticadas... Rogers, *Minds of Their Own*, 74.

Assim como os peixes, as galinhas podem... Em alguns estudos, pássaros feridos aprenderam a escolher a comida que continha analgésicos (e a preferiram). Em outros estudos, as galinhas aprenderam a evitar um alimento de cor azul que continha produtos químicos que as deixava doentes. Até mesmo depois que os produtos químicos tinham sido removidos, as galinhas mães ainda ensinavam seus pintos a evitar a comida azul. Já que nem o alívio à dor nem a doença aconteciam de imediato, determinar que a alimentação era a chave variável exigia que as aves fizessem uma análise surpreendente. Bekoff, *The Emotional Lives of Animals*, 46.

Também enganam umas às outras... Com frequência, galos que encontram comida dão um grito que significa comida para a galinha que estejam cortejando. Na maioria dos casos, a galinha vem correndo. Alguns galos, porém, às vezes emitem o grito de comida sem que haja comida, mas mesmo assim a galinha vem correndo (se estiver longe o suficiente para não ver). Rogers, *Minds of Their Own*, 38; Balcombe, *Pleasurable Kingdom*, 51.

podem adiar a satisfação... Por exemplo, quando as galinhas recebiam como recompensa um pouco de comida por bicar uma alavanca, mas recebiam um prêmio maior se esperassem 22 segundos, elas aprenderam a esperar em 90% das vezes. (Os outros 10%, ao que parece, ou eram impacientes ou apenas preferiam a gratificação pequena e imediata.) Balcombe, *Pleasurable Kingdom*, 223.

as aves processam a informação... Ibid., 52.

A KFC compra perto de um bilhão... "Segundo relatos, a KFC compra 850 milhões de frangos por ano (número que a companhia não confirma)." Citado em Daniel Zwerdling, "A View to a Kill", *Gourmet*, junho de 2007, http://www.gourmet.com/magazine/2000s/2007/06/ aviewtoakill (acessado em 26 de junho de 2009).

75 ***A KFC insiste...*** "Os executivos da KFC não vão mudar. Insistem que já estão 'comprometidos com o bem-estar e o tratamento humanitário das galinhas'." Citado ibid.

foram documentados funcionários arrancando... "A KFC responde ao escândalo do fornecedor de frangos", foodproductiondaily.com, 23 de julho de 2004, http://www.foodproductiondaily.com/Supply-Chain/ KFC-responds-to-chickensupplier-scandal (acessado em 29 de junho de 2009); "Undercover Investigations", Kentucky Fried Cruelty, http:// www.kentuckyfriedcruelty.com/u-pilgrimspride.asp (acessado em 5 de julho de 2009).

No website da KFC... "Animal Welfare Program", Kentucky Fried Chicken (KFC), http://www.kfc.com/about/animalwelfare.asp (acessado em 2 de julho de 2009).

***Adele Douglass disse ao* Chicago Tribune...** Andrew Martin, "PETA Ruffles Feathers: Graphic protests aimed at customers haven't pushed KFC to change suppliers' slaughterhouse rules", *Chicago Tribune*, 6 de agosto de 2005.

76 ***Ian Duncan, titular emérito de Bem-Estar Animal...*** Heather Moore, "Unhealthy and Inhumane: KFC Doesn't Do Anyone Right", *American Chronicle*, 19 de julho de 2006, http://www.americanchronicle.com/articles/view/11651 (acessado em 29 de junho de 2009).

O Conselho para o Bem-Estar Animal da KFC... "Advisory Council", Kentucky Fried Chicken, http://www.kfc.com/about/ animalwelfare_council.asp (acessado em 2 de julho de 2009).

numa delas, os funcionários também urinavam... Isso foi documentado pelos investigadores da PETA. A PETA relata: "Em nove dias diferentes, o investigador da PETA viu trabalhadores urinando na área onde as galinhas ficam penduradas ainda vivas, incluindo a esteira transportadora que leva as aves até o abate." Ver: "Tyson Workers Torturing Birds, Urinating on Slaughter Line", PETA, http://getactive.peta.org/campaign/tortured_by_tyson (acessado em 27 de julho de 2009).

Kosher?... A completa e complexa saga da Agriprocessors foi documentada de forma extensa no blog ortodoxo FailedMessiah.com.

77 ***O presidente da Rabbinical...*** Rabbi Perry Paphael Rank (President, the Rabbinical Assembly), Letter to Conservative Rabbis, 8 de dezembro de 2008.

O titular ortodoxo... Aaron Gross, "When Kosher Isn't Kosher", Tikkun 20, nº 2 (2005): 55.

Numa declaração conjunta... Ibid.

78 ***Orgânico...*** "The Issues: Organic", Sustainable Table, http://www. sustainabletable.org/issues/organic/ (acessado em 6 de agosto de 2009); "Fact Sheet: Organic Labeling and Marketing Information", USDA Agricultural Marketing Service, http://www.ams.usda.gov/AMSv1.0/g etfile?dDocName=STELDEV3004446&acct=nopgeninfo (acessado em 6 de agosto de 2009).

79 ***disse ter visto em um ano uma melhoria mais significativa...*** "Vi mais mudanças em 1999 do que tinha visto antes ao longo dos meus trinta anos de

carreira." Amy Garber e James Peters, "Latest Pet Project: Industry agencies try to create protocol for improving living, slaughtering conditions", *Nation's Restaurant News*, 22 de setembro de 2003, http://findarticles.com/p/articles/mi_m3190/is_38_37/ ai_108279089/?tag=content;col1 (acessado em 12 de agosto de 2009).

79 ***"Existe compreensão suficiente..."*** Steve Kopperud, 12 de janeiro de 2009, de uma entrevista feita por telefone com o aluno de Harvard Lewis Ballard, que escreveu sua tese sobre as campanhas em prol do bem-estar animal, promovidas pela HSUS e pela PETA.

81 ***96% dos americanos...*** David W. Moore, "Public Lukewarm on Animal Rights: Supports strict laws governing treatment of farm animals, but opposes ban on product testing and medical research", Gallup News Service, 21 de maio de 2003, http://www.gallup.com/poll/8461/public-lukewarm-animal-rights.aspx (acessado em 26 de junho de 2009).

76% dizem que o bem-estar animal... Jayson L. Lusk et al., "Consumer Preferences for Farm Animal Welfare: Results of a Nationwide Telephone Survey", Oklahoma State University, Department of Agricultural Economics, 17 de agosto de 2007, ii, 23, 24, disponível em asp.okstate.edu/baileynorwood/AW2/Initial ReporttoAFB.pdf (acessado em 7 de julho de 2009).

quase dois terços defendem... Moore, "Public Lukewarm on Animal Rights".

animais de criação representam mais de 99%... Wolfson e Sullivan, "Foxes in the Henhouse", 206. Isso inclui não apenas animais de estimação, mas animais caçados, pássaros observados, animais dissecados com fins educacionais e animais em zoológicos, laboratórios, pistas de corrida, arenas de luta e circos. Os autores fornecem dados de como chegaram a 98%, mas indicam que seus cálculos não incluem peixes criados em granjas. Dado o grande número de peixes criados em granjas, é seguro alterar os 98% para 99%.

Esconde-esconde

Página

As características que poderiam identificar personalidades, época e localidade dos participantes em alguns dos eventos neste capítulo foram modificadas.

85 ***Na gaiola típica...*** Ver página 69.

91 ***sete galpões, cada um com cerca de 15 metros de largura...*** Esses números são representativos de uma típica granja de criação de perus na Califórnia (ou em quase toda a parte). John C. Voris, "Poultry Fact Sheet nº 16c: California Turkey Production", Cooperative Extension, University of California, setembro de 1997, http://animalscience.ucdavis.edu/Avian/pfsl6C.htm (acessado em 16 de agosto de 2009).

99 ***TRABALHO COM GRANJAS INDUSTRIAIS...*** Este monólogo é derivado das declarações de mais de um dono de granja industrial entrevistados para este livro.

101 ***4% logo de saída...*** As taxas de mortalidade na produção de frangos ficam em torno de 1% por semana, o que resultaria num índice de 5% ao longo da vida da maioria dos frangos de corte. Isso é sete vezes a taxa de mortalidade verificada em galinhas poedeiras da mesma idade, e esse elevado número de mortes é atribuído em grande parte à sua taxa alta de crescimen-

to. "The Welfare of Broiler Chickens in the EU", Compassion in World Farming Trust, 2005, http://www.ciwf.org.uk/includes/documents/cm_docs/2008/w/welfare_of_broilers_in_the_eu_2005.pdf (acessado em 16 de agosto de 2009).

103 ***Mr. McDonald...*** Essa é a gíria para uma raça específica de galinha, "projetada" com as corporações de fast-food em mente, em particular o McDonald's. Eric Schlosser, *Fast Food Nation* (Nova York: Harper Perennial, 2005), 140.

104 ***você começa a se comunicar com seus pintos...*** Jeffrey Moussaieff Masson, *The Pig Who Sang to the Moon* (Nova York: Vintage, 2005), 65.

no segundo versículo do Gênesis... "Quantas vezes eu quis reunir seus filhos, como a galinha reúne os seus pintinhos debaixo de suas asas", Mateus 23:37

você considera os animais que caça... James Serpell, *In the Company of Animals* (Cambridge: Cambridge University Press, 2008), 5.

Desenha-os... Foi há muito observado por acadêmicos que as antigas pinturas nas cavernas são dominadas por imagens de animais. Por exemplo, "A arte rupestre é, em essência, arte animal; quer seja expressa em pinturas, gravuras ou esculturas, é sempre – ou quase sempre – inspirada pelo mundo animal". Annette Laming-Emperaire, *Lascaux: Paintings and Engravings* (Baltimore: Penguin Books, 1959), 208.

105 ***A domesticação é um processo mais evolutivo...*** Michael Pollan, *The Omnivore's Dilemma* (Nova York: Penguin, 2007), 320. Publicado no Brasil sob o título de *O dilema do onívoro* (Editora Intrínseca, 2007).

106 ***"Aquele que em concordância faz que sim..."*** Jacob Milgrom, *Leviticus 1-16*, Anchor Bible series (Nova York: Doubleday, 1991).

"Vieste até mim, Senhor Urso..." Jonathan Z. Smith, *Imagining Religion: From Babylon to Jonestown*, Chicago Studies in the History of Judaism (Chicago: University of Chicago Press, 1988), 59.

a novilha vermelha sacrificada... Saul Lieberman, *Greek in Jewish Palestine: Hellenism in Jewish Palestine* (Nova York: Jewish Theological Seminary of America, 1994), 159-160.

108 ***"a beleza sempre ocorre no particular..."*** Elaine Scarry, *On Beauty and Being Just* (Princeton, NJ: Princeton University Press, 2001), 18.

A PRIMEIRA ÉTICA ANIMAL... A observação de que uma ética mais antiga em que os interesses dos animais e dos criadores se superpunham se tornou obsoleta com o avanço da criação industrial é a premissa básica do trabalho filosófico e da militância do especialista no bem-estar animal e professor de filosofia o dr. Bernard Rollin. Devo a ele essas reflexões.

109 ***no fim da década de 1820, começo da de 1830...*** D. D. Stull e M. J. Broadway, *Slaughterhouse Blues: The Meat and Poultry Industry in North America*, Case Studies on Contemporary Social Issues (Belmont, CA: Wadsworth Publishing, 2003), 34.

Matadores, sangradores... Ibid., 70-71.

a eficiência dessas linhas... Jeremy Rifkin, *Beyond Beef: The Rise and Fall of the Cattle Culture* (Nova York: Plume, 1993), 120.

A pressão para melhorar... Stull e Broadway, *Slaughterhouse Blues*, 33; Rifkin, *Beyond Beef*, 87-88.

A distância média que nossa carne... R. Pirog e outros autores, "Food, Fuel, and Freeways: An Iowa perspective on how far food travels, fuel usage, and greenhouse gas emissions", Leopold Center for Sustainable Agriculture, Ames, Iowa, 2001, http://www.leopold.iastate.edu/pubs/staff/ppp/index.htm (acessado em 16 de julho de 2009).

110 ***Em 1908, sistemas de esteiras transportadoras...*** Stull e Broadway, *Slaughterhouse Blues*, 34.

dobrando ou mesmo triplicando... Schlosser, *Fast Food Nation*, 173; Steve Bjerklie, "The Era of Big Bird Is Here: The Eight-Pound Chicken Is Changing Processing and the Industry", *Business Journal for Meat and Poultry Processors*, 1º de janeiro de 2008, http://www.meatpoultry.com/Feature_Stories.asp?ArticleID=90548 (acessado em 15 de julho de 2009).

com aumento previsível... *Blood, Sweat, and Fear: Workers' Rights in US Meat and Poultry Plants* (Nova York: Human Rights Watch, 2004), 33-38.

Em 1923, na Península Delmarva... Stull e Broadway, *Slaughterhouse Blues*, 38; Steve Striffler, *Chicken: The Dangerous Transformation of America's Favorite Food* (New Haven, CT: Yale University Press, 2007), 34.

Com a ajuda dos recém-descobertos suplementos alimentares... O acréscimo de vitaminas A e D ao alimento das galinhas permitiu que as aves sobrevivessem a um confinamento que de outro modo teria impedido o crescimento e o desenvolvimento adequado dos ossos. Jim Mason, *Animal Factories* (Nova York: Three Rivers Press, 1990), 2.

Em 1926, ela possuía dez mil aves... Stull e Broadway, *Slaughterhouse Blues*, 38.

e em 1935, 250 mil... History of Sussex County, "Celia Steele & the Broiler Industry", sussexcountyde.gov, 2009, http://www.sussexcountyde.gov/about/history/events.cfm?action=broiler (acessado em 15 de julho de 2009).

o tamanho médio dos bandos... W. O. Wilson, "Housing", em *American Poultry History: 1823-1973* , editado por Oscar August Hanke e outros autores (Madison, WI: American Poultry Historical Society, 1974), 218.

Apenas dez anos depois da descoberta de Steele... Striffler, *Chicken*, 34.

111 ***A produção de aves é a principal atividade...*** Lynette M. Ward, "Environmental Policies for a Sustainable Poultry Industry in Sussex County, Delaware", tese de doutorado, Políticas ambientais e de energia, University of Delaware, 2003, 4, 15, http://northeast.manuremanagement.cornell.edu/docs/Ward_2003_Dissertation.pdf (acessado em 16 de agosto de 2009).

O nitrato contamina um terço... P. A. Hamilton e outros autores, "Waterquality assessment of the Delmarva Peninsula", Report Number 03-40, http://pubs.er.usgs.gov/usgspubs/ofr/ofr9340. Para as discussões, ver Peter S. Goodman, "An Unsavory Byproduct: Runoff and Pollution", *Washington Post*, 1º de agosto de 1999, http://www.washingtonpost.com/wp-srv/local/daily/aug99/chicken1.htm (acessado em 6 de julho de 2009).

as aves de Steele nunca teriam sobrevivido... Mason, *Animal Factories*, 2.

produzido com a ajuda de subsídios do governo... Pollan, *The Omnivore's Dilemma* (*O dilema do onívoro*), 52-54.

distribuída por comedouros automáticos... Mason, *Animal Factories*, 2.

A remoção da ponta dos bicos... Ibid.

112 ***"a aparência de peito largo..."*** George E. "Jim." Coleman, "One Man's Recollections over 50 Years", Broiler Industry (1976): 56.

112 ***Os anos 1940 também viram a introdução...*** Mason, *Animal Factories*, 2.
quantidades excessivas de ovos (poedeiras)... P. Smith e C. Daniel, *The Chicken Book* (Boston: Little, Brown, 1975), 270-272.
De 1935 a 1995, o peso médio... William Boyd, "Making Meat: Science, Technology, and American Poultry Production", Technology and Culture 42 (outubro de 2001): 636-637, conforme citado em Striffler, *Chicken*, 46.

113 ***companhias são donas de três quartos...*** Paul Aho, "Feather Success", Watt Poultry USA, fevereiro de 2002, http://www.wattnet.com/Archives/Docs/202wp30.pdf?CFID=28327&CFTOKEN=64015918 (acessado em 13 de julho de 2009).
"Seja qual for a maneira como se interpreta..." Jacques Derrida, *The Animal That Therefore I Am* (*O animal que logo sou*), editada por Marie-Louise Mallet, traduzida por David Wills (Nova York: Fordham University Press, 2008), 25-26.

114 ***Como descrito em publicações da indústria animal...*** Essa coletânea de citações de periódicos da indústria foi compilada no livro pioneiro de Jim Mason sobre a criação industrial de animais, *Animal Factories*, 1. As citações são de (em ordem): *Farmer and Stockbreeder*, 30 janeiro de 1962; J. Byrnes, "Raising Pigs by the Calendar at Maplewood Farm", *Hog Farm Management*, setembro de 1976; "Farm Animals of the Future", *Agricultural Research*, U.S. Department of Agriculture, abril de 1989.
Nos últimos cinquenta anos... Scott Derks, ed., *The Value of a Dollar: 1860–1999*, millennium ed. (Lakeville, CT: Grey House Publishing, 1999), 280; Bureau of Labor Statistics, Average Price Data, US City Average, Milk, Fresh, Whole, Fortified, Per Gallon.
99,9% das galinhas criadas para corte... Ver nota à página 20.

Influenciável / Emudecer

Página

125 ***Em média...*** Calculado com base nas estatísticas do USDA por Noam Mohr.

127 ***a primeira de seis pessoas a serem mortas...*** Michael Greger, "Hong Kong 1997," BirdFluBook.com, http://birdfl ubook.com/a.php?id=15 (acessado em 6 de julho de 2009).

128 ***a pandemia de 1918 matou mais gente e mais rápido...*** Até mesmo uma estimativa muito conservadora de vinte milhões de mortes faz da pandemia de 1918 a mais mortífera da história. Y. Ghendon, "Introduction to pandemic influenza through history", *European Journal of Epidemiology* 10 (1994): 451-453. Dependendo das estimativas de mortes aceita, a Segunda Guerra Mundial talvez tenha feito mais vítimas do que a pandemia de 1918 em termos absolutos, mas durou seis anos, enquanto a pandemia de 1918 terminou em dois.
a gripe espanhola matou o mesmo número... J. M. Barry, "Viruses of mass destruction", *Fortune* 150, nº 9 (2004): 74-76.
revisões recentes do número de mortos... NPAS Johnson e J. Mueller, "Updating the Accounts: Global mortality of the 1918-1920 'Spanish' influenza pandemic", *Bulletin of the History of Medicine* 76 (2002): 105-115.

129 ***um quarto dos americanos...*** A. W. Crosby, *Epidemic and Peace, 1918* (Westford, CT: Greenwood Press, 1976), 205.

129 ***mais alta no grupo etário de 25 a 29 anos...*** J. S. Nguyen-Van-Tam e A. W. Hampson, "The epidemiology and clinical impact of pandemic influenza", *Vaccine* 21 (2003): 1762-1768, 1765, http://birdfluexposed.com/resources/tam1772.pdf (acessado em 6 de julho de 2009).
a expectativa média de vida dos americanos... L. Garrett, "The Next Pandemic? Probable cause", *Foreign Affairs* 84, nº 4 (2005).
o número de americanos mortos em uma semana chegou a vinte mil... Crosby, *Epidemic and Peace, 1918*, 60.
Escavadeiras eram usadas... Pete Davies, *The Devil's Flu* (Nova York: Henry Holt, 2000), 86.
"Sabemos que outra pandemia é inevitável..." World Health Organization (OMS), "World is ill-prepared for 'inevitable' flupandemic", Bulletin of the World Health Organization, 2004, http://who.int/bulletin/volumes/82/4/who%20news.pdf (acessado em 6 de julho de 2009).
"não apenas inevitável..." M. S. Smolinksi e outros autores, *Microbial Threats to Health: The Threat of Pandemic Influenza* (Washington, DC: National Academies Press, 2005), 138.
a ameaça é iminente... Prever como uma pandemia vai afetar as populações humanas é particularmente difícil porque envolve uma visão de especialistas sobre várias áreas científicas (patologia, epidemiologia, sociologia e veterinária, entre outras), envolve a previsão de interações complexas entre patógenos, novos recursos tecnológicos (como sistemas de informação geográfica, dados enviados por sensores remotos e epidemiologia molecular) e decisões de planos de ação por parte das autoridades da saúde no mundo todo (ou seja, os caprichos dos líderes mundiais). "Report of the WHO/FAO/OIE joint consultation on emerging zoonotic diseases: in collaboration with the Health Council of the Netherlands", 3-5 de maio de 2004, Genebra, Suíça, 7.

130 ***O mundo talvez esteja à beira...*** "Ten things you need to know about pandemic influenza", World Health Organization, 2005, http://www.who.int/csr/disease/influenza/pandemic10things/en/ (acessado em 16 de julho de 2009).
"uma estimativa relativamente conservadora..." Ibid.
Os resultados, publicados em 2005... J. K. Taubenberger e outros autores, "Characterization of the 1918 influenza virus polymerase genes", *Nature* 437, nº 889 (2005); R. B. Belshe, "The origins of pandemic influenza – lessons from the 1918 virus", *New England Journal of Medicine* 353, nº 21 (2005): 2209-2211.
vírus de 1918 talvez tenha sofrido mutações... "O trabalho subsequente de Taubenberger e Reid revelou um fato provocativo: a pandemia de gripe de 1918 não foi causada pelas mesmas circunstâncias das de 1957 e 1968. Aqueles vírus tinham proteínas de superfície que saltaram diretamente das aves, combinadas com genes adaptados aos humanos. Em contraste, no vírus de 1918, os genes de superfície são de características mamíferas. Embora provavelmente devam ter se derivado, na origem, de uma ave, o primeiro passou anos se adaptando à vida em mamíferos, em porcos ou em seres humanos." Madeline Drexler, *Secret Agents* (Nova York: Penguin, 2003). 189.
os únicos suscetíveis tanto... Ibid., 173.

131 ***Chamou-a de "teoria do quintal"...*** Ibid. , 170-171.

131 ***causar vinte mil "mortes a mais"...*** Ibid., 170.
num pato na Europa central... Ibid., 171.
a principal fonte de todas as variações da gripe... Ibid.
do H1 ao recém-descoberto H16... Joseph LaDou, *Current Occupational and Environmental Medicine* (Nova York: McGraw-Hill Professional, 2006), 263-264; R. A. M. Fouchier, "Characterization of a novel influenza A virus hemagglutinin subtype (H16) obtained from black-headed gulls", *Journal of Virology* 79, nº 5 (2005): 2814–2822; Drexler, *Secret Agents*, 171.
Aves domésticas também podem... Drexler, *Secret Agents*, 171.

132 ***Os humanos, por exemplo...*** Ibid., 172.
O H significa hemaglutinina... David S. Goodsell, "Hemagglutinin", RCSB Protein Data Bank, abril de 2006, http://www.rcsb.org/pdb/static.do?p=education_discussion/molecule_of_the_month/pdb76_1.html (acessado em 16 de julho de 2009).

133 ***vinte galpões, cada um deles com 13 metros de largura...*** Terrence o'Keefe e Gray Thorton, "Housing Expansion Plans", Walt Poultry Industry USA, 30 de junho de 2006, 30.
até dezoito por 154 metros... Ibid.
oito décimos de um pé quadrado... "About the Industry: Animal Welfare: Physical Well-Being of Chickens", National Chicken Council, 2007, http://www.nationalchickencouncil.com/aboutIndustry/detail.cfm?id=11 (acessado em 6 de julho de 2009).

134 ***Os músculos e tecidos de gordura...*** S. Boersma, "Managing Rapid Growth Rate in Broilers", *World Poultry* 17, nº 8 (2001): 20, http://www.worldpoultry.net/article-database/managing-rapid-growth-rate-in-broilersid1337.html (acessado em 8 de julho de 2009).
levando a deformidades... Um relatório regional da World's Poultry Science Association conclui que "um dos principais fatores responsáveis [pelos problemas nas pernas de frangos de corte convencionais em sistemas de produção convencionais] é sua taxa de crescimento". G. S. Santotra e outros autores, "Monitoring Leg Problems in Broilers: A survey of commercial broiler production in Denmark", *World's Poultry Science Journal* 57 (2001).
Algo entre 1 e 4%... "Flip-over Disease: Introduction", The Merk Veterinary Manual (Whitehouse Station, NJ: Merck, 2008), http://www.merckvetmanual.com/mvm/index.jsp?cfi le=htm/bc/202500.htm (acessado em 28 de junho de 2009).
a ascite, mata ainda mais... M. H. Maxwell e G. W. Robertson, "World broiler ascites survey 1996", Poultry Int. (abril de 1997), conforme citado em "Ascites", Government of Alberta, 15 de julho de 2008, http://www1.agric.gov.ab.ca/$department/deptdocs.nsf/all/pou3546?opendocument (acessado em 28 de junho de 2009).
Três a cada quatro aves terão algum grau... Santotra e outros autores, "Monitoring Leg Problems in Broilers".
Uma a cada quatro... T. G. Knowles e outros autores, "Leg Disorders in Broiler Chickens: Prevalence, Risk Factors and Prevention", PLoS ONE, (2008), http://www.plosone.org/article/info:doi/10.1371/journal.pone.0001545; S. C. Kestin e outros autores, "Prevalence of leg weakness in broiler chickens and its relationship with genotype", *Veterinary Record* 131 (1992): 190-194.

134 ***sentirá dor...*** Citando estudos publicados no *Veterinary Record*, um artigo recente da HSUS conclui que "as pesquisas sugerem fortemente que as aves [que têm dificuldade para andar] estão sofrendo". HSUS, "An HSUS Report: The Welfare of Animals in the Chicken Industry", 2, http://www.hsus.org/web-files/PDF/farm/ welfare_broiler.pdf.

deixe as luzes acesas cerca de 24 horas... I. Duncan, "Welfare Problems of Poultry", em *The Well-Being of Farm Animals: Challenges and Solutions*, editado por G. J. Benson e B. E. Rollin. (Ames, IA: Blackwell Publishing, 2004), 310; Christine Woodside, *Living on an Acre: A Practical Guide to the Self-Reliant Life* (Guilford, CT: Lyons Press, 2003), 234.

no 42º dia... I. Duncan, "Welfare problems of meat-type chickens", Farmed Animal Well-Being Conference, University of California–Davis, 28-29 de junho de 2001, http://www.upc-online.org/fall2001/well-being_conference_review.html (acessado em 12 de agosto de 2009).

(ou, cada vez mais, no 39º)... "39-day blog following the life of a factory farmed chicken", Compassion in World Farming, http://www.chickenout.tv/39-day-blog.html ; G. T. Tabler, I. L. Berry e A. M. Mendenhall, "Mortality Patterns Associated with Commercial Broiler Production", *Avian Advice* (University of Arkansas) 6, nº 1, primavera (2004): 1-3.

Além das deformidades, danos aos olhos... Jim Mason, Animal Factories (Nova York: Three Rivers Press, 1990), 29.

135 ***praticamente todas as galinhas...*** "Nationwide Young Chicken Microbiological Baseline Data Collection Program", Food Safety and Inspection Service, novembro de 1999-outubro de 2000, http://www.fsis.usda.gov/Science/Baseline_Data/index.asp (acessado em 17 de julho de 2009); Nichols Fox, "Safe Food? Not Yet", *New York Times*, 30 de janeiro de 1997, http://www.nytimes.com/1997/01/30/opinion/safe-food-not-yet.html?pagewanted=print (acessado em 16 de agosto de 2009); K. L. Kotula e Y. Pandya, "Bacterial Contamination of Broiler Chickens Before Scalding", *Journal of Food Protection* 58, nº 12 (1995): 1326-1329, http://www.ingentaconnect.com./content/iafp/jfp/1995/00000058/00000012/art00007%3Bjsessionid=1ms4km94qohkn.alexandra (acessado em 16 de agosto de 2009).

entre 39 e 75%... C. Zhao e outros autores, "Prevalence of *Campylobacter spp.*, *Escherichia coli*, and *Salmonella* Serovars in Retail Chicken, Turkey, Pork, and Beef from the Greater Washington, D.C., Area", *Applied and Environmental Microbiology* 67, nº 12 (dezembro de 2001): 5431–5436, http://aem.asm.org/cgi/content/abstract/67/12/5431?maxtoshow=&HITS=10&hits=10&RESULTFORMAT=&fulltext=coli&searchid=1&FIRSTINDEX=2400&resourcetype=HWFIG (acessado em 16 de agosto de 2009); R. B. Kegode e outros autores, "Occurrence of *Campylobacter* species, *Salmonella* species, and generic *Escherichia coli* in meat products from retail outlets in the Fargo metropolitan area", *Journal of Food Safety* 28, nº 1 (2008): 111–125, http://www.ars.usda.gov/research/publications/publications.htm?SEQ_NO_115=196570 (acessado em 16 de agosto de 2009).

Cerca de 8% das aves... S. Russell e outros autores, "Zero tolerance for salmonella raises questions", WattPoultry.com, 2009, http://www.wattpoultry.com/PoultryUSA/Article.aspx?id=30786 (acessado em 16 de agosto de 2009).

135 ***pelo menos uma em cada quatro aves...*** Kotula e Pandya, "Bacterial Contamination of Broiler Chickens Before Scalding", 1326-1329.
o que ainda ocorre em algumas criações... "Dirty Birds: Even Premium Chickens Harbor Dangerous Bacteria", *Consumer Reports*, janeiro de 2007, www.usapeec.org/p_documents/ newsandinfo_050612111938.pdf (acessado em 8 de julho de 2009).
Entre 70 e 90% são infectadas... Marian Burros, "Health Concerns Mounting over Bacteria in Chickens", *New York Times*, 20 de outubro de 1997, http://www.nytimes.com/1997/10/20/us/health-concerns-mounting-over-bacteria-in-chickens.html?scp=1&sq=%22Health%20Concerns%20Mounting%20Over%20Bacteria%20in%20Chickens%22&st=cse(acessado em 17 de julho de 2009). Ver também: Alan R. Sams, *Poultry Meat Processing* (Florence, KY: CRC Press, 2001), 143, http://books.google.com/books?id=UCjhDRSP13wC&pg=PP1&dq=Poultry+Meat+Processing&ei=ag9hSprSFYrgkwSv8Om9Dg (acessado em 17 de julho de 2009); Kotula e Pandya, "Bacterial Contamination of Broiler Chickens Before Scalding", 1326-1329; Zhao e outros autores, "Prevalence of *Campylobacter* spp., *Escherichia coli*, and *Salmonella* Serovars in Retail Chicken, Turkey, Pork, and Beef from the Greater Washington, D.C., Area", 5431-5436; J. C. Buzby e outros autores, "Bacterial Foodborne Disease: Medical Costs and Productivity Losses", Agricultural Economics Report, nº AER741 (agosto de 1996): 3, http://www.ers.usda.gov/Publications/AER741/ (acessado em 16 de agosto de 2009).
Banhos de cloro são comumente usados... G. C. Mead, *Food Safety Control in the Poultry Industry* (Florence, KY: CRC Press, 2005), 322; Sams, Poultry Meat Processing , 143, 150.
soluções salinas serão nelas injetados... "Buying This Chicken? You could pay up to $1.70 for broth", ConsumerReports.org, junho de 2008, http://www.consumerreports.org/cro/food/news/2008/06/poultry-companiesadding-broth-to-products/overview/enhanced-poultry-ov.htm?resultPageIndex=1&resultIndex=8&searchTerm=chicken (acessado em 16 de agosto de 2009).
"continham de 10 a 30%... " Ibid.
Precisará estar sempre procurando... *Blood, Sweat, and Fear: Workers' Rights in US Meat and Poultry Plants* (Nova York: Human Rights Watch, 2004), 108, nota de rodapé 298.
Dá-se preferência a imigrantes ilegais... Ibid., 78-101.
condições de trabalho típicas... Ibid., 2.

136 ***Cerca de 30%...*** T. G. Knowles. "Handling and Transport of Spent Hens", *World's Poultry Science Journal* 50 (1994): 60-61.

137 ***Isso provavelmente as paralisa...*** Há algum debate sobre se as aves ficam insensibilizadas ou conscientes depois de imobilizadas. No mínimo, um grande percentual está imobilizado mas consciente. Para uma esmerada e cuidadosa revisão da literatura científica revisada por pares, ver: S. Shields e M. Raj, "An HSUS Report: The Welfare of Birds at Slaughter", 3 de outubro de 2008, http://www.hsus.org/farm/resources/research/welfare/welfare_of_birds_at_slaughter.html#038 (acessado em 16 de agosto de 2009).
cerca de um décimo do nível necessário... Gail A. Eisnitz, Slaughterhouse: The Shocking Story of Greed, Neglect, and Inhumane Treatment Inside the U.S. Meat Industry (Amherst, NY: Prometheus Books, 2006), 166.

Ver também: E. W. Craig e D. L. Fletchere, "Processing and Products: A Comparison of High Current and Low Voltage Electrical Stunning Systems on Broiler Breast Rigor Development and Meat Quality", *Poultry Science* 76, nº 8 (1997): 1178-1179, ttp://poultsci.highwire.org/cgi/content/abstract/76/8/1178 (acessado em 16 de agosto de 2009).

137 ***Quando lhe perguntaram se esses números...*** Daniel Zwerdling, "A View to a Kill", *Gourmet*, junho de 2007, 96, http://www.gourmet.com/magazine/2005/2007/06/aviewtoakill (acessado em 26 de junho de 2009).

Estimativas do governo obtidas... A solicitação através do Freedom of Information Act (Lei da Liberdade de Informação) indica que três milhões de galinhas foram escaldadas vivas em 1993, quando apenas sete bilhões de aves foram abatidas. Ajustando-se o número ao dado de que atualmente nove bilhões de aves são abatidas, podemos presumir que, hoje, pelo menos 3,85 milhões delas sejam escaldadas vivas. Freedom of Information Act #94-363, Poultry Slaughtered, Condemned, and Cadavers, 6/30/94, cited in "Poultry Slaughter: The Need for Legislation", United Poultry Concerns, www.upc-online.org/slaughter/slaughter3web.pdf (acessado em 12 de agosto de 2009).

as aves saem cheias de patógenos... K. A. Liljebjelke e outros autores, "Scald tank water and foam as sources of salmonella contamination for poultry carcasses during early processing", Poultry Science Association Meeting, 2009, http://www.ars.usda.gov/research/publications/publications.htm?SEQ_NO_115=238456 (acessado em 11 de julho de 2009). Para mais discussões, ver Eisnitz, *Slaughterhouse* , 166.

138 ***Outrora um agente perigoso de contaminação...*** Caroline Smith DeWaal, "Playing Chicken: The Human Cost of Inadequate Regulation of the Poultry Industry", Center for Science in the Public Interest (CSPI), 1996, http://www.cspinet.org/reports/polt.html (acessado em 11 de julho de 2009).

Como resultado, os inspetores condenam metade... Ibid.

O inspetor tem mais ou menos... Moira Herbst, "Beefs About Poultry Inspections: The USDA wants to change how it inspects poultry, focusing on microbial testing. Critics say the move could pose serious public health risks", *Business Week*, 6 de fevereiro de 2008, http://www.businessweek.com/bwdaily/dnflash/content/feb2008/db2008025_760284.html (acessado em 11 de julho de 2009); Report to Congressional Requesters, "Food Safety – Risk-Based Inspections and Microbial Monitoring Needed for Meat and Poultry", Meat and Poultry Inspection, maio de 1994, http://fedbbs.access.gpo.gov/library/gao_rpts/rc94110.txt (acessado em 11 de julho de 2009).

"A cada semana", relata... Scott Bronstein, "A Journal-Constitution Special Report – Chicken: How Safe? First of Two Parts", *Atlanta Journal-Constitution*, 26 de maio de 1991.

milhares de aves são resfriadas, em conjunto... R. Behar e M. Kramer, "Something Smells Foul", *Time*, 17 de outubro de 1994, http://www.time.com/time/magazine/article/0,9171,981629-3,00.html (acessado em 6 de julho de 2009).

"a água nesses tanques... " Smith De Waal, "Playing Chicken". Ver também: Eisnitz, *Slaughterhouse*, 168.

139 ***99% dos produtores de aves nos Estados Unidos...*** Russell and others, "Zero tolerance for salmonella raises questions".

139 ***embalar as carcaças das galinhas...*** Behar e Kramer, "Something Smells Foul".

Mas isso também eliminaria... Ibid.

limite de 8%... Ibid.

Os consumidores processaram a prática... "USDA Rule on Retained Water in Meat and Poultry", Food Safety and Inspection Service, abril de 2001, http://www.fsis.usda.gov/oa/background/waterretention.htm. Ver também: Behar e Kramer, "Something Smells Foul".

"arbitrária e extravagante". "Retained Water in Raw Meat and Poultry Products; Poultry Chilling Requirements", *Federal Register* 66 nº 6 (9 de janeiro de 2001), http://www.fsis.usda.gov/OPPDE/rdad/FRPubs/97-054F.html (acessado em 21 de julho de 2009).

a interpretação do USDA... Ibid.

a nova lei... L. L. Young e D. P. Smith, "Moisture retention by water and air chilled chicken broilers during processing and cutup operations", *Poultry Science* 83, nº 1 (2004): 119-122, http://ps.fass.org/cgi/content/abstract/83/l/119 (acessado em 21 de julho de 2009); "Water in Meat and Poultry", Food Safety and Inspection Service, 6 de agosto de 2007, http://www.fsis.usda.gov/Factsheets/Water_in_Meats/index.asp (acessado em 21 de julho de 2009); "Title 9 – Animals and Animal Products", U.S. Government Printing Office, 1º de janeiro de 2003, http://frwebgate.access.gpo.gov/cgi-bin/get-cfr.cgi?TITLE=9&PART=424&SECTION=21&TYPE=TEXT&YEAR=2003 (acessado em 21 de julho de 2009).

doam agora milhões de dólares adicionais aos grandes produtores de aves... Behar e Kramer, "Something Smells Foul".

140 ***Hoje, anualmente, seis bilhões de galinhas...*** Essas estimativas são baseadas no número de galinhas abatidas para produção de carne a cada ano, de acordo com as estatísticas mais recentes da FAO, disponíveis em http://faostat.fao.org/site/569/DesktopDefault.aspx?PageID=569#ancor.

141 ***os americanos comem 150 vezes...*** W. Boyd e M. Watts, "Agro-Industrial Just-in-Time: The Chicken Industry and Postwar American Capitalism", in *Globalising Food: Agrarian Questions and Global Restructuring*, editado por D. Goodman e M. Watts (Londres: Routledge, 1997), 192-193.

Os estatísticos que geram... Agricultural Statistics Board, "Poultry slaughter: 2008 annual summary", Table: Poultry Slaughtered: Number, Live Weight, and Average Live Weight by Type, United States, 2008 and 2007 Total (continued), 2, U.S. Department of Agriculture, National Agricultural Statistics Service, fevereiro de 2009, http://usda.mannlib.cornell.edu/usda/current/PoulSlauSu/PoulSlauSu-02-25-2009.pdf (acessado em 9 de julho de 2009).

De modo bastante semelhante ao vírus a que dá nome... Douglas Harper, Online Etymological Dictionary, novembro de 2001, http://www.etymonline.com/index.php?search=influenzA&searchmode=none (acessado em 9 de setembro de 2009); verbete do Oxford English Dictionary para "influenza".

142 ***E quanto aos quinhentos milhões de porcos...*** De acordo com a FAO, estima-se que metade do 1,2 bilhão de porcos (estatística disponível em http://faostat.fao.org/site/569/DesktopDefault.aspx?PageID =569#ancor) seja criada em regime de confinamento intensivo. FAO, "Livestock Policy Brief 01: Responding to the 'Livestock Revolution'," ftp://ftp.fao.org/docrep/ao/010/a0260e/a0260e00.pdf (acessado em 28 de julho de 2009).

142 ***zoonóticas...*** Uma doença zoonótica é definida como "qualquer doença e/ou infecção naturalmente 'transmissível de animais vertebrados ao homem'," de acordo com a Pan American Health Organisation, *Zoonoses and Communicable Diseases Common to Man and Animals*, conforme citado em "Zoonoses and Veterinary Public Health (VPH)", World Health Organization, http://www.who.int/zoonoses/en/ (acessado em 8 de julho de 2009).

quando conhecemos a origem... Buzby e outros autores, "Bacterial Foodborne Disease", 3.

as aves são de longe a maior causa. Gardiner Harris, "Poultry Is Nº 1 Source of Outbreaks, Report Says", *New York Times*, 11 de junho de 2009, http://www.nytimes.com/2009/06/12/ health/research/12cdc.html (acessado em 21 de julho de 2009).

83% de toda a carne de frango... "Dirty Birds: Even Premium Chickens Harbor Dangerous Bacteria", 21.

143 ***os 76 milhões de casos...*** "Preliminary Foodnet Data on the Incidence of Foodborne Illnesses – Selected Sites, United States, 2001", Centers for Disease Control, MMWR 51, nº 15 (19 de abril de 2002): 325-329, http://www.cdc.gov/mmwr/preview/mmwrhtml/mm5115a3.htm (acessado em 16 de agosto de 2009).

144 ***Nos Estados Unidos, mais de 1,3 milhão de quilos...*** As cifras da indústria vêm do Animal Health Institute, descrito pelo *New York Times* como "um grupo comercial em Washington que representa 31 fabricantes de drogas veterinárias". Denise Grady, "Scientists See Higher Use of Antibiotics on Farms", *New York Times*, 8 de janeiro de 2001, http://www.nytimes.com/2001/01/08/us/scientists-see-higher-use-of-antibiotics-on-farms.html (acessado em 6 de julho de 2009).

a indústria animal relata pelo menos 40% a menos... "Hogging It! Estimates of Antimicrobial Abuse in Livestock", Union of Concerned Scientists, 7 de abril de 2004, http://www.ucsusa.org/food_and_agriculture/science_and_impacts/impacts_industrial_agriculture/hogging-it-estimates-of.html (acessado em 21 de julho de 2009).

quase seis mil toneladas... Ibid.

o percentual de bactérias resistentes... Marian Burros, "Poultry Industry Quietly Cuts Back on Antibiotic Use", *New York Times*, 10 de fevereiro de 2002, http://www.nytimes.com/2002/02/10/national/10CHIC.html (acessado em 6 de julho de 2009).

resistência aos antimicrobianos aumentou oito vezes... K. Smith e outros autores, "Quinolone-Resistant Campylobacter jejuni Infections in Minnesota, 1992-1998", *New England Journal of Medicine* 340, nº 20 (1999): 1525, http://content.nejm.org/content/vol340/issue20/index. dtl (acessado em 10 de julho de 2009).

Ainda no fim dos anos 1960... Humane Society of the United States, "An HSUS Report: Human Health Implications of Non-Therapeutic Antibiotic Use in Animal Agriculture", *Farm Animal Welfare* http://www.hsus.org/web-files/PDF/farm/HSUS-Human-Health-Report-on-Antibiotics-in-Animal-Agriculture.pdf (acessado em 14 de setembro de 2009).

American Medical Association... "Low-Level Use of Antibiotics in Livestock and Poultry", FMI Backgrounder, Food Marketing Institute, http://www.fmi.org/docs/media/bg/antibiotics.pdf (acessado em 5 de agosto de 2009).

144 ***Centers for Disease Control (CDC)...*** "An HSUS Report: Human Health Implications of Non-Therapeutic Antibiotic Use in Animal Agriculture." Ver também este artigo para uma interpretação inicial dos dados do CDC: "Infections in the United States", *New England Journal of Medicine* 338 (1998): 1333-1338, http://www.cdc.gov/enterics/publications/135-k_glynnMDR_salmoNEJM1998.pdf.

Instituto de Medicina... A. D. Anderson e outros, "Public Health Consequences of Use of Antimicrobial Agents in Food Animals in the United States", *Microbial Drug Resistance* 9, nº 4 (2003), http://www.cdc.gov/enterics/publications/2_a_anderson_2003.pdf.

Organização Mundial de Saúde... Ibid.

145 ***notável assembleia de 2004...*** *Report of the WHO, FAO, OIE Joint Consultation on Emerging Zoonotic Diseases: In collaboration with the Health Council of the Neatherlands*, World Health Organization, Food and Agriculture Organization of the United Nations, World Organization for Animal Health, Genebra, Suíça, 3 a 5 de maio de 2004, whqlibdoc.who.int/hq/2004/WHO_CDS_CPE_ZFK_2004.9.pdf (acessado em 16 de agosto de 2009).

Os cientistas distinguiram... Ibid.

146 ***Essa demanda por produtos animais...*** Ibid.

"a rápida seleção e amplificação..." "Global Risks of Infectious Animal Diseases", Issue Paper, Council for Agricultural Science and Technology (CAST), nº 28, 2005, 6, http://www .castscience.org/publicationDetails.asp?idProduct=69 (acessado em 9 de julho de 2009).

criação de aves geneticamente uniformes... Michael Greger, *Bird Flu* (Herndon, VA: Lantern Books, 2006), 183-213.

O "custo da eficiência crescente"... "Global Risks of Infectious Animal Diseases", 6.

rastrear seis dos oito... V. Trifonov e outros autores, "The origin of the recent swine influenza A (H1N1) virus infecting humans", *Eurosurveillance* 14, nº 17 (2009), http://www.eurosurveillance.org/images/dynamic/EE/V14N17/art19193.pdf (acessado em 16 de julho de 2009). Ver também: Debora MacKenzie, "Swine Flu: The Predictable Pandemic?" *New Scientist*, 2706 (29 de abril de 2009), http://www.newscientist.com/article/mg20227063.800-swine-flu-the-predictable-pandemic.html?full=true (acessado em 10 de julho de 2009).

147 ***doenças cardíacas, número um...*** "Leading Causes of Death", Centers for Disease Control and Prevention, http://www.cdc.gov/nchs/FASTATS/lcod.htm (acessado em 16 de agosto de 2009).

Em 1917... "ADA: Who We Are, What We Do", American DieteticAssociation, 2009, http://www.eatright.org/cps/rde/xchg/ada/hs.xsl/home_404_ENU_HTML.htm (acessado em 6 de julho de 2009).

Dietas vegetarianas bem planejadas... "Vegetarian Diets", *American Dietetic Association* 109, nº 7 (julho de 2009): 1266-1282, http://eatright.org/cps/rde/xchg/ada/hs.xsl/advocacy_933_ENU_HTML.htm (acessado em 16 de agosto de 2009).

148 ***Dietas vegetarianas tendem a ser mais baixas...*** Ibid.

vegetarianos e veganos (incluindo os atletas)... Ibid.

148 ***proteína animal em excesso está relacionada...*** "The Protein Myth", Physicians Committee for Responsible Medicine, http://www.pcrm.org/health/veginfo/vsk/protein_myth.html (acessado em 16 de julho de 2009). E de um especialista em nutrição para esportistas: "Proteína em excesso deve ser evitada, pois pode causar detrimento das funções fisiológicas normais e, portanto, da saúde... Do mesmo modo, já foi provado que a quebra excessiva de proteína e, portanto, sua excreção, aumenta a perda urinária de cálcio. Mulheres que já têm propensão a doenças ósseas (ou seja, osteoporose), devido à baixa densidade dos ossos, poderiam estar comprometendo sua saúde óssea ao consumir uma dieta com proteínas demais. Certas dietas ricas em proteína também podem aumentar os riscos de doenças coronárias... por fim, o consumo excessivo de proteínas em geral é associado ao mau funcionamento dos rins." J. R. Berning e S. N. Steen, *Nutrition for Sport and Exercise*, 2ª ed. (Sudbury, MA: Jones & Bartlett, 2005), 55.

Dietas vegetarianas são com frequência... "Vegetarian Diets", 1266-1282.

doenças cardíacas [que, por si sós, representam... "LCWK9. Deaths, percent of total deaths, and death rates for the 15 leading causes of death: United States and each state, 2006", Centers for Disease Control and Prevention, http://www.cdc.gov/nchs/data/ dvs/LCWK9_2006.pdf (acessado em 16 de agosto de 2009).

o câncer é responsável por quase... Ibid.

149 ***"promover o aumento das vendas..."*** "About Us", Dairy Management Inc., 2009, http://www.dairycheckoff.com/DairyCheckoff/AboutUs/About-Us (acessado em 16 de julho de 2009); "About Us", National Dairy Council, 2009, http://www.nationaldairycouncil.org/ nationaldairycouncil/aboutus (acessado em 16 de julho de 2009).

O NDC incentiva o consumo de laticínios... Por exemplo, o National Dairy Council (NDC) anunciou amplamente laticínios aos afro-americanos, 70% dos quais têm intolerância a lactose. "Support Grows for PCRM's Challenge to Dietary Guidelines Bias", *PCRM Magazine*, 1999, http://www.pcrm.org/magazine/GM99Summer /GM99Summer9.html (acessado em 16 de julho de 2009).

o maior e mais importante fornecedor... P. Imperato e G. Mitchell, *Acceptable Risks* (Nova York: Viking, 1985), 65; John Robbins, *Diet for a New America* (Tiburon, CA: HJ Kramer Publishing, 1998), 237-238.

150 ***Fundado no mesmo ano em que a ADA abriu seus escritórios...*** Para o início da ADA, ver: "American Dietetic Association", National Health Information Center, 7 de fevereiro de 2007, http://www.healthfi nder.gov/orgs/hr1846.htm (acessado em 16 de julho de 2009). Para as tarefas do USDA, ver: Marion Nestle, *Food Politics: How the Food Industry Influences Nutrition, and Health* (Berkeley: University of California Press, 2007), 33, 34.

Nestle trabalhou amplamente... "The Surgeon General's Report on Nutrition and Health 1988", editado por Marion Nestle, Office of the Surgeon General and United States Department of Health and Human Services Nutrition Policy Board (United States Public Health Service, 1988), http://profiles.nlm.nih.gov/NN/B/C/Q/G/ (acessado em 8 de julho de 2009).

as companhias de alimentos, assim como as companhias de cigarros... Nestle, *Food Politics*, 361.

150 ***Fazem "lobby no Congresso..."*** Ibid., xiii.
nas partes do mundo onde o leite... Marion Nestle, *What to Eat* (Nova York: North Point Press, 2007), 73.
151 ***As taxas mais altas de osteoporose...*** Ibid., 74.
o USDA tem hoje uma política informal... "Pressão das companhias de alimentos levaram os funcionários do governo e os profissionais de nutrição a criar normas dietéticas que disfarçam o 'coma menos' com eufemismos. Seu significado real só pode ser descoberto através de cuidadosa leitura, interpretação e análise." Nestle, *Food Politics*, 67.
meio bilhão de dólares dos nossos impostos... Erik Marcus, *Meat Market: Animals, Ethics, and Money* (Cupertino, CA: Brio Press, 2005), 100.
modestos 161 milhões... Ibid.
As indústrias de aves da Índia e da China... Economic Research Service, USDA, "Recent Trends in Poultry Supply and Demand", in *India's Poultry Sector: Development and Prospects/WRS-04-03*, http://www.ers.usda.gov/publications/WRS0403/WRS0403c.pdf (acessado em 12 de agosto de 2009).
152 ***27 a 28 aves por ano...*** Cálculos baseados em estatísticas do USDA, do U.S. Census Bureau e da FAO. Agradeço a Noam Mohr por sua ajuda com isto.

Pedaços do paraíso / montes de merda

Página
153 ***Quase um terço...*** Ver página 38.
159 **"da maneira como as instalações são dispostas..."** Gail A. Eisnitz, *Slaughterhouse: The Shocking Story of Greed, Neglect, and Inhumane Treatment Inside the U.S. Meat Industry* (Amherst, NY: Prometheus Books, 2006), 189.
"Não estamos em posição de ver..." Ibid., 196.
em cerca de 80%... Pelos padrões que a indústria endossa através do American Meat Institute, 80% são considerados uma taxa baixa de sucesso para deixar os animais inconscientes na primeira tentativa. Mario forneceu esse número, mas não explicou como chegou a ele. É bastante possível que, se fosse medida através do uso, por exemplo, de procedimentos-padrão desenvolvidos por Temple Grandin, sua taxa de sucesso seria muito mais alta.
160 ***Na natureza, os porcos existem...*** L. R. Walker, *Ecosystems of Disturbed Ground* (Nova York: Elsevier Science, 1999), 442.
taxonomistas contam dezesseis... "Family Suidae; hogs and pigs", University of Michigan Museum of Zoology, 2008, http://animaldiversity.ummz.umich.edu/site/accounts/information/Suidae.html (acessado em 17 de julho de 2009).
cerca de 90% das grandes granjas de suínos... U.S. Department of Agriculture, "Swine 2006, Part I: Reference of swine health and management practices in the United States", outubro de 2007, http://www.aphis.usda.gov/vs/ceah/ncahs/nahms/swine/swine2006/ Swine2006_PartI.pdf (acessado em 17 de agosto de 2009).
161 ***a indústria a criar animais...*** Madonna Benjamin, "Pig Trucking and Handling: Stress and Fatigued Pig", *Advances in Pork Production*, 2005,

http://www.afac.ab.ca/careinfo/transport/articles/05benjamin.pdf (acessado em 26 de julho de 2009); E. A. Pajor e outros autores, "The Effect of Selection for Lean Growth on Swine Behavior and Welfare", Purdue University Swine Day, 2000, www.ansc.purdue.edu/swine/swineday/sday00/1.pdf (acessado em 12 de julho de 2009); Temple Grandin, "Solving livestock handling problems", *Veterinary Medicine*, outubro de 1994, 989-998, http://www.grandin.com/references/solv.lvstk.probs.html (acessado em 26 de julho de 2009).

162 ***afetava 10% dos porcos abatidos...*** Steve W. Martinez e Kelly Zering, "Pork Quality and the Role of Market Organization/AER-835", Economic Research Service/USDA, novembro de 2004, http://www.ers.usda.gov/Publications/aer835/aer835c.pdf (acessado em 17 de agosto de 2009).
dirigir um trator perto demais... Nathanael Johnson, "The Making of the Modern Pig", *Harper's Magazine*, maio de 2006, http://www.harpers.org/archive/2006/05/0081030 (acessado em 26 de julho de 2009).
mais de 15% dos porcos abatidos... Martinez e Zering, "Pork Quality and the Role of Market Organization/AER-835". A estimativa da American Meat Science Association de que 15% dos porcos apresentam carne PSE foi questionada por um estudo posterior, sugerindo que grande parte desses 15% era na verdade de carne apenas pálida, apenas mole ou apenas aguada. Estimativas sugerem que somente 3% dos porcos têm todas as três características negativas. American Meat Science Association, *Proceedings of the 59th Reciprocal Meat Conference*, 18-21 de junho de 2006, 35 http://www.meatscience.org/Pubs/rmcarchv/2006/presentations/2006_Proceedings.pdf (acessado em 17 de agosto de 2009).
diminuísse o número de porcos que morriam no transporte... Temple Grandin, "The Welfare of Pigs During Transport and Slaughter", Department of Animal Science, Colorado State University, http://www.grandin.com/references/pig.welfare.during.transport.slaughter.html (acessado em 16 de junho de 2009).

164 ***De fato, não é incomum...*** Embora os porcos realmente tenham ataques cardíacos em trânsito, bem mais comum é o que a indústria chama de "síndrome do porco cansado", termo que usa para porcos "que perderam a locomoção sem ter sofrido ferimentos, trauma ou doenças prévias, e se recusam a andar". Benjamin, "Pig Trucking and Handling: Stress and Fatigued Pig".

166 ***Hoje há a décima parte disso...*** Fern Shen, "Maryland Hog Farm Causing Quite a Stink", *Washington Post*, 23 de maio de 1999; Ronald L. Plain, "Trends in U.S. Swine Industry", U.S. Meat Export Federation Conference, 24 de setembro de 1997.
só nos últimos dez anos... "Statistical Highlights of US Agriculture 1995-1996", USDA-NASS 9, http://www.nass.usda.gov/ Publications/Statistical_Highlights/index.asp (acessado em 28 de julho de 2009); "Statistical Highlights of US Agriculture 2002-2003", USDA-NASS 35, http://www.nass.usda.gov/Publications/Statistical_Highlights/2003/contentl.htm (acessado em 28 de julho de 2009).
Quatro companhias hoje produzem 60%... Leland Swenson, presidente da National Farmers Union, testemunho perante o House Judiciary Committee, 12 de setembro de 2000.

166 ***Em 1930, mais de 20%...*** C. Dimitri e outros, "The 20th Century Transformation of U.S. Agriculture and Farm Policy", USDA Economic Research Service, junho de 2005, http://www.ers.usda.gov/publications/eib3/eib3.htm (acessado em 15 de julho de 2009).

a produção rural dobrou entre 1820 e 1920... Matthew Scully, *Dominion: The Power of Man, the Suffering of Animals, and the Call to Mercy* (Nova York: St. Martin's Griffi n, 2003), 29.

Em 1950, um trabalhador rural... "About Us", USDA, Cooperative State Research, Education, and Extension Service, 9 de junho de 2009, http://www.csrees.usda.gov/qlinks/extension.html (acessado em 15 de julho de 2009).

Os produtores rurais americanos correm quatro vezes mais risco... P. Gunderson e outros autores, "The Epidemiology of Suicide Among Farm Residents or Workers in Five North-Central States, 1980", *American Journal of Preventive Medicine* 9 (maio de 1993): 26-32.

168 ***A carne de porco vendida em praticamente todos os supermercados...*** Ver nota à página 20.

A Chipotle é, no momento em que escrevo este livro... Diane Halverson, "Chipotle Mexican Grill Takes Humane Standards to the Mass Marketplace", *Animal Welfare Institute Quarterly*, primavera de 2003, http://www.awionline.org/ht/d/ContentDetails/id/11861/pid/2514 (acessado em 17 de agosto de 2009).

169 ***A criação industrial de porcos ainda está se expandindo...*** Danielle Nierenberg, "Happier Meals: Rethinking the Global Meat Industry", Worldwatch Paper #171, Worldwatch Institute, agosto de 2005, 38, http://www.worldwatch.org/node/819 (acessado em 27 de julho de 2009); Danielle Nierenberg, "Factory Farming in the Developing World: In some critical respects this is not progress at all", Worldwatch Institute, maio de 2003, http://www.worldwatch.org/epublish/1/v16n3.

171 ***Sua história poderia ter acabado...*** Johnson, "The Making of the Modern Pig".

172 ***cerca de 25 a 30 dólares...*** Correspondência pessoal com o chefe da divisão de porcos do Niman Ranch, Paul Willis, 27 de julho de 2009.

"nossas velhas e simpáticas tentativas..." Wendell Berry, "The Idea of a Local Economy", *Orion*, inverno de 2001, http://www.organicconsumers.org/btc/berry.cfm (acessado em 17 de agosto de 2009).

o que acontece com 90%... 90% dos leitões machos são castrados. "The Use of Drugs in Food Animals: Benefits and Risks", National Academy of Sciences, 1999.

174 ***corta os rabos dos porcos...*** Estima-se que 80% dos porcos de granjas industriais tenham as caudas decepadas. Ibid.

nem os dentes... Dr. Allen Harper, "Piglet Processing and Swine Welfare", Virginia Tech Tidewater AREC, maio de 2009, http://pubs.ext.vt.edu/news/livestock/2009/05/aps-20090513.html (acessado em 17 de julho de 2009); Timothy Blackwell, "Production Practices and Well-Being: Swine", em *The Well-Being of Farm Animals*, editado por G. J. Benson e B. E. Rollin (Ames, IA: Blackwell publishing, 2004), 251.

evitar o excesso de mordidas e canibalismo... grupos da própria indústria reconhecem os problemas comuns à agressão. Por exemplo, o National

Pork Producers Council e o National Pork Board relataram: "Quando os porcos ficam em contato próximo uns com os outros, podem às vezes tentar morder os companheiros de cercado ou tirar pedaços, sobretudo das caudas. Uma vez o sangue tirado de uma cauda, mais mordidas podem resultar, levando, às vezes, ao canibalismo do porco vitimizado." *Swine Care Handbook*, publicado pelo National Pork Producers Council em colaboração com o National Pork Board, 1996, http://sanangelo.tamu.edu/ded/swine/swinecar.htm (acessado em 15 de julho de 2009). Ver também: *Swine Care Handbook*, publicado pelo National Pork Producers Council em colaboração com o National Pork Board, 2003, 9-10; "Savaging of Piglets (Cannibalism)", ThePigSite.com, http://www.thepigsite.com/pighealth/article/260 /savaging-of-piglets-cannibalism (acessado em 27 de julho de 2009); J. McGlone and W. G. Pond, *Pig Production* (Florence, KY: Delmar Cengage Learning, 2002), 301-304; J. J. McGlone e outros autores, "Cannibalism in Growing Pigs: Effects of Tail Docking and Housing System on Behavior, Performance and Immune Function", Texas Technical University, http://www.depts.ttu.edu/liru_afs/PDF / CANNIBALISMINGROWINGPIGS.pdf (acessado em 27 de julho de 2009); K. W. F. Jericho e T. L. Church, "Cannibalism in Pigs", *Canadian Veterinary Journal* 13, nº 7 (julho de 1972).

174 ***80% das porcas grávidas nos Estados Unidos...*** U.S. Department of Agriculture, "Swine 2006, Part I: Reference of swine health and management practices in the United States".

o 1,2 milhão de propriedade da Smithfield... RSPCA, "Improvements in Farm Animal Welfare: The USA", 2007, http://www.wspa-usa.org/download/44_improvements_in_farm_animal_welfare.pdf (acessado em 27 de julho de 2009).

175 ***Não é tarefa trivial identificar...*** Ver FarmForward.com para detalhes sobre como encontrar produtos animais não oriundos de fazendas e granjas industriais.

Nossas metodologias... Wendell Berry, *The Art of the Commonplace*, editado por Norman Wirzba (Berkeley, CA: Counterpoint, 2003), 250.

176 ***custou aos americanos 26 bilhões...*** "CAFOs Uncovered: The Untold Costs of Confined Animal Feeding Operations", Union of Concerned Scientists, 2008, http://www.ucsusa.org/food_and_agriculture/science_and_impacts/impacts_industrial_agriculture/cafos-uncovered.html (acessado em 27 de julho de 2009).

178 ***Hoje, uma típica granja industrial de suínos produz...*** USDA, Economic Research Service, "Manure Use for Fertilizer and Energy: Report to Congress", junho de 2009, http://www.ers.usda.gov/Publications/AP/AP037/ (acessado em 17 de agosto de 2009).

"podem gerar mais resíduos..." "Concentrated Animal Feeding Operations: EPA Needs More Information and a Clearly Defined Strategy to Protect Air and Water Quality from Pollutants of Concern", U.S. Government Accountability Office, 2008, http://www.gao.gov/new.items/d08944.pdf (acessado em 27 de julho de 2009).

animais de criações industriais nos Estados Unidos produzem... Pew Commission on Industrial Farm Animal Production, "Environment", http://www.ncifap.org/issues/environment/ (acessado em 17 de agosto de 2009).

178 ***quarenta mil quilos de merda* por segundo...** O USDA cita um relatório feito pelo Minority Staff do Comitê do Senado americano para Agricultura, Nutrição e Silvicultura, solicitado pelo senador Tom Harkin (Partido Democrata de Iowa), que estima que os rebanhos nos Estados Unidos produzem 1,37 bilhão de toneladas de excrementos animais sólidos a cada ano. Dividindo pelo número de segundos em um ano, o resultado é quase quarenta mil quilos de excrementos por segundo. Ibid.

160 vezes maior do que a rede de esgotos municipal... Isso foi calculado por John P. Chastain, um engenheiro de agropecuária da University of Minnesota Extension, baseado em dados da Illinois Environmental Protection Agency, em 1991. University of Minnesota Extension, Biosystems and Agricultural Engineering, *Engineering Notes*, inverno de 1995, http://www.bbe.umn.edu/extens/ennotes/enwin95/manure.html (acessado em 16 de junho de 2009).

nenhuma agência federal não chega sequer a coletar... "Concentrated Animal Feeding Operations: EPA Needs More Information and a Clearly Defined Strategy to Protect Air and Water Quality from Pollutants of Concern."

31 milhões... Smithfield, Relatório Anual de 2008, 15, http://investors.smithfieldfoods.com/common/download/download.cfm?companyid=SFD&fileid=215496&filekey=CE5E396C-CF17-47B0-BAC6-BBEFDDC51975&filename=2008AR.pdf (acessado em 28 de julho de 2009).

De acordo com números conservadores da EPA... "Animal Waste Disposal Issues", U.S. Environmental Protection Agency, 22 de maio de 2009, http://www.epa.gov/oig/reports/1997/hogchpl.htm (acessado em 27 de julho de 2009).

no caso da Smithfield, o número... De acordo com um estudo de David Pimentel, que cita números do USDA de 2004, cada porco produz 1.230 kg de excrementos por ano. Então, os 31 milhões de porcos produziram em torno de 38 bilhões de quilos de excrementos em 2008. Com a população dos Estados Unidos estimada em 299 milhões de pessoas, isso vem a ser 127 quilos de merda produzidos para cada americano. D. Pimentel e outros, "Reducing Energy Inputs in the US Food System", *Human Ecology* 36, nº 4 (2008): 459-471.

Isso significa que a Smithfield – uma única pessoa jurídica... Calculado com base no censo dos Estados Unidos de 2008 e em "Animal Waste Disposal Issues".

179 ***"os dejetos criam mais de cem..."*** Jeff Tietz, "Boss Hog", *Rolling Stone*, 8 de julho de 2008, http://www.rollingstone.com /news/story/21727641/boss_hog/ (acessado em 27 de julho de 2009).

crianças criadas nos... Francis Thicke, "CAFOs crate toxic waste byproducts", Ottumwa.com, 23 de março de 2009, http://www.ottumwa.com/archivesearch/local_story_082235355.html (acessado em 27 de julho de 2009).

O que inclui, mas não se limita a... Tietz, "Boss Hog".

A impressão que a indústria de suínos... Jennifer Lee, "Neighbors of Vast Hog Farms Say Foul Air Endangers Their Health", *New York Times*, 11 de maio de 2003; Tietz, "Boss Hog".

180 ***Num certo momento, três granjas industriais...*** Tietz, "Boss Hog".

181 ***11 mil metros quadrados...*** Ibid. A comparação com o piso de um cassino é minha – o Luxor e o Venetian se gabam de ter cassinos com 36 mil metros quadrados.
um único abatedouro... Ibid.
Assim como morreria asfixiado... Thicke, "CAFOs crate toxic waste by-products".
um trabalhador no Michigan... Tietz, "Boss Hog".
Nos raros casos... "Overview", North Carolina in the Global Economy, 23 de agosto de 2007, http://www.soc.duke.edu /NC_GlobalEconomy/hog/overview.shtml (acessado em 27 de julho de 2009); Rob Schofield, "A Corporation Running Amok", NC Policy Watch, 26 de abril de 2008, http://www.ncpolicywatch.com/cms/2008/04/26/a-corporation-running-amok/ (acessado em 27 de julho de 2009).
182 ***a Smithfield deixou vazar mais de 75 milhões...*** "Animal Waste Disposal Issues."
O incidente segue sendo o maior... Ibid.
O vazamento liberou adubo líquido suficiente... http://www.evostc.state.ak.us/facts/qanda.com; "Animal Waste Disposal Issues".
A Smithfield foi multada... "The RapSheet on Animal Factories", Sierra Club, 14 de agosto de 2002, http://www.midwestadvocates.org/archive/dvorakbeef/rapsheet.pdf (acessado em 27 de julho de 2009); Ellen Nakashima, "Court Fines Smithfield $12.6 Million", *Washington Post*, 9 de agosto de 1997, http://pqasb.pqarchiver.com/washingtonpost/access/13400463.html?dids=13400463:13400463&FMT=ABS&FMTS=ABS:FT&date=Aug+9%2C+1997&author=Ellen+Nakashima&pub=The+Washington+Post&edition=&startpage=A.01&desc=Court+Fines+Smithfield+%2412.6+Million%3B+Va.+Firm+Is+Assessed+Largest+Such+Pollution+Penalty+in+U.S.+History.
Na época, 12,6 milhões... "The RapSheet on Animal Factories."
a soma é patética... Calculado com base nas vendas de 12,5 bilhões de dólares de 2009. "Smithfield Foods Reports Fourth Quarter and Full Year Results", *PR Newswire*, 16 de junho de 2009, http://investors.smithfieldfoods.com/releasedetail.cfm?ReleaseID=389871 (acessado em 14 de julho de 2009).
O ex-CEO da Smithfield, Joseph Luter... Compensation Resources, Inc., 2009, http://www.compensationresources.com/press-room/ceo-s-fat-checks-belie-troubled-times.php (acessado em 28 de julho de 2009).
183 ***a Smithfield é tão grande...*** Tietz, "Boss Hog".
excremento de galinhas, porcos e gado... Em acréscimo à poluição dos rios, as criações industriais contaminaram lençóis d'água em dezessete estados. Sierra Club, "Clean Water and Factory Farms", http://www.sierraclub.org/factoryfarms/ (19 de agosto de 2009).
duzentos casos de mortandade de peixes... Merritt Frey et al., "Spills and Kills: Manure Pollution and America's Livestock Feedlots", Clean Water Network, Izaak Walton League of America and Natural Resources Defense Council, agosto de 2000, 1, conforme citado em Sierra Club, "Clean Water: That Stinks", http://www.sierraclub.org/cleanwater/that_stinks (19 de agosto de 2009).

183 ***se dispostos num alinhamento, cabeça de um com o rabo do seguinte...*** Isso parte do pressuposto de que cada peixe tenha cerca de quinze centímetros de comprimento.

gargantas inflamadas, dores de cabeça... "An HSUS Report: The Impact of Industrial Animal Agriculture on Rural Communities", http://www.hsus.org/web-files/PDF/farm/hsus-the-impact-of-industrialized-animal-agriculture-on-rural-communities.pdf (acessado em 19 de agosto de 2009).

"Estudos mostraram que..." "Confined Animal Facilities in California", Senado do Estado da Califórnia, novembro de 2004, http://sor.govoffice3.com/vertical/Sites/%7B3BDD1595-792B-4D20-8D44-626EF05648C7%7D/uploads/%7BD51DlD55-lBlF-4268-80CC-C636EE939A06%7D.PDF (acessado em 28 de julho de 2009).

Há até mesmo boas razões... Nicholas Kristof, "Our Pigs, Our Food, Our Health", *New York Times*, 11 de março de 2009, http://www.nytimes.com/2009/03/12/opinion/12kristof.html?r=3&adxnnl=1&adxnnlx=1250701592-DDwvJ/Oilp86iJ6xqYVYLQ (acessado em 18 de agosto de 2009).

184 ***A American Public Health Association...*** "Policy Statement Database: Precautionary Moratorium on New Concentrated Animal Feed Operations", American Public Health Association, 18 de novembro de 2003, www.apha.org/advocacy/policy/policysearch/default.htm?id=1243 (acessado em 26 de julho de 2009).

a Pew Commission recentemente... Pew Charitable Trusts, Johns Hopkins Bloomberg School of Public Health, and Pew Commission on Industrial Animal Production, "Putting Meat on the Table: Industrial Farm Animal Production in America", 2008, 84, http://www.ncifap.org/_images/PCIFAP Final Release PCIFAP.pdf (acessado em 18 de junho de 2008).

a Smithfield agora se espalhou... Romania: D. Carvajal and S. Castle, "A U.S. Hog Giant Transforms Eastern Europe", *New York Times*, 5 de maio de 2009, http://www.nytimes.com/2009/05/06/business/global/06smithfield.html (acessado em 27 de julho de 2009).

185 ***As ações de Joseph Luter III...*** "Joseph W. Luter III", Forbes.com, http://www.forbes.com/lists/2006/12/UQDU.html (acessado em 27 de julho de 2009).

Seu sobrenome se pronuncia... Mensagem telefônica pessoal. Ele nunca telefonou de volta e nunca pôde ser alcançado depois de me deixar uma mensagem.

Investigações secretas... Não sei de uma única criação ou matadouro industrial no país que tenha concordado em permitir o acesso sem restrições a informações obtidas através de auditorias contínuas, não anunciadas e independentes.

empregados serravam as pernas dos porcos... Isso foi documentado pelos investigadores da PETA. Ver: "Belcross Farms Investigation", GoVeg.com, http://www.goveg.com/belcross.asp (acessado em 27 de julho de 2009).

funcionários foram filmados... Isso foi documentado pelos investigadores da PETA. Ver: "Seaboard Farms Investigation", GoVeg.com, http://www.goveg.com/seaboard.asp (acessado em 27 de julho de 2009).

186 ***os gerentes toleravam esses abusos...*** "Attorney General Asked to Prosecute Rosebud Hog Factory Operators", Humane Farming Association

(HFA), http://hfa.org/campaigns/rosebud.html (acessado em 17 de julho de 2009).

186 ***Uma investigação em uma...*** Isso foi documentado pelos investigadores da PETA. Ver: "Tyson Workers Torturing Birds, Urinating on Slaughter Line", PETA, http://getactive.peta.org/campaign/tortured_by_tyson (acessado em 27 de julho de 2009).

galinhas cem por cento conscientes... Isso foi documentado pelos investigadores da PETA. Ver: "Thousands of Chickens Tortured by KFC Supplier", Kentucky Fried Cruelty, PETA, http://www.kentuckyfriedcruelty.com/u-pilgrimspride.asp (acessado em 27 de julho de 2009).

Pilgrim's Pride... Pilgrim's Pride abriu falência. Isso não é uma vitória. Tudo o que significa é competição reduzida e maior concentração de poder, conforme outras firmas gigantescas compram os bens da Pilgrim's Pride. Michael J. de la Merced, "Major Poultry Producer Files for Bankruptcy Protection", *New York Times*, 1º de dezembro de 2008, http://www.nytimes.com/2008/12/02/business/02pilgrim.html (acessado em 13 de julho de 2009).

eram as duas maiores processadoras de carne de frango... "Top Broiler Producing Companies: Mid-2008", National Chicken Council, http://www.nationalchickencouncil.com/statistics/stat_detail.cfm?id=31 (acessado em 17 de julho de 2009).

a moderna fêmea suína industrial... F. Hollowell e D. Lee, "Management Tips for Reducing Pre-weaning Mortality", *North Carolina Cooperative Extension Service Swine News* 25, nº 1 (fevereiro de 2002), http://www.ncsu.edu/project/swine_extension/swine_news /2002/sn_v2501.htm (acessado em 28 de julho de 2009).

187 ***Quando se aproxima...*** Blackwell, "Production Practices and Well-Being: Swine", 249; SwineReproNet Staff, "Swine Reproduction Papers; Inducing Farrowing", SwineReproNet, Online Resource for the Pork Industry, University of Illinois Extenstion, disponível em http://www.livestocktrail.uiuc.edu/swinerepronet/paperDisplay.cfm?ContentID=6264 (acessado em 17 de julho de 2009).

Depois que seus leitões são desmamados... Marlene Halverson, "The Price We Pay for Corporate Hogs", Institute for Agriculture and Trade Policy, julho de 2000, http://www.iatp.org/hogreport/indextoc.html (acessado em 27 de julho de 2009).

Em quatro a cada cinco casos... U.S. Department of Agriculture, "Swine 2006, Part I: Reference of swine health and management practices in the United States".

A densidade de seus ossos diminui... G. R. Spencer, "Animal model of human disease: Pregnancy and lactational osteoporosis; Animal model: Porcine lactational osteoporosis", *American Journal of Pathology* 95 (1979): 277-280; J. N. Marchent e D. M. Broom, "Effects of dry sow housing conditions on muscle weight and bone strength", *Animal Science* 62 (1996): 105-113, conforme citado em Blackwell, "Production Practices and Well-Being: Swine", 242.

Um funcionário da granja... "Cruel Conditions at a Nebraska Pig Farm", GoVeg.com, http://www.goveg.com/nebraskapigfarm.asp (acessado em 28 de julho de 2009).

sofrimento causado pelo tédio... Blackwell, "Production Practices and Well-Being: Swine", 242.

187 ***faz um ninho...*** Ibid., 247.
vai receber alimentação restrita... "Sow Housing", Texas Tech University Pork Industry Institute, http://www.depts.ttu.edu/porkindustryinstitute/SowHousing_files/sow _housing.htm (acessado em 15 de julho de 2009); Jim Mason, *Animal Factories* (Nova York: Three Rivers Press, 1990), 10.
As porcas grávidas... D. C. Coats and M. W. Fox, *Old McDonald's Factory Farm: The Myth of the Traditional Farm and the Shocking Truth About Animal Suffering in Today's Agribusiness* (Londres: Continuum International Publishing Group, 1989), 37.
os animais fracos e doentes... Blackwell, "Production Practices and Well-Being: Swine", 242.

188 ***quase invariavelmente confinadas numa cela...*** Cerca de 90% das porcas que acabaram de dar à luz são confinadas em celas. U.S. Department of Agriculture, "Swine 2006, Part I: Reference of swine health and management practices in the United States".
é preciso "dar uma surra..." Eisnitz, *Slaughterhouse*, 219.
"Um sujeito esmagou o nariz de uma porca..." Ibid.

189 ***Não é de se surpreender que, quando os criadores não selecionam...*** Devo às especialistas em bem-estar Diane e Marlene Halverson esta análise sobre por que os porcos em sistemas de criação industrial têm muito mais chances de esmagar seus filhotes do que os das pequenas granjas familiares.
porcos em celas exibiam... "The Welfare of Intensively Kept Pigs", Report of the Scientific Veterinary Committee, 30 de setembro de 1997, Section 5.2.11, Section 5.2.2, Section 5.2.7, http://ec.europa.eu/food/fs/sc/oldcomm4/out17_en.pdf (acessado em 17 de julho de 2009).
a genética fraca, a falta de movimento... Cindy Wood, "Don't Ignore Feet and Leg Soundness in Pigs", *Virginia Cooperative Extension*, junho de 2001, http://www.ext.vt.edu/news/periodicals/livestock/aps-01_06/aps-0375.html .
7% das porcas reprodutoras... Ken Stalder, "Getting a Handle on Sow Herd Dropout Rates", *National Hog Farmer*, 15 de janeiro de 2001, http://nationalhogfarmer.com/mag/farming_getting _handle_sow/.
em alguns casos, a taxa de mortalidade... Keith Wilson, "Sow Mortality Frustrates Experts", National Hog Farmer, 15 de junho de 2001, http://nationalhogfarmer.com/mag/farming_sow_mortality_ frustrates/ (acessado em 27 de julho de 2009); Halverson, "The Price We Pay for Corporate Hogs".
Muitos porcos enlouquecem... A. J. Zanella e O. Duran, "Pig Welfare During Loading and Transport: A North American Perspective", I Conferência Internacional Virtual Sobre Qualidade de Carne Suína, 16 de novembro de 2000.
ou bebem urina... Blackwell, "Production Practices and Well-Being: Swine", 253.
Outros exibem um comportamento triste... Halverson, "The Price We Pay for Corporate Hogs".
Doenças congênitas comuns... "Congenital defects", PigProgress.net, 2009, ttp://www.pigprogress.net/health-diseases/c/congenital-defects-17.html (acessado em 17 de julho de 2009); B. Rischkowsky e outros, "The State of the World's Animal Genetic Resources for Food and Agriculture", FAO, Roma, 2007, 402, http://www.fao.org/docrep/010/a1250e/a1250e00.htm (acessado em 27 de julho de 2009); "Quick Disease Gui-

de", ThePigSite.com, http://www.thepigsite.com/diseaseinfo (acessado em 27 de julho de 2009).

189 ***A hérnia inguinal é tão comum...*** Blackwell, "Production Practices and Well-Being: Swine", 251.

190 ***Nas primeiras 48 horas...*** Veja notas das páginas 171-174.

dentes mais finos... "Os leitões nascem com oito dentes finos que já romperam plenamente, os caninos e os terceiros incisivos decíduos, que usam para dar mordidas laterais nos rostos dos irmãos da mesma ninhada quando brigam pelas tetas." D. M. Weary e D. Fraser, "Partial tooth-clippings of suckling pigs: Effects on neonatal competition and facial injuries", *Applied Animal Behavior Science* 65 (1999): 22.

de modo que eles ficam mais letárgicos... James Serpell, *In the Company of Animals* (Cambridge: Cambridge University Press, 2008), 9.

leitões criados em granjas industriais recebem com frequência... Blackwell, "Production Practices and Well-Being: Swine", 251.

os consumidores nos Estados Unidos... J. L. Xue and G. D. Dial, "Raising intact male pigs for meat: Detecting and preventing boar taint", American Association of Swine Practitioners, 1997, http://www.aasp.org/shap/issues/v5n4/v5n4p151.html (acessado em 17 de julho de 2009).

Quando os fazendeiros começarem a desmamá-los... Hollowell e Lee, "Management Tips for Reducing Pre-weaning Mortality".

Quanto mais cedo os leitões começarem a se alimentar... "Pork Glossary", U.S. Environmental Protection Agency, 11 de setembro de 2007, http://www.epa.gov/oecaagct/ag101/porkglossary.html (acessado em 27 de julho de 2009).

"Comida sólida" nesse caso... K. J. Touchette e outros autores, "Effect of spray-dried plasma and lipopolysaccharide exposure on weaned piglets: I. Effects on the immune axis of weaned pigs", *Journal of Animal Science* 80 (2002): 494-501.

Por conta própria, os leitões tendem a ser desmamados... P. Jensen, "Observations on the Maternal Behavior of Free-Ranging Domestic Pigs", *Applied Animal Behavior Science* 16 (1968): 131-142.

mas nas granjas industriais... Blackwell, "Production Practices and Well-Being: Swine", 250-251.

Com essa idade... L. Y. Yue e S. Y. Qiao, "Effects of low-protein diets supplemented with crystalline amino acids on performance and intestinal development in piglets over the first 2 weeks after weaning", *Livestock Science* 115 (2008): 144-152; J. P. Lallès e outros autores, "Gut function and dysfunction in young pigs: Physiology", *Animal Research* 53 (2004): 301-316.

191 ***Os cercados são deliberadamente superpovoados...*** "Overcrowding Pigs Pays – if It's Managed Properly", *National Hog Farmer*, 15 de novembro de 1993, como mencionado em Michael Greger, "Swine Flu and Factory Farms: Fast Track to Disaster", Encyclopaedia Britannica's Advocacy for Animals, 4 de maio de 2009, http://advocacy.britannica.com /blog/advocacy/2009/05/swine-flu-and-factory-farms-fast-track-to-disaster/ (acessado em 5 de agosto de 2009).

"Chegamos a bater até..." Eisnitz, *Slaughterhouse*, 220.

192 ***De 30 a 70% dos porcos...*** L. K. Clark, "Swine respiratory disease", IPVS Special Report, B Pharmacia & Upjohn Animal Health, novembro-dezem-

bro de 1998, *Swine Practitioner*, Section B, P6, P7, conforme citado em Halverson, "The Price We Pay for Corporate Hogs".

192 ***populações inteiras de porcos, de estados inteiros...*** R. J. Webby e outros autores, "Evolution of swine H3N2 influenza viruses in the United States", *Journal of Virology* 74 (2000): 8243-8251.

193 ***Mas, longe de reduzir a demanda...*** R. L. Naylor e outros autores, "Effects of aquaculture on world fish supplies", *Issues in Ecology*, nº 8 (inverno de 2001): 1018.

A pesca de salmão selvagem no mundo todo... Ibid.

"principais fontes de estresse no ambiente da aquicultura"... S. M. Stead e L. Laird, *Handbook of Salmon Farming* (Nova York: Springer, 2002), 374-375.

Esses problemas são típicos... Philip Lymbery, "In Too Deep – Why Fish Farming Needs Urgent Welfare Reform", 2002, 1, http://www.ciwf.org.uk/includes/documents/cm_docs/2008/i/in_too_deep_summary_2001.pdf (acessado em 12 de agosto de 2009).

O manual os chama de... Stead e Laird, *Handbook of Salmon Farming*, 375.

chamado de "coroa da morte"... "Fish Farms: Underwater Factories", Fishing Hurts, peta.org, http://www.fishinghurts.com/fishFarms1.asp (acessado em 27 de julho de 2009).

nuvens fervilhantes de parasitas... Estudo da Universidade de Alberta, conforme citado em "Farm sea lice plague wild salmon", *BBC News*, 29 de março de 2005, http://news.bbc.co.uk/go/pr/fr/-/2/hi/science/nature/4391711.stm (acessado em 27 de julho de 2009).

taxa de morte entre 10 e 30%... Lymbery, "In Too Deep" 1.

passar fome de sete a dez dias... Esse é um método recomendado para matar salmão. Ver: Stead e Laird, *Handbook of Salmon Farming*, 188.

podem ser atordoados... Cortar as guelras de peixes conscientes não é apenas doloroso, mas um procedimento de difícil execução em animais cem por cento conscientes. Por causa disso, algumas instalações deixam os peixes inconscientes (ou pelo menos imóveis) antes de cortar suas guelras. Dois métodos prevalecem no caso do salmão: golpe na cabeça do animal ou anestesia com dióxido de carbono. Bater no salmão para deixá-lo inconsciente é chamado "atordoamento percussivo". Bater no lugar certo da cabeça do peixe para atordoá-lo envolve um alto grau de "habilidade e destreza para ser executado de modo correto num peixe que se debate", de acordo com o *Handbook of Salmon Farming*. Golpes no lugar errado só causam dor ao peixe e não o deixam inconsciente. E a falta de precisão desse método praticamente garante que certo número de animais estejam conscientes quando suas guelras são cortadas. O outro método mais comum de atordoamento usa o dióxido de carbono como anestésico. Os peixes são transferidos para tanques saturados com dióxido de carbono e ficam inconscientes num intervalo de minutos. Os problemas de bem-estar ligados ao atordoamento incluem o estresse de transferir os peixes à câmara e a possibilidade de que nem todos fiquem cem por cento inconscientes. Stead e Laird, *Handbook of Salmon Farming*, 374-375.

194 ***Hoje, os espinhéis...*** "Longline Bycatch", AIDA, 2007, http://www.aida-americas.org/aida.php?page=turtles.bycatch_longline (acessado em 28 de julho de 2009).

Cerca de 27 milhões... Ibid.

194 ***4,5 milhões de animais marinhos...*** "Pillaging the Pacific", Sea Turtle Restoration Project, 2004, http://www.seaturtles.org/downloads/Pillaging.5.final.pdf (acessado em 19 de agosto de 2009).
O tipo mais comum... "Squandering the Seas: How shrimp trawling is threatening ecological integrity and food security around the world", Environmental Justice Foundation, Londres, 2003, 8.
A rede é arrastada... Ibid.
195 ***as redes de arrasto capturam peixes...*** Ibid., 14.
em geral, cerca de cem diferentes espécies de peixes... Ibid., 11.
As operações de pesca com rede de arrasto... Ibid., 12.
As operações menos eficientes... Ibid.
Estamos literalmente reduzindo a diversidade... Ver nota à página 38, começando com "molda os ecossistemas dos oceanos...".
Enquanto devoramos com gosto os nossos peixes mais desejados... Daniel Pauly et al., "Fishing Down Marine Food Webs", *Science* 279 (1998): 860.
196 ***os peixes morrem lenta e dolorosamente...*** P. J. Ashley, "Fish welfare: Current issues in aquaculture", *Applied Animal Behaviour Science* 200, nº 104 (2007): 199-235, 210.
salmões com quase 80 centímetros de comprimento... Lymbery, "In Too Deep".
explosões de populações de parasitas... Kenneth R. Weiss, "Fish Farms Become Feedlots of the Sea", *Los Angeles Times*, 9 de dezembro de 2002, http://www.latimes.com/la-me-salmon9dec09,0,7675555,full.story (acessado em 27 de julho de 2009).
197 ***Você não precisa se perguntar...*** Algumas pessoas podem se perguntar como podemos ter certeza de que os peixes e outros animais marinhos sentem dor. Temos todos os motivos para presumir que pelo menos os peixes sentem. A anatomia comparativa nos diz que eles têm muitos dos aparatos anatômicos e neurológicos que parecem desempenhar papel importante na percepção consciente. Mais relevante do que isso é o fato de os peixes terem abundantes nociceptores, os receptores sensoriais que parecem transmitir sinais de dor ao cérebro (podemos até mesmo contá-los). Também sabemos que eles produzem opioides naturais, como as encefalinas e as endorfinas que o sistema nervoso humano usa para controlar a dor.

Os peixes também exibem "comportamento de reação à dor". Isso ficou bastante óbvio para mim desde a primeira vez que meu avô me levou para pescar, quando eu era criança. As pessoas que conheço que pescam por recreação não negam a dor dos peixes, na verdade se esquecem dela. Como David Foster Wallace escreve ao refletir sobre a dor da lagosta em seu magnífico ensaio "Considere a lagosta": "Toda a questão da crueldade com animais e seu uso na alimentação não é apenas complexa, é também desconfortável. É, de todo modo, desconfortável para mim e para praticamente todo mundo que gosta de uma variedade de alimentos, mas ao mesmo tempo não quer se ver como alguém cruel ou insensível. Até onde sou capaz de afirmar, meu próprio modo de lidar com esse conflito tem sido evitar pensar sobre a coisa toda, que é desagradável." Mais tarde, ele descreve a coisa desagradável sobre a qual vinha evitando pensar: "Por mais apática que a lagosta esteja ao chegar em casa, por exemplo, ela tende a voltar de modo alarmante à vida quando é colocada em água fervente. Se você a tira de um contêiner e a coloca na panela fumegante, a lagosta às vezes vai tentar se segurar na beirada do contêiner ou mesmo prender as garras na borda da panela, como alguém tentando sair da beirada de um telhado. Pior do que isso é quando ela está completamente imersa. Até mesmo se você cobrir a panela e virar as costas, em geral poderá ouvir o estrépito enquanto a lagosta tenta tirar a tampa." Isso parece – para Wallace, para mim e imagino que para a maioria – não apenas dor física, mas psíquica também. A lagosta não está só se debatendo de agonia – ela começa a lutar por sua vida antes de tocar na água quente. Está tentando escapar. E é difícil não identificar esse comportamento frenético com alguma versão de medo ou pânico. As lagostas, ao contrário dos peixes, não são animais vertebrados e, portanto, investigações científicas sobre como elas talvez experienciem a dor – ou, para falar de modo mais preciso, um tipo de dor essencialmente próxima à que se encontra nos humanos – são mais complicadas do que investigações feitas nos peixes. Na verdade, porém, o conhecimento científico fornece razões suficientes para acreditar na intuição que a maioria de nós teria quando simpatizamos com o sofrimento da lagosta tentando escapar de uma panela de água fervendo. Wallace revisa de modo admirável essa ciência. Como são vertebrados que compartilham os aparatos envolvidos na experimentação da dor e demonstram comportamento a ela relacionado, o argumento de que peixes sentem dor é muito mais forte e deixa pouco espaço para ceticismo. Kristopher Paul Chandroo, Stephanie Yue e Richard David Moccia, "An evaluation of current perspectives on consciousness and pain in fishes", *Fish and Fisheries* 5 (2004): 281-295; Lynne U. Sneddon, Victoria A. Braithwaite, e Michael J. Gentle, "Do Fishes Have Nociceptors? Evidence for the Evolution of a Vertebrate Sensory System", *Proceedings: Biological Sciences*. 270, nº 1520 (7 de junho de 2003): 1115-1121, http://links.jstor.org/sici?sici=0962-8452%2820030607%29270%3A1520%3C1115%3ADFHNEF%3E2.0.CO%3B2-O (acessado em 19 de agosto de 2009); David Foster Wallace, "Consider the Lobster", em *Consider the Lobster* (Nova York: Little, Brown, 2005), 248.

O que eu faço

Página

205 ***Menos de 1%...*** Ver página 20.

207 ***"Não há razão..."*** Patricia Leigh Brown, "Bolinas Journal; Welcome to Bolinas: Please Keep on Moving", *New York Times*, 9 de julho de 2000, http://query.nytimes.com/gst/fullpage.html?res=980DE0DA1438F93AA35754C0A9669C8B63 (acessado em 28 de julho de 2009).

214 ***é necessário fornecer a esse animal de 20 a 26 calorias...*** Cálculos de Bruce Friedrich baseados em fontes do governo dos EUA e acadêmicas.

O enviado especial da ONU para as questões alimentares... Grant Ferrett, "Biofuels' crime against humanity", *BBC News*, 27 de outubro de 2007, http://news.bbc.co.uk/2/hi/americas/7065061.stm (acessado em 28 de julho de 2009).

usa 756 milhões de toneladas... "Global cereal supply and demand brief", FAO, abril de 2008, http://www.fao.org/docrep/010/ai465e/ai465e04.htm (acessado em 28 de julho de 2009).

para alimentar... "New Data Show 1.4 Billion Live on Less Than US$ 1.25 a Day", World Bank, 26 de agosto de 2008, http://web.worldbank.org/

WBSITE/EXTERNAL/TOPICS/EXTPOVERTY/0,content MDK:21883042~menuPK:2643747~pagePK:64020865~piPK:149114~theSitePK:336992,00.html (acessado em 28 de julho de 2009); Peter Singer, *The Life You Can Save: Acting Now to End World Poverty* (Nova York: Random House, 2009), 122.

214 ***E esses 756 milhões de toneladas...*** Singer, *The Life You Can Save*, 122.

215 ***Ele ganhou o Prêmio Nobel da Paz...*** Dr. R. K. Pachauri, Blog, 15 de julho de 2009, www.rkpachauri.org (acessado em 28 de julho de 2009).

prazer e dor, felicidade e tristeza... Bruce Friedrich cita Charles Darwin em *The Descent of Man*: "Não há diferença fundamental entre o homem e os animais mais evoluídos em termos de faculdades mentais... Os animais menos evoluídos, assim como o homem, sentem de forma manifesta prazer e dor, alegria e tristeza." Conforme citado em Bernard Rollin, *The Unheeded Cry: Animal Consciousness, Animal Pain, and Science* (Nova York: Oxford University Press, 1989), 33.

O fato de os animais sentirem... Temple Grandin e Catherine Johnson, *Animals Make Us Human* (Boston: Houghton Mifflin Harcourt, 2009); Temple Grandin e Catherine Johnson, *Animals in Translation* (Fort Washington, PA: Harvest Books, 2006); Marc Bekoff, *The Emotional Lives of Animals* (Novato, CA: New World Library, 2008).

217 ***Ele sentia que tratar mal os animais...*** Isaac Bashevis Singer, *Enemies, a Love Story* (Nova York: Farrar, Straus and Giroux, 1988), 145. (Publicado no Brasil com o título de *Inimigos, uma história de amor.*)

os líderes da investida da "carne ética"... Correspondência pessoal de Bruce Friedrich com Michael Pollan (julho de 2009). Eric Schlosser come um hambúrguer proveniente de uma criação industrial no importante filme *Food, Inc.*

222 ***"todas as provas disponíveis..."*** D. Pimentel e M. Pimentel, *Food, Energy and Society*, terceira ed. (Florence, KY: CRC Press, 2008), 57.

"Primeiro, o gado converte de modo eficiente..." Ibid.

Arar a terra e plantar... Destrói a estrutura das raízes da camada de vegetação que ocorre naturalmente, levando à erosão pelo vento e pela água, a principal causa isolada de perda de nutrientes do solo nos Estados Unidos. O plantio é particularmente pernicioso onde a camada superficial do solo é fina, e a topografia, ondulada. Por outro lado, essas terras são adequadas à pastagem do gado, o que, quando conduzido de forma apropriada, pode na verdade melhorar a qualidade da camada superficial do solo e a cobertura vegetal.

226 ***Deixe-me dizer a você como o gado...*** Correspondência pessoal.

229 ***hoje ele é abatido...*** B. Niman e J. Fletcher, Niman Ranch Cookbook (Nova York: Ten Speed Press, 2008), 37.

O gado parece vivenciar... G. Mitchell e outros autores, "Stress in cattle assessed after handling, after transport and after slaughter", Veterinary Record 123, nº 8 (1988): 201-205, http://veterinaryrecord.bvapublications.com/cgi/content/abstract/123/8/201 (acessado em 28 de julho de 2009).

Se a sala de abate... Ibid.; "The Welfare of Cattle in Beef Production", Farm Sanctuary, 2006, http://www.farmsanctuary.org/ mediacenter/beef_report.html (acessado em 28 de julho de 2009).

230 ***Conhecem os outros animais...*** Os bois e vacas se lembram de até setenta indivíduos, definem hierarquias tanto para os machos quanto para as

fêmeas (as hierarquias entre as fêmeas são mais estáveis), escolhem indivíduos particulares como amigos e tratam outros como inimigos. O gado "elege" líderes, que escolhem com base tanto no "poder de atração social" quanto no conhecimento real da terra e de seus recursos. Alguns rebanhos seguem seu líder praticamente o tempo todo, e outros são mais independentes (ou desorganizados) e seguem seu líder durante cerca da metade do tempo. "Stop, Look, Listen: Recognising the Sentience of Farm Animals", Compassion in World Farming Trust, 2006, http://www.ciwf.org.uk/includes/documents/ cm_docs/2008/s/stop_look_listen_2006.pdf (acessado em 28 de julho de 2009); M. F. Bouissou e outros autores, "The Social Behaviour of Cattle", in *Social Behaviour in Farm Animals*, editado por L. J. Keeling e H. W. Gonyou (Oxford: CABI Publishing, 2001); A. F. Fraser e D. M. Broom, *Farm Animal Behaviour and Welfare* (Oxford: CABI Publishing, 1997); D. Wood-Gush, *Elements of Ethology; A Textbook of Agricultural and Veterinary Students* (Nova York: Springer, 1983); P. K. Rout e outros, "Studies on behavioural patterns in Jamunapari goats", *Small Ruminant Research* 43, nº 2 (2002): 185-188; P. T. Greenwood e L. R. Rittenhouse, "Feeding area selection: The leader-follower phenomena", *Proc. West. Sect. Am. Soc. Anim. Sci.* 48 (1997): 267-269; B. Dumont e outros autores, "Consistency of animal order in spontaneous group movements allows the measurement of leadership in a group of grazing heifers", *Applied Animal Behaviour Science* 95, nº 1-2 (2005): 55-66 (página 64, especificamente); V. Reinhardt, "Movement orders and leadership in a semi-wild cattle herd", *Behaviour* 83 (1983): 251-264.

230 ***O gado tem, em geral, uma forte dose...*** "The Welfare of Cattle in Beef Production."

praticamente todos os animais perdem peso... T. G. Knowles e outros autores, "Effects on cattle of transportation by road for up to 31 hours", *Veterinary Record* 145 (1999): 575-582.

231 ***"O abate", relata Pollan...*** Michael Pollan, *The Omnivore's Dilemma* [*O dilema do onívoro*], (Nova York: Penguin, 2007), 304.

"Não é porque o abate..." Ibid., 304-305.

"Comer carne industrial..." Ibid., 84.

A técnica funciona assim... B. R. Myers, "Hard to Swallow", Atlantic Monthly; setembro de 2007, www.theatlantic.com/ doc/200709/omnivore (acessado em 10 de setembro de 2009).

233 ***O efeito colateral é que...*** Gail A. Eisnitz, *Slaughterhouse: The Shocking Story of Greed, Neglect, and Inhumane Treatment Inside the U.S. Meat Industry* (Amherst, NY: Prometheus Books, 2006), 122.

Vários matadouros intimados... Joby Warrick, "They Die Piece by Piece", *Washington Post*, 10 de abril de 2001; Sholom Mordechai Rubashkin, "Rubashkin's response to the 'attack on Shechita'", shmais.com, 7 de dezembro de 2004, http://www.shmais.com/ jnewsdetail.cfm?ID=148 (acessado em 28 de novembro de 2007).

a grande maioria dos... Temple Grandin, "Survey of Stunning and Handling in Federally Inspected Beef, Veal, Pork, and Sheep Slaughter Plants", Agricultural Research Service, U.S. Department of Agriculture, Project Number 3602-32000-002-08G, http://www.grandin.com/survey/usdarpt.html (acessado em 18 de agosto de 2009).

233 ***O USDA, a agência federal...*** Warrick, "They Die Piece by Piece".
melhorou desde então... Temple Grandin, "2002 Update" for "Survey of Stunning and Handling in Federally Inspected Beef, Veal, Pork, and Sheep Slaughter Plants".
ainda descobriu-se que um em cada quarto... Kurt Vogel e Temple Grandin, "2008 Restaurant Animal Welfare and Humane Slaughter Audits in Federally Inspected Beef and Pork Slaughter Plants in the U.S. and Canada", Department of Animal Science, Colorado State University, http://www.grandin.com/survey/2008.restaurant.audits.html (acessado em 18 de agosto de 2009).
"eles levantam a cabeça..." Chris O'Day, funcionário de matadouro, conforme citado em Eisnitz, *Slaughterhouse*, 128.

234 ***aumentou 800%...*** Warrick, "They Die Piece by Piece".
Funcionários de matadouros... Ibid.
pessoas comuns podem virar sádicos... Temple Grandin, "Commentary: Behavior of Slaughter Plant and Auction Employees Toward the Animals", *Anthrozoös* 1, nº 4 (1988): 205-213, http://www.grandin.com/references/behavior.employees.html (acessado em 14 de julho de 2009).
"mais de vinte funcionários..." Warrick, "They Die Piece by Piece".
"Vi milhares..." Ibid.
Eu ia para casa... Ken Burdette, funcionário de matadouro, conforme citado em Eisnitz, *Slaughterhouse*, 131.

235 ***Em doze segundos ou menos...*** Warrick, "They Die Piece by Piece".
Como uma vaca tem cerca de... Monica Reynolds, "Plasma and Blood Volume in the Cow Using the T-1824 Hematocrit Method", *American Journal of Physiology* 173 (1953): 421-427.

236 ***"Elas ficam piscando os olhos..."*** Timothy Walker, funcionário de matadouro, conforme citado em Eisnitz, *Slaughterhouse*, 28-29.
"Muitas vezes o esfolador..." Timothy Walker, funcionário de matadouro, conforme citado em Eisnitz, *Slaughterhouse*, 29.
"Os animais que..." Chris O'Day, funcionário de matadouro, conforme citado em Eisnitz, *Slaughterhouse*, 128.

238 ***enviar pintos pelo correio...*** Humane Society of the United States, "An HSUS Report: Welfare Issues with Transport of Day-Old Chicks", 3 de dezembro de 2008, http://www.hsus.org/farm/resources/research/practices/chick_transport.html (acessado em 9 de setembro de 2009).
a preocupação ainda maior é a relativa ao bem-estar... Humane Society of the United States, "An HSUS Report: The Welfare of Animals in the Chicken Industry", 2 de dezembro de 2008, http://www.hsus.org/farm/resources/research/welfare/broiler_industry.html (acessado em 18 de agosto de 2009).

240 ***somos todos criadores por procuração...*** Wendell Berry, *Citizenship Papers* (Berkeley, CA: Counterpoint, 2004), 167.

241 ***American Livestock Breeds Conservancy...*** ALBC se descreve como "uma organização não governamental trabalhando para proteger mais de cento e cinquenta raças de gado e galinha de extinção". American Livestock Breeds Conservancy, 2009, http://www.albc-usa.org/ (acessado em 28 de julho de 2009).

245 ***A relação ética...*** M. Halverson, "Viewpoints of agricultural producers who have made ethical choices to practice a 'high welfare' approach to

raising farm animals", EurSafe 2006, the 6th Congress of the European Society for Agricultural and Food Ethics, Oslo, 22-24 de junho de 2006.

Contando histórias

Páginas

254 ***os dois únicos registros escritos...*** "The History of Thanksgiving: The First Thanksgiving", history.com, http://www.history.com/content/thanksgiving/the-first-thanksgiving (acessado em 28 de julho de 2009); "The History of Thanksgiving: The Pilgrims' Menu", history.com, http://www.history.com/content/ thanksgiving/the-first-thanksgiving/the-pilgrims-menu (acessado em 28 de julho de 2009).

a ave ainda não tinha sido incorporada... Rick Schenkman, "Top 10 Myths About Thanksgiving", History News Network, 21 de novembro de 2001, http://hnn.us/articles/406.html (acessado em 28 de julho de 2009).

Ação de Graças com os índios Timucua... Michael V. Gannon, *The Cross in the Sand* (Gainesville: University Press of Florida, 1965), 26-27.

Comeram sopa de feijão no jantar. Craig Wilson, "Florida Teacher Chips Away at Plymouth Rock Thanksgiving Myth", *USAToday*, 21 de novembro de 2007, http://www.usatoday.com/life/lifestyle/2007-11-20-first-thanksgiving_N.htm (acessado em 28 de julho de 2009).

255 ***o primeiro registro documentado...*** Food and Agriculture Organization of the United Nations, Livestock, Environment and Development Initiative, "Livestock's Long Shadow: Environmental Issues and Options", Roma, 2006, xxi, 112, 26, ftp://ftp.fao.org/docrep/fao/010/a0701e/a0701e00.pdf (acessado em 11 de agosto de 2009).

viram o primeiro instituto de pesquisa... Pew Charitable Trusts, Johns Hopkins Bloomberg School of Public Health, and Pew Commission on Industrial Animal Production, "Putting Meat on the Table: Industrial Farm Animal Production in America", 57-59, 2008, http://www.ncifap.org.

viram o primeiro estado (Colorado)... Humane Society of the United States, "Landmark Farm Animal Welfare Bill Approved in Colorado", http://www.hsus.org/farm/news/ournews/colo_gestation_crate_veal_crate_bill_051408.html (19 de agosto de 2009).

viram a primeira cadeia de supermercados... John Mackey, Letter to Stakeholders, Whole Foods Market, http://www.wholefoodsmarket.com/company/pdfs/ar08_letter.pdf (acessado em 19 de agosto de 2009).

viram o primeiro grande jornal nacional... "The Worst Way to Farm", *New York Times*, 31 de maio de 2008.

256 ***depois que Temple Grandin divulgou...*** Temple Grandin, "2002 Update" for "Survey of Stunning and Handling in Federally Inspected Beef, Veal, Pork, and Sheep Slaughter Plants", Agricultural Research Service, U.S. Department of Agriculture, Project Number 3602-32000-002-08G, http://www.grandin.com/survey/usdarpt.html (acessado em 18 de agosto de 2009).

Uma vez em que a pistola pneumática... Steve Parrish, funcionário de matadouro, conforme citado em A. Eisnitz, *Slaughterhouse: The Shocking Story of Greed, Neglect, and Inhumane Treatment Inside the U.S. Meat Industry* (Amherst, NY: Prometheus Books, 2006), 145.

257 ***É difícil falar sobre isso...*** Ed Van Winkle, funcionário de matadouro, conforme citado em Eisnitz, *Slaughterhouse*, 81.

No boxe de sangria... Donny Tice, funcionário de matadouro, conforme citado em Eisnitz, *Slaughterhouse*, 92-94.

258 ***"violação sistemática dos direitos humanos"...*** *Blood, Sweat, and Fear: Workers' Rights in US Meat and Poultry Plants* (Nova York: Human Rights Watch, 2004), 2.

A pior coisa... Ed Van Winkle, funcionário de matadouro, conforme citado em Eisnitz, *Slaughterhouse*, 87.

259 ***"Preciso dizer..."*** Michael Pollan, *The Omnivore's Dilemma* [*O dilema do onívoro*], (Nova York: Penguin, 2007), 362.

relatou ter testemunhado... Temple Grandin, "Commentary: Behavior of Slaughter Plant and Auction Employees Toward the Animals", *Anthrozoös* 1, nº 4 (1988): 205, http://www.grandin.com /references/behavior.employees.html (acessado em 28 de julho de 2009).

26% dos abatedouros revelaram maus-tratos... Temple Grandin, "2005 Poultry Welfare Audits: National Chicken Council Animal Welfare Audit for Poultry Has a Scoring System That Is Too Lax and Allows Slaughter Plants with Abusive Practices to Pass", Department of Animal Science, Colorado State University, http://www.grandin.com/survey/2005.poultry.audits.html (acessado em 28 de julho de 2009).

aves vivas eram batidas... Ibid.

25% deles... Kurt Vogel e Temple Grandin, "2008 Restaurant Animal Welfare and Humane Slaughter Audits in Federally Inspected Beef and Pork Slaughter Plants in the U.S. and Canada", Department of Animal Science, Colorado State University, http://www.grandin.com/survey/2008.restaurant.audits.html (acessado em 28 de julho de 2009).

260 ***desmembrando uma vaca cem por cento consciente...*** Grandin escreve que as instalações foram "automaticamente reprovadas por decepar a perna de um animal consciente". Temple Grandin, "2007 Restaurant Animal Welfare and Humane Slaughter Audits in Federally Inspected Beef and Pork Slaughter Plants in the U.S. and Canada", Department of Animal Science, Colorado State University, http://www.grandin.com/survey/2007.restaurant.audits.html (acessado em 28 de julho de 2009).84499

vacas despertando... Temple Grandin, "2006 Restaurant Animal Welfare Audits of Federally Inspected Beef, Pork, and Veal Slaughter Plants in the U.S.", Department of Animal Science, Colorado State University, http://www.grandin.com/survey/2006.restaurant.audits.html (acessado em 28 de julho de 2009); Vogel e Grandin, "2008 Restaurant Animal Welfare and Humane Slaughter Audits in Federally Inspected Beef and Pork Slaughter Plants in the U.S. and Canada".

"dando estocadas nas vacas na área do ânus..." Grandin, "2007 Restaurant Animal Welfare and Humane Slaughter Audits in Federally Inspected Beef and Pork Slaughter Plants in the U.S. and Canada".

Não há galinha caipira... Dos cerca de oito bilhões de frangos de corte dos Estados Unidos, cerca de 0,06% é criado fora de granjas industriais. Pressupondo-se que os americanos comam em média 27 frangos por pessoa durante um ano, isso significa que a carne não oriunda de granjas industriais alimentaria menos de duzentas mil pessoas. Do mesmo modo, dos cerca de 118 milhões de porcos, cerca de 4,59% são provavelmente criados fora de granjas industriais. Pressupondo-se que os americanos comam cerca de 0,9 porco por ano, a carne não oriunda de granjas industriais poderia alimentar quase seis milhões de pessoas. (Para os números dos animais criados em granjas industriais, ver nota à página 20.) O número de animais abatidos anualmente vem do USDA, e o número médio de porcos e frangos consumidos por cada americano foi calculado com base em estatísticas do USDA feitas por Noam Mohr.

262 ***Hitler era vegetariano...*** A lenda do vegetarianismo de Hitler é bastante persistente e difundida, mas não tenho a menor ideia se é verdadeira. Ela é particularmente duvidosa dadas as várias referências de que comia salsichas. Por exemplo, H. Eberle and M. Uhl, *The Hitler Book* (Jackson, TN: PublicAffairs, 2006), 136.

"é preciso tomar uma posição..." Essa citação de Martin Luther King Jr. é muito repetida na internet; por exemplo, ver Quotiki.com, http://www.quotiki.com/quotes/3450 (acessado em 19 de agosto de 2009).

263 ***Organizados por religião...*** "Major Religions of the World Ranked by Number of Adherents", Adherents.com, 9 de agosto de 2007, http: //www.adherents.com/Religions_By_Adherents.html (acessado em 29 de julho de 2009); "Population by religion, sex and urban/rural residence: Each census, 1984-2004", un.org, http://unstats.un.org/unsd/demographic/products/dyb/dybcensus/V2_table6.pdf (acessado em 28 de julho de 2009).

264 ***uma pessoa tem fome...*** Os obesos aos poucos se tornaram um percentual maior no mundo do que os subnutridos em 2006. "Overweight 'Top World's Hungry'", *BBC News*, 15 de agosto de 2006, http://news.bbc.co.uk/2/hi/health/4793455.stm (acessado em 28 de julho de 2009).

Mais da metade come uma dieta essencialmente vegetariana... E. Millstone e T. Lang, *The Penguin Atlas of Food* (Nova York: Penguin, 2003), 34.

Os vegetarianos estritos e os veganos... Não há dados confiáveis sobre o número preciso de vegetarianos no mundo. Não há sequer um consenso do que venha a ser o vegetarianismos (na Índia, por exemplo, ovos são considerados não vegetarianos). Dito isso, estima-se que 42% do 1,2 bilhão de cidadãos da Índia, cerca de quinhentos milhões de pessoas, sejam vegetarianos. "Project on Livestock Industrialization, Trade and Social-Health-Environment Impacts in Developing Countries", FAO, 24 de julho de 2003, http://www.fao.org/WAIRDOCS/LEAD/X6170E/x6170e00.htm#Contents:section2.3 (acessado dia 29 de julho de 2009). Se aproximadamente 3% do resto do mundo for vegetariano, isso garante aos vegetarianos um lugar à mesa. Parece uma suposição razoável. Nos Estados Unidos, por exemplo, entre 2,3 e 6,7% da população são vegetarianos, dependendo de como você define o vegetarianismo. Charles Stahler, "How Many Adults Are Vegetarian?", *Vegetarian Journal* 4 (2006), http://www.vrg.org/journal/vj2006issue4/vj2006issue4poll.htm (acessado em 29 de julho de 2009).

mais da metade das ocasiões... FAO, "Livestock Policy Brief 01: Responding to the 'Livestock Revolution'", ftp://ftp.fao.org/docrep/ fao/010/a0260e/a0260e00.pdf (acessado em 28 de julho de 2009).

Se os padrões atuais continuarem... Ibid.

265 ***mais de um terço dos operadores de restaurantes...*** Evan George, "Welcome to $oy City", *Los Angeles Downtown News*, 22 de novembro de 2006,

ttp://www.downtownnews.com/articles/2006/11/27/news/news03.txt (acessado em 28 de julho de 2009).

265 ***"acrescentar pratos veganos ou vegetarianos..."*** Mark Brandau, "Indy Talk: Eric Blauberg, the Restaurant Fixer", 22 de outubro de 2008, *Nation's Restaurant News*, Independent Thinking, http://nrnindependentthinking.blogspot.com/2008/10/indy-talk-erik-blauberg-restaurant.html (acessado em 28 de julho de 2009). Ver também: "Having Words with Erik Blauberg: Chief Executive, EKB Restaurant Consulting", bnet.com, 24 de novembro de 2008, http://findarticles.com/p/articles/mi_m3190/is_46_42/ai_n31044068/ (acessado em 28 de julho de 2009).

266 ***quatro vezes a quantidade de carne...*** Mia McDonald, "Skillful Means: The Challenges of China's Encounter with Factory Farming", BrighterGreen, http://www.brightergreen.org/fi les/brightergreen_china_print.pdf (acessado em 28 de julho de 2009).

os produtos animais respondem... Junguo Liu, do Swiss Federal Institute of Aquatic Science and Technology, conforme citado em Sid Perkins, "A thirst for meat: Changes in diet, rising population may strain China's water supply", *Science News*, 19 de janeiro de 2008.

Em 2050, os rebanhos no mundo... Colin Tudge, *So Shall We Reap* (Nova York: Penguin, 2003), conforme citado em Ramona Cristina Ilea, "Intensive Livestock Farming: Global Trends, Increased Environmental Concerns, and Ethical Solutions", *Journal of Agricultural Environmental Ethics* 22 (2009): 153-167.

a pessoa faminta... "More people than ever are victims of hunger", FAO, http://www.fao.org/fileadmin/user_upload/newsroom/docs/ Press%20 release%20june-en.pdf (acessado em 28 de julho de 2009).

enquanto os obesos ganham outro assento... A obesidade no mundo aumenta rapidamente. D. A. York e outros autores, "Prevention Conference VII: Obesity, a Worldwide Epidemic Related to Heart Disease and Stroke: Group 1: Worldwide Demographics of Obesity", *Circulation: Journal of the American Heart Association* 110 (2004): 463-470, http://www.circ.ahajournals.org/cgi/reprint/110/18/e463 (acessado em 28 de julho de 2009).

269 ***De acordo com Benjamin Franklin...*** *Benjamin Franklin, The Completed Autobiography*, editado por Mark Skousen (Washington, DC: Regnery Publishing, 2006), 332.

graças à ajuda dos americanos nativos... James E. McWilliams, *A Revolution in Eating: How the Quest for Food Shaped America* (Nova York: Columbia University Press, 2005), 7, 8. "Apesar de todos os desafios que os colonizadores enfrentaram, raramente passavam fome. Os visitantes ingleses ficavam estarrecidos com a abundância material da região."

270 ***"carne, serragem, subprodutos de curtumes..."*** "A COK Report: Animal Suffering in the Turkey Industry", Compassion over Killing, http://www.cok.net/lit/turkey/disease.php (acessado em 28 de julho de 2009). Este artigo cita A. R. Y. El Boushy e A. F. B. van der Poel, *Poultry Feed from Waste – Processing and Use* (Nova York: Chapman and Hall, 1994).

271 ***"Eu não teria conseguido dormir..."*** James Baldwin, *Abraham Lincoln: A True Life* (Nova York: American Book Company, 1904), 130-131.

Impressão e Acabamento:
EDITORA JPA LTDA.